高职高专信息安全系列教材

信息安全基础与应用

主编　彭迎春

西安电子科技大学出版社

内 容 简 介

本书作为信息安全入门级教材，涵盖了信息安全概述、物理安全技术、密码学基础、密码学应用、网络安全技术、系统安全技术和云计算安全技术等多方面的内容。具体内容以实现信息安全的基本属性为主线，包含物理安全模块(第 2 章)、基础安全模块(第 3、4 章)、网络安全模块(第 5 章)、系统安全模块(第 6 章)及云安全模块(第 7 章)。物理安全模块介绍了物理安全概念及其相关标准；基础安全模块介绍了古典密码学、现代密码学及密码学的应用技术；网络安全模块介绍了网络安全攻击技术、网络安全防御技术及无线局域网安全技术；系统安全模块介绍了操作系统安全、数据库系统安全及数据安全；云安全模块介绍了云计算的概念、云计算关键技术及云计算安全与应用。

本书可以作为应用型本科和高职高专院校信息安全、网络工程、计算机网络技术等专业的必修课教材，也可以作为计算机应用、软件工程、电子商务等专业的选修课教材。

图书在版编目(CIP)数据

信息安全基础与应用 / 彭迎春 主编. — 西安：西安电子科技大学出版社，2020.12(2023.6 重印)
ISBN 978-7-5606-5901-5

Ⅰ. ① 信… Ⅱ. ① 彭… Ⅲ. ①信息安全—高等学校—教材 Ⅳ. ① TP309

中国版本图书馆 CIP 数据核字(2020)第 206655 号

策　　划　明政珠
责任编辑　阎　彬
出版发行　西安电子科技大学出版社(西安市太白南路 2 号)
电　　话　(029)88202421　88201467　　邮　　编　710071
网　　址　www.xduph.com　　电子邮箱　xdupfxb001@163.com
经　　销　新华书店
印刷单位　陕西日报印务有限公司
版　　次　2020 年 12 月第 1 版　　2023 年 6 月第 3 次印刷
开　　本　787 毫米 × 1092 毫米　1/16　印　张　16
字　　数　377 千字
印　　数　3001～5000 册
定　　价　38.00 元
ISBN 978-7-5606-5901-5 / TP
XDUP 6203001-3

前　言

随着信息技术和社会经济的快速发展，信息已经成为一种非常重要的战略资源。以互联网为代表的计算机网络促进了社会和经济的深刻变革，极大地改变了人们的生活和工作方式。在信息技术给人们带来便利的同时，计算机病毒、黑客攻击等信息安全事件层出不穷，也带来了信息安全的巨大挑战。因此，如何保证网络信息安全已经成为全球关注的重要问题，社会对于高素质技能型信息安全人才的需求也与日俱增。

本书共有 7 章，第 1 章介绍了信息安全的基本概念、信息安全标准和信息安全法律法规；第 2 章介绍了物理安全的概念及技术标准；第 3 章介绍了几种典型的古典密码，并以此引入现代密码，详细阐述了对称密码体制、非对称密码体制和单向散列函数；第 4 章在第 3 章的基础上介绍了现代密码学的具体应用，如身份认证、数字签名、数字证书、安全协议等；第 5 章介绍了网络攻击的方法和技术、网络防御技术以及无线局域网的安全技术；第 6 章以 Windows 系统为例阐述了操作系统的安全技术，讨论了数据库安全和数据安全问题；第 7 章探讨了云计算安全技术。

本书内容编排新颖，层次分明，逻辑性强，内容讲解清晰透彻。本书的编写融入了作者多年的教学和实践经验，内容注重先进实用，层次结构清晰，图文并茂，力求运用简明扼要的语言和实例来解释理论性较强的知识，提高本书的可读性。虽然本书是专业基础教材，但注重理论与实践相结合，配套了许多实训内容，以便让读者在实践中理解和掌握知识，激发读者的学习热情。

书中相关实验操作对实验环境的要求不高，采用常见的设备和软件即可完成，便于实施。为了方便搭建实验环境和保护系统安全，书中大部分实验操作需要在 Windows 7/Windows Server 2008/ Windows 2003 Server 虚拟机中完成，实验所需工具均可在互联网上下载获得。

"信息安全基础"已成为高职院校信息安全及相关专业的必修课程。本书作为"信息安全基础"等课程的教材，建议学时数为 56～64 学时，建议先导课程有"Linux 操作系统""Windows 操作系统""计算机网络基础"等，后继课程有"网络设备配置管理""安全产品配置管理""网络安全攻防技术"等。

本书的作者为深圳信息职业技术学院的一线教师。在本书的编写过程中，作者得到了深圳信息职业技术学院计算机学院各位领导的大力支持，得到了高月芳副教授、邬可可高级工程师以及全体教师的鼎力帮助；此外，本书还得到了北京天融信网络安全公司深圳分公司和西安电子科技大学出版社的帮助。作者在此一并表示衷心的感谢！

希望通过本书的阅读，能使读者学有所得。同时，由于作者水平有限，虽然付出了大量的时间和努力，但是书中不当之处在所难免，欢迎广大同行和读者批评指正，以便在今后的修订中不断改进。

作者　彭迎春
于深圳信息职业技术学院
2020 年 8 月 15 日

目　　录

第 1 章　信息安全概述

信息是社会系统进行有组织活动的纽带，是一种重要的战略资源，其所具有的共享性、普遍性、增值性、可处理性和多效用性，使其对于人类具有重要的意义，信息的获取、处理和安全保障能力已成为一个国家综合国力的重要组成部分。信息安全事关国家安全和社会稳定，涉及国家的政治、经济、文化和意识形态等领域，是社会稳定发展的前提。本章主要介绍信息安全的概念及发展历程、OSI 安全体系结构、信息安全评估标准和信息安全法律法规。通过本章的学习，读者应该达到以下目标：

(1) 理解信息安全的基本概念，了解信息安全的发展历程；

(2) 掌握 OSI 安全体系的五类安全服务和八类安全机制；

(3) 了解信息安全常见的评估标准；

(4) 了解信息安全相关的法律法规。

1.1　信息安全的概念

在不同的应用领域，信息有着不同的定义，但都具有共同的基本属性，是不可或缺的、重要的资源。数据不等同于信息，数据只是信息的一种表现形式。但随着计算机技术的应用普及，人们常用计算机来处理信息，因此，从这个角度来讲，信息就是数据。

1.1.1　信息的概念

信息泛指人类社会传播的一切内容。人通过获得、识别自然界和社会的不同信息来区别不同事物，得以认知和改造世界。信息是一种普遍联系的形式。

许多研究者从各自的研究领域出发，给出了信息的不同定义。具有代表意义的表述如下：

· 信息奠基人香农(C. E. Shannon)认为“信息是用来消除随机不确定性的东西”；

· 控制论创始人维纳(Norbert Wiener)认为“信息是人们在适应外部世界，并使这种适应反作用于外部世界的过程中，同外部世界进行互相交换的内容和名称”；

· 经济管理学家认为“信息是提供决策的有效数据”；

· 电子学家、计算机科学家认为“信息是电子线路中传输的信号”；

· 我国著名的信息学专家钟义信教授认为“信息是事物存在方式或运动状态，直接的或间接的表述方式”；

· 美国信息管理专家霍顿(F. W. Horton)认为“信息是为了满足用户决策的需要而经过加工处理的数据”。

根据对信息的研究成果，信息的概念可以概括如下：信息是现实世界事物的存在方式或运动状态的反映，是客观事物之间相互联系和相互作用的表征，表现的是客观事物状态和变化的实质内容。

信息具有可感知、可存储、可加工、可传递和可再生等自然属性，信息也是社会上各行各业不可缺少的、具有社会属性的资源。信息所具有的基本属性可归结为以下几个方面：

(1) 信息具有普遍性和客观性；

(2) 信息具有实质性和传递性；

(3) 信息具有可扩散性和可扩充性；

(4) 信息具有中介性和共享性；

(5) 信息具有差异性和转换性；

(6) 信息具有时效性和增值性；

(7) 信息具有可压缩性。

1.1.2 信息与数据

数据是描述现实世界事物的符号记录，是指用物理符号记录下来的可以鉴别的信息。物理符号包括数字、声音、文字、图形、图像及其他的特殊符号。数据的多种表现形式都可数字化后存入计算机中。

数据和信息既有联系又有区别。数据是信息的载体，信息是数据的内涵。数据是信息存在的一种形式，只有通过解释或处理才能成为有用的信息。数据可用不同的形式表示，而信息不会因为数据不同的表示形式而改变。例如，某一时间的外汇市场行情就是一个信息，但它不会因为这个信息的描述形式是文字、图表还是语音等而改变。信息与数据是密切相关的，因此，在某些不需要严格区分的场合，也可以把两者不加区别地使用，例如信息处理也可以说成数据处理。

人们将原始信息表示成数据，称为源数据，然后对这些源数据进行加工处理，从这些原始的数据中提取或推导出新数据，称为结果数据。结果数据对某些人来说是有价值的，它可以作为某种决策的依据或用于新的推导。这一过程通常称为数据处理或信息处理。信息是有价值的，为了提高信息的价值就要对信息进行科学的管理，以保证信息的及时性、准确性、完整性和可靠性。

1.1.3 信息安全的概念

信息安全是指信息系统(包括硬件、软件、数据、人、物理环境及基础设施等)不因故意或偶然的原因而遭到破坏、更改、泄露，系统连续可靠正常地运行，信息服务不中断，实现业务连续性。

人们对信息的使用主要通过计算机与网络来实现，信息的处理在计算机和网络上是以数据的形式进行的，从这个角度来说，信息就是数据。信息安全可以从两个层次来看：消息的层次，包括信息的完整性、保密性、不可否认性；网络的层次，包括信息的可用性、可控性。因此，信息安全的基本属性主要表现在以下五个方面：

(1) 完整性。完整性是指信息在传输、交换、存储和处理过程中，保持信息不被破坏或修改、不丢失和信息未经授权不被改变的特性，也是最基本的安全特征。因此信息系统有必要采用某种安全机制确保数据的完整性。

(2) 保密性。保密性是指信息不被泄露给非授权的用户、实体或过程，即信息只为授权用户所使用。信息系统无法确认是否有未经授权的用户截取数据或非法使用数据，因此信息系统有必要采取某种手段对数据进行保密处理。

(3) 可用性。可用性又称有效性，指信息资源可被授权实体按要求访问、正常使用或在非正常情况下能恢复使用的特性。可用性不仅要求系统运行时可正常访问所需信息，而且要求当系统遭受意外攻击或破坏时，可以迅速恢复并能投入使用。可用性是信息系统面向用户的一种安全性能，以保障为用户提供服务。

(4) 不可否认性。不可否认性又称防抵赖性，指通信双方在信息交互过程中，确信参与者自身和其所提供信息的真实性，即所有参与者不可否认本人的真实身份，以及提供信息的原样性和完成的操作与承诺。

(5) 可控性。可控性指信息在传输范围和存放空间内的可控程度，是反映对信息系统和信息传输的控制能力的特性。

1.2　信息安全的发展历程

自古以来，信息安全一直受到人们的持续关注，但在不同的发展时期，信息安全的侧重点和控制方式是不一样的，可以将信息安全的发展过程划分成四个阶段。

1. 第一个阶段：通信安全时期

第一个阶段是通信安全时期，其主要标志是 1949 年香农发表的《保密通信的信息理论》。在这个时期通信技术还不发达，信息系统的安全仅限于保证计算机的物理安全以及通过密码(主要是序列密码)解决通信的安全问题。把计算机安置在相对安全的地点，不被非授权用户接近，就基本可以保证数据的安全。这个时期的安全性是指信息的保密性，对安全理论和技术的研究也仅限于密码学。这一阶段的信息安全可称为通信安全，侧重于保证数据从一地传送到另一地时的安全性。

2. 第二个阶段：计算机安全时期

第二个阶段为计算机安全时期，其主要标志是《可信计算机系统评估评价准则》的公布。在 20 世纪 60 年代后，半导体和集成电路的飞速发展推动了计算机软、硬件的发展，计算机和网络技术的应用进入了实用化和规模化阶段，数据的传输已经可以通过计算机网络来完成，信息已经分成静态信息和动态信息。人们对安全的关注已经逐渐扩展为以保密性、完整性和可用性为目标的信息安全阶段。该阶段主要保证动态信息在传输过程中不被窃取，即使窃取了也不能读出正确的信息；还要保证数据在传输过程中不被篡改，让合法用户能够看到正确无误的信息。

1977 年美国国家标准局(NBS)公布的国家数据加密标准(DES)和 1983 年美国国防部公布的可信计算机系统评价准则(Trusted Computer System Evaluation Criteria，TCSEC，俗称橘皮书)标志着解决计算机信息系统保密性问题的研究和应用迈上了历史的新台阶。

3. 第三个阶段：网络安全时期

第三个阶段是网络安全时期。从 20 世纪 90 年代开始，由于互联网技术的飞速发展，信息无论是在企业内部还是企业外部都得到了极大的开放，而由此产生的信息安全问题跨越了时间和空间，信息安全的焦点已经从传统的保密性、完整性和可用性三个原则衍生为真实性、可控性、不可否认性等其他的目标。

4. 第四个阶段：信息安全保障时期

第四个阶段是信息安全保障时期，其主要标志是《信息保障技术框架》的发布。如果说对信息的保护还处于从传统安全理念到信息化安全理念的转变过程中，那么面向业务的安全保障完全是从信息化的角度来考虑信息安全了。面向业务的安全保障，不仅关注系统的漏洞，而且从业务的生命周期着手，对业务流程进行分析，找出流程中的关键控制点，从安全事件出现的前、中、后三个阶段进行全方位安全保障。面向业务的安全保障不仅仅要建立防护屏障，而且要建立一个“深度防御体系”，通过更多的技术手段把安全管理与技术防护结合起来，不再是被动地保护自身，而是主动地防御攻击。也就是说，面向业务的安全防护已经从被动走向主动，安全保障理念从风险承受模式转向安全保障模式，信息安全阶段也转化为从整体角度考虑其体系建设的信息安全保障时代。

信息安全保障体系就是由信息系统、信息安全技术、人、管理与操作等要素组成的，能够对信息系统进行综合防护，保障信息系统安全可靠运行，保障信息的“保密性、可用性、可控性、抗抵赖性”的综合信息系统防护体系。1995 年，美国国防部提出“保护—检测—响应”的动态模型，即 PDR 模型，后来增加了恢复(Restore)，成为 PDR2 模型，再后来又增加了策略(Policy)，即 P2DR2 模型，如图 1-1 所示。

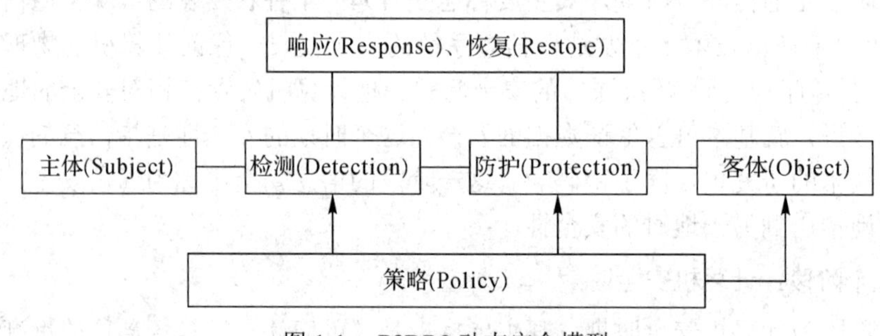

图 1-1　P2DR2 动态安全模型

1.3　OSI 安全体系结构

OSI 参考模型(Open System Interconnection /Reference Model，OSI/RM)是由国际标准化组织制定的开放式通信系统互联参考模型。在 OSI 中，网络通信分为七层，从下到上分别是物理层(Physical Layer)、数据链路层(Data Link Layer)、网络层(NetWork Layer)、传输层(Transport Layer)、会话层(Session Layer)、表示层(Presentation Layer)以及应用层(Application Layer)。OSI 参考模型是国际标准化组织于 1989 年在原有网络基础通信协议七层模型基础之上扩充建立的，并于 1995 年进行了修正。OSI 安全体系包括五类安全服务以及八类安全机制，其参考模型结构如图 1-2 所示。

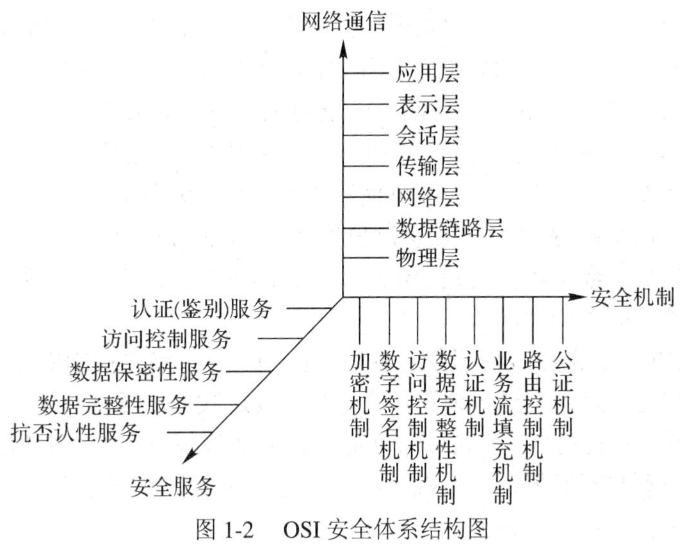

图 1-2　OSI 安全体系结构图

1.3.1　五类安全服务

五类安全服务包括认证(鉴别)服务、访问控制服务、数据保密性服务、数据完整性服务和抗否认性服务。

(1) 认证(鉴别)服务：在网络交互过程中，对收发双方的身份及数据来源进行验证；

(2) 访问控制服务：防止未授权用户非法访问资源，包括用户身份认证和用户权限确认；

(3) 数据保密性服务：防止数据在传输过程中被破解、泄露；

(4) 数据完整性服务：防止数据在传输过程中被篡改；

(5) 抗否认性服务：防止发送与接收双方在执行各自操作后，否认各自所做的操作。

1.3.2　八类安全机制

八类安全机制包括加密机制、数字签名机制、访问控制机制、数据完整性机制、认证机制、业务流填充机制、路由控制机制和公证机制。

(1) 加密机制。加密机制对应数据保密性服务。加密是提高数据安全性的最简便方法。通过对数据进行加密，有效提高了数据的保密性，能防止数据在传输过程中被窃取。常用的加密算法有对称加密算法和非对称加密算法。

(2) 数字签名机制。数字签名机制对应认证(鉴别)服务。数字签名是有效的鉴别方法，利用数字签名技术可以实施用户身份认证和消息认证，它具有解决收发双方纠纷的能力，是认证(鉴别)服务最核心的技术。在数字签名技术的基础上，为了鉴别软件的有效性，又产生了代码签名技术。常用的签名算法有 RSA 算法和 DSA 算法等。

(3) 访问控制机制。访问控制机制对应访问控制服务，通过预先设定的规则对用户所访问的数据进行限制。通常，首先通过用户的用户名和口令进行验证，其次通过用户角色、用户组等规则进行验证，验证通过后用户才能访问相应的限制资源。一般的应用常使用基于用户角色的访问控制(Role Basic Access Control，RBAC)。

(4) 数据完整性机制。数据完整性机制对应数据完整性服务。数据完整性的作用是避免数据在传输过程中受到干扰，同时防止数据在传输过程中被篡改。通常可以使用单向散列函数对数据进行变换，生成唯一验证码用以校验数据完整性。常用的算法有 MD5(Message Digest Algorithm 5)和 SHA(Secure Hash Algorithm)等。

(5) 认证机制。认证机制对应认证(鉴别)服务。认证的目的在于验证接收方所接收到的数据是否来源于所期望的发送方，通常可使用数字签名来进行认证。

(6) 业务流填充机制。业务流填充机制也称为传输流填充机制，对应数据保密性服务。业务流填充机制通过在数据传输过程中传送随机数的方式，混淆真实的数据，加大数据破解的难度，提高数据的保密性。

(7) 路由控制机制。路由控制机制对应访问控制服务。路由控制机制为数据发送方选择安全网络通信路径，避免发送方使用不安全路径发送数据，提高数据的安全性。

(8) 公证机制。公证机制对应抗否认性服务。公证机制的作用在于解决收发双方的纠纷问题，确保两方利益不受损害。该机制类似于现实生活中，合同双方签署合同的同时，需要将合同的第三份交由第三方公证机构进行公证。

安全机制是对安全服务的详尽补充，安全服务和安全机制的对应关系如图 1-3 所示。

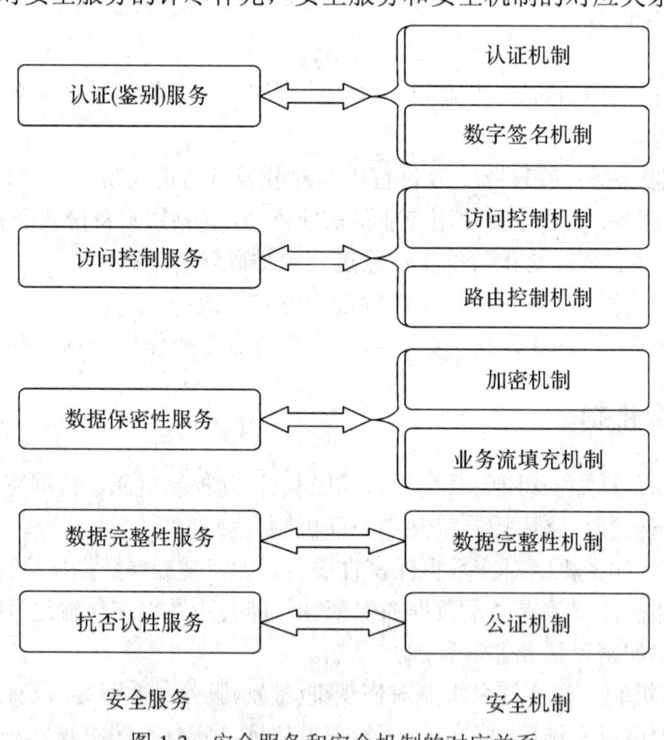

图 1-3　安全服务和安全机制的对应关系

1.4　信息安全评估标准

信息安全评估是信息安全生命周期中的一个重要环节，它对企业的网络结构、服务器的位置、带宽、协议、硬件、与 Internet 的接口、防火墙的配置、安全管理措施及应用流程进行全面的安全分析，并提出安全风险分析报告和改进建议。信息安全评估标准是对信息安全产品或系统进行安全水平测定、评估的一类标准，是信息安全评估的行动指南。

1.4.1 可信的计算机系统安全评估标准

TCSEC 是计算机系统安全评估的第一个正式标准，具有划时代的意义。该准则于 1970 年由美国国防科学委员会提出，并于 1985 年 12 月由美国国防部公布。TCSEC 最初只是军用标准，后来延伸至民用领域。TCSEC 将计算机系统的安全划分为 4 个等级、7 个级别，共 27 条评估准则，对用户登录、授权管理、访问控制、审计跟踪、隐蔽通道分析、可信通道建立、安全检测、生命周期保障、文档写作、用户指南等方面提出了规范性内容。

1. D 类安全等级

D 类安全等级只包括 D1 一个级别。D1 的安全等级最低。D1 系统只为文件和用户提供安全保护。D1 系统最普通的形式是本地操作系统，或者是一个完全没有保护的网络，如 MS-DOS 操作系统属于 D 类。

2. C 类安全等级

C 类安全等级能够提供审计的保护，并为用户的行动和责任提供审计能力。C 类安全等级可划分为 C1 和 C2 两类。C1 系统的可信任运算基础体制(Trusted Computing Base，TCB)通过将用户和数据分开来达到安全的目的。在 C1 系统中，所有的用户有同样的安全权限，即用户认为 C1 系统中的所有文档都具有相同的机密性。C2 系统比 C1 系统加强了可调的审慎控制。在连接到网络上时，C2 系统的用户分别对各自的行为负责。C2 系统通过登录过程、安全事件和资源隔离来加强这种控制。C2 系统具有 C1 系统中所有的安全性特征，如 Windows NT 和 UNIX 操作系统都属于 C2 类。

3. B 类安全等级

B 类安全等级可分为 B1、B2 和 B3 三类。B 类系统具有强制性保护功能。强制性保护意味着如果用户没有与安全等级相连，系统就不会让用户存取对象。B1 系统满足下列要求：

(1) 系统对网络控制下的每个对象都进行灵敏度标记；

(2) 系统使用灵敏度标记作为所有强迫访问控制的基础；

(3) 系统在把导入的、非标记的对象放入系统前标记它们；

(4) 灵敏度标记必须准确地表示其所联系的对象的安全级别；

(5) 当系统管理员创建系统或者增加新的通信通道或 I/O 设备时，管理员必须指定每个通信通道和 I/O 设备是单级还是多级，并且管理员只能手工改变指定；

(6) 单级设备并不保持传输信息的灵敏度级别；

(7) 所有直接面向用户位置的输出(无论是虚拟的还是物理的)都必须产生标记来指示关于输出对象的灵敏度；

(8) 系统必须使用用户的口令或证明来决定用户的安全访问级别；

(9) 系统必须通过审计来记录未授权访问的企图。

B2 系统必须满足 B1 系统的所有要求。另外，B2 系统的管理员必须使用一个明确的、文档化的安全策略模式作为系统的 TCB。B2 系统必须满足下列要求：

(1) 系统必须立即通知系统中的每一个用户所有与之相关的网络连接的改变；

(2) 只有用户能够在可信任通信路径中进行初始化通信；

(3) TCB 能够支持独立的操作者和管理员。

B3 系统必须符合 B2 系统的所有安全需求。B3 系统具有很强的监视委托管理访问能力和抗干扰能力，B3 系统必须设有安全管理员。

B3 系统应满足以下要求：

(1) 除了控制对个别对象的访问外，B3 必须产生一个可读的安全列表；

(2) 每个被命名的对象提供对该对象没有访问权的用户列表说明；

(3) B3 系统在进行任何操作前，要求用户进行身份验证；

(4) B3 系统验证每个用户，同时还会发送一个取消访问的审计跟踪消息；

(5) 设计者必须正确区分可信任的通信路径和其他路径；

(6) 可信任的通信基础体制为每一个被命名的对象建立安全审计跟踪；

(7) TCB 支持独立的安全管理。

4. A 类安全等级

A 类安全等级最高。目前，A 类安全等级只包含 A1 一个安全类别。A1 类与 B3 类相似，对系统的结构和策略不做特别要求。A1 系统的显著特征是系统的设计者必须按照一个正式的设计规范来分析系统。对系统分析后，设计者必须运用核对技术来确保系统符合设计规范。A1 系统必须满足下列要求：

(1) 系统管理员必须从开发者那里接收到一个安全策略的正式模型；

(2) 所有的安装操作都必须由系统管理员进行；

(3) 系统管理员进行的每一步安装操作都必须有正式文档。

1.4.2 欧洲的安全评价标准

欧洲的安全评价标准(Information Technology Security Evaluation Criteria，ITSEC)，俗称欧洲白皮书，是 20 世纪 90 年代初由英国、法国、德国和荷兰制定的 IT 安全评估准则，较美国军方制定的 TCSEC 准则在功能的灵活性和有关的评估技术方面均有很大的进步。其应用领域为军队、政府和商业，该标准将安全概念分为功能与评估两部分。

功能准则共分 10 级(F1～F10)。F1 至 F5 级对应于 TCSEC 的 D 到 A。F6 至 F10 级分别对应数据和程序的完整性、系统的可用性、数据通信的完整性、数据通信的保密性以及机密性和完整性的网络安全。

与 TCSEC 不同，ITSEC 并不把保密措施直接与计算机功能相联系，而只叙述技术安全的要求，把保密作为安全增强功能。TCSEC 把保密作为安全的重点，而 ITSEC 则把完整性、可用性与保密性作为同等重要的因素。ITSEC 的评估准则定义了从 E0 级(不满足品质)到 E6 级(形式化验证)7 个安全等级：

- E0 级：该级别表示不充分的安全保证。
- E1 级：该级别必须有一个安全目标和一个对产品或系统的体系结构设计的非形式化的描述，还需要有功能测试，以表明是否达到安全目标。
- E2 级：除了 E1 级的要求外，还必须对详细的设计有非形式化描述。另外，功能测试的证据必须被评估，必须有配置控制系统和认可的分配过程。

• E3 级：除了 E2 级的要求外，不仅要评估与安全机制相对应的源代码和硬件设计图，还要评估测试这些机制的证据。

• E4 级：除了 E3 级的要求外，必须有支持安全目标的安全策略的基本形式模型。用半形式规范来说明安全加强功能、体系结构和详细的设计。

• E5 级：除了 E4 级的要求外，在详细的设计和源代码或硬件设计图之间有紧密的对应关系。

• E6 级：除了 E5 级的要求外，必须正式说明安全加强功能和体系结构设计，使其与安全策略的基本形式模型一致。

1.4.3　CC 标准

CC (The Common Criteria for Information Technology Security Evaluation，CC)标准是由美国、加拿大及欧洲共同体在 1993 年 6 月共同起草的单一的通用准则，并成为国际标准 ISO/IEC 15408。制定 CC 标准的目的是建立一个各国都能接受的通用的信息安全产品和系统的安全性评估准则。CC 标准是在美国的 TCSEC、欧洲的 ITSEC、加拿大的 CTCPEC 和美国的 FC 等信息安全准则的基础上提出的，因此，它综合了已有的信息安全的准则和标准，形成了一个更全面的框架。该标准是国际通行的信息技术产品安全性评价规范，它基于保护轮廓和安全目标提出安全需求，具有灵活性和合理性，基于功能要求和保证要求进行安全评估，能够实现分级评估目标。它不仅考虑了保密性评估要求，还考虑了完整性和可用性多方面的安全要求。CC 标准是第一个信息技术安全评估国际标准，是信息技术安全评估标准以及信息安全技术发展的一个重要里程碑。

1.4.4　计算机信息系统安全保护等级划分准则

计算机信息系统安全保护等级划分准则(GB 17859—1999)是我国计算机信息系统安全保护等级划分准则的强制性标准。该标准给出了计算机信息系统相关定义，规定了计算机系统安全保护能力的五个等级：自主保护级、系统审计保护级、安全标记保护级、结构化保护级和访问验证保护级。随着安全保护等级的增高，计算机信息系统安全保护能力逐渐增强。该标准考核指标有身份认证、自主访问控制、数据完整性、审计等，这些指标涵盖了不同级别的安全要求。

随着世界各国对标准的地位和作用的日益重视，信息安全评估标准多国化、国际化成为大趋势。国际标准组织将进一步研究改进 ISO/IEC 15408 标准，各国在采用国际标准的同时，将利用有关条款保护本国利益。最终，国内、国际多个标准并存将成为普遍现象。

1.5　信息安全法律法规

信息安全法律关系是国家运用刑罚手段对计算机入侵、制作和传播计算机病毒等破坏性程序以及破坏计算机信息系统和程序、数据等危害网络安全的行为予以处罚，从而确保信息安全的一种法律关系。

1.5.1 信息安全法的概念

狭义上讲，信息安全法是指维护信息安全，预防信息犯罪的刑事法律规范的总称。广义上讲，信息安全法应当包括网络信息安全应急保障关系、信息共享分析和预警关系、政府机构信息安全管理、通信运营机构的安全监管、ISP 的安全监管、ICP(含大型商业机构)的安全监管、家庭用户及商业企业用户的安全责任、网络与信息安全技术进出口监管、网络与信息安全标准和指南以及评估监管、网络与信息安全研究规划、网络与信息安全培训管理、网络与信息安全监控等十二个方面。狭义的信息安全法仅指保障信息安全、惩治信息犯罪的刑事法律，目的性更为明确，法律结构也简单凝练，便于立法；而广义的信息安全法涉及信息安全的各个方面，其优势在于对信息安全进行了全方位的观察和阐述，其弊端在于不能形成部门法。

1.5.2 信息安全法的性质

1. 信息安全法是刑法

从法律性质上说，信息安全法是刑事法律，属于传统刑法的范畴。由于计算机信息系统的应用(尤其是在国家要害部门的应用)的普遍性和计算机处理信息的重要性，使得破坏网络安全的行为具有严重的社会危害性。国际计算机专家认为，网络的普及程度、社会资产网络化的程度以及信息网络系统的社会作用的大小，决定了破坏网络安全行为的社会危害性的大小。网络的作用越大，普及程度越高，应用面越广，发生犯罪案件的概率就越高，潜在的社会危害性也就越大，破坏计算机系统功能的犯罪所造成的损失更是无法估量。例如意大利机动车辆部的计算机被毁后，政府在两年时间里根本不知道谁拥有车辆和谁持有驾驶执照。尤其是被窃取的军事机密对整个社会所造成的损害和威胁，更是难以用金钱加以计算。

根据刑法学的一般原理，犯罪是一种严重危害社会、应受刑法惩罚的行为。而计算机入侵、制作和传播计算机病毒等威胁信息安全的行为，与传统犯罪相比，信息犯罪所涉及的财产数额更大，因而其社会危害性更加明显。一次计算机犯罪往往给社会造成几十万、上百万乃至上亿元的巨额损失。

2. 保护信息安全的其他法律

一国的法律错综复杂，然而它们可以有机地结合为一个整体，共同发挥着治理社会的作用。在保障信息安全方面也是如此，有大量的民事法律法规和行政法律法规也起着保护信息安全的基础性作用。也就是说，有诸多法律都直接或者间接地起到保护信息安全的作用，但它们不是严格意义上的信息安全法。

除信息安全法以外，能起到保护信息安全作用的法律，最为典型的是电子签名法和个人信息保护法。我国电子签名法于 2004 年 8 月 28 日公布，并于 2005 年 4 月 1 日正式实施，是一部规范我国电子商务的基础性法律。有观点认为，电子签名法是信息安全法的一部分，其主要是因为电子签名法的主要目的是为了保障电子商务安全。但电子签名法和信息安全法在性质、立法目的与功能方面也存在着十分明显的差异。电子签名法属于私法范畴，信息安全法属于刑法范畴。电子签名法的首要目的是确认数据电文的归属并保障其传递中的安全，但这种安全是电子商务的安全，也就是交易的安全，属于民法上的“安全”。而信息安全法直接以信息为保护客体，其基本目的在于防范信息犯罪行为。也有人主张对个人信息的保护也应该纳入信息安全法的范畴。但个人信息保护法是以保护个人人格权益为目的，是行政法和民法的交叉法，与作为刑法部门的信息安全法有着显著的不同。

1.5.3　信息安全法的特征

信息安全立法的目的是为了维护网络空间的正常秩序，保障信息网络的安全，维护当事人的合法权益。网络的全球性、技术性、虚拟性等特征以及信息安全立法的目的决定了我国信息安全立法的基本特征。我国信息安全法立法的基本特征主要表现在以下三个方面。

1. 技术性

信息安全法的技术性是指立足信息技术而构建的法律规范。从信息安全法的产生讲，信息安全法是从网络特点出发、遵循网络规律而制定的一个全新的部门法。计算机网络是当事人进行活动的技术平台，网络的特征决定了信息安全立法必须适应网络的特点、遵循网络规律。因此，我国在进行信息安全立法时，应适应网络的特点，在研究外国及国际立法的基础上，借鉴其先进、科学的法律制度，力求达到与国际标准统一，避免因法律制度的差异而阻碍网络的应用和发展。

2. 开放性

信息安全法的开放性是指信息安全法在具体的法律规范的设计上，表现出一定的宏观性。在针对信息安全进行立法的过程中，对目前尚无法确定的问题，尽可能在宏观上加以规范，以保持信息安全法具有一定的开放性，给今后的发展和适用均预留一定的空间。信息安全立法是立足信息技术而构建的法律规范。因此必须根据现实情况，并预测到未来发展的需要，坚持开放性的原则，具有充分的前瞻性和预测性，保持适当的灵活性，否则便可能出现无法可依、让罪犯逍遥法外的被动局面。

信息安全法的宏观性和可操作性并不矛盾，对于已经确定的情况，应构建便于操作的具体规范，从维护信息安全的角度出发，保护当事人的正当权益，制定的规范便于当事人起诉，也便于司法机关办案。

3. 兼容性

信息安全法的兼容性是针对传统法而言的，是指信息安全法的制度创设表现出的与现有法律体系应协调一致的特性。一方面，计算机网络构筑了一个不同于以往的网络空间。人们在这个空间里进行活动，必然形成新的社会关系。面对这些新的社会关系需要法律予以调整和规范，而建立在物理空间中的法律对此就显得无能为力，因而必须建立新的制度以适应网络活动的要求；另一方面，网络毕竟不是脱离物理空间存在的独立世界，网络只是现实世界的自然延伸和发展，就互联网来说，它是一个真实的物理结构。虽然网络在一定程度上改变了人们的行为方式，但并没有彻底改变现行法律所赖以存在的社会基础。因此信息安全立法不能完全脱离现有法律，而应当针对危害信息安全的新行为做出新的规定，同时又要与现有的法律相协调，尤其是基本的法学理念和法律规范仍应予以继承，从而更好地保护当事人的合法权益。

1.5.4　信息安全法的基本原则

信息安全法的基本原则是贯穿于信息安全立法、执法、司法各环节，在信息安全法制建设过程中贯彻始终和必须遵循的基本规则。作为信息安全法的两个主要方面，网络信息安全法和信息安全保密法除了应遵循我国社会主义法制的一般原则外，还应遵循以下特有原则。

1. 预防为主的原则

从手段上讲，积极的预防要比产生消极的出现后果再补救简单许多；从后果上看，各种信息数据一旦被破坏或者泄露，往往会造成难以弥补的损失。因此，网络信息安全关键在于预防。信息安全问题，应该重在“防”，然后才是“治”，增强用户的防范意识，是减少网络安全隐患极其关键的一环。

对信息系统进行安全风险评估，并在特殊时期内对尚未发生的安全事故严防以待，可以减少灾难发生。同样的道理，网络信息安全法也应加强预防规范措施，如对于病毒的预防、对于非法入侵的防范等。对于保密信息尤其是国家机密而言，首要的也应是事前主动的积极防范。我国《保守国家秘密法》第二十九条“机关、单位应当对工作人员进行保密教育，定期检查保密工作”的规定就是该原则的体现。

2. 突出重点的原则

在信息安全法中，凡涉及国家安全和建设的关键领域的信息，或者对经济发展和社会进步有重要影响的信息，都应有明确、具体、有效的法律规范加以保障。《中华人民共和国计算机信息系统安全保护条例》第四条规定，计算机信息系统的安全保护工作，重点是维护国家事务、经济建设、国防建设、尖端科学技术等重要领域的计算机信息系统的安全。

在信息安全保密工作中，也应突出重点进行规范。如果不分轻重，平均使用力量一般对待，就会使国家的核心秘密与一般秘密混同，影响和威胁核心秘密的安全。就秘密分布区域来说，秘密集中的地区、部门是重点；就信息的潜在危险程度来说，国家事务、经济建设、国防建设、尖端科学技术等重要领域的信息无疑也是重点。

3. 主管部门与业务部门相结合的原则

由于涉及领域广泛，信息安全法更显现出其兼容性和综合性。通常，各领域的管理部门负责其相应领域的信息安全管理工作并对因管理不善造成的后果承担法律责任。

在信息安全保密方面，由于国家秘密分布在国家的各个领域，如国家机关、单位业务部门涉及的国家安全和利益、涉及经济建设的许多事项都可能会成为国家秘密，因此，保密工作与各业务部门的业务工作的联系非常紧密，没有业务部门的配合，保密工作的落实是非常困难的。所以，必须把保密工作主管部门和业务工作部门结合起来。网络信息安全法在很多方面体现出了主管部门与业务部门相结合的原则。

4. 依法管理的原则

“三分技术，七分管理”这个在其他领域总结出来的实践经验和原则，在信息安全领域同样适用。对于网络信息安全，不能仅仅强调技术，仅仅依靠网络自身的力量，更应该加强管理。从早期的加密技术、数据备份、防病毒到网络环境下的防火墙、入侵检测、身份认证等，信息技术的发展可谓迅速，但事实上许多复杂、多变的安全威胁和隐患仅仅依靠技术力量是无法解决的。

由于保密工作是一项巨大的系统工程，涉及面很广，一旦泄密，产生的后果也很大，因而依法管理显得尤为重要。所谓依法管理就是要求各个部门和相关工作人员严格按照法定的程序和内容管理保密信息并进行其他保密工作，增加各个部门之间的协调配合，从而使保密工作纳入法治的轨道。

5. 维护国家安全和利益的原则

国家安全是保障政治安定、社会稳定的基本前提，往往会关系到国家的存亡，是维护全国各族人民利益的根本保障。当前，境外组织对我国重要信息的窃密活动却日益增加，不仅从原来的政治、军事领域扩大到经济、科技、文化等领域，而且窃密手段越来越多种多样，严重威胁着我国的国家安全和利益。信息安全保密法特别强调维护国家安全和国家利益的原则，这是保密工作的根本出发点和归宿，是国家意志在保密法中的具体体现，也是信息安全保密法的本质所在。这一原则不仅是保密工作的一项重要的指导思想，而且是信息安全保密法的首要原则。

1.5.5　信息安全法的相关法规和规章

我国的信息安全法的相关法规主要有八部：

(1) 国务院《中华人民共和国计算机信息系统安全保护条例》(1994.02.18)；

(2) 国务院《中华人民共和国计算机信息网络国际联网管理暂行规定(修正)》(1997.05.20)；

(3) 国务院《计算机信息网络国际联网管理暂行规定实施办法》(1997.12.11)；

(4) 国务院《中华人民共和国计算机信息网络国际联网安全保护管理办法》(1997.12.16 颁布，2011.01.08 修订)；

(5) 国务院《互联网上网服务营业场所管理条例》(2002.09.29)；

(6) 国务院《中华人民共和国电信条例》(2000.09.25 颁布，2016.02.06 第二次修订)；

(7) 国务院《互联网信息服务管理办法》(2000.09.25 颁布，2011.01.08 修订)；

(8) 国务院《信息网络传播权保护条例》(2006.05.18 颁布，2013.01.30 修订)。

1994 年 2 月 18 日，国务院颁布了《中华人民共和国计算机信息系统安全保护条例》(国务院 147 号令)，这是一件具有重要意义的事情，是我国第一部保护计算机信息系统安全的专门条例。条例指出，计算机信息系统的建设和应用，应当遵守法律、行政法规和国家其他有关规定。任何组织或者个人，不得利用计算机信息系统从事危害国家利益、集体利益和公民合法利益的活动，不得危害计算机信息系统的安全。条例分五章三十一条，规定了法律意义上的一些相关计算机术语；计算机信息系统的安全保护对象；计算机信息系统实行安全等级保护；安全监督和法律责任；国家安全部、国家保密局和国务院其他有关部门，在国务院规定的职责范围内做好计算机信息系统安全保护的有关工作。由此，公安部开始组建信息网络安全警察队伍，中国的第一代网络警察诞生了。

为了加强对计算机信息网络国际联网的管理，保障国际计算机信息交流的健康发展，国务院《中华人民共和国计算机信息网络国际联网管理暂行规定(修正)》(国务院 195 号令)

分十七条，规定了一些相关计算机用语的含义、国家对国际联网的管理原则和管理部门的职责、进行国际联网的要求和违反规定的罚则。

根据《中华人民共和国计算机信息网络国际联网管理暂行规定》，国务院制定了《计算机信息网络国际联网管理暂行规定实施办法》，分二十五条，规定了法律意义上的一些相关计算机术语；国际联网采用国家统一制定的技术标准、安全标准、资费政策，以利于提高服务质量和水平；国际联网实行分级管理，即对互联单位、接入单位、用户实行逐级管理，对国际出入口信道统一管理；国家鼓励在国际联网服务中公平、有序地竞争，提倡资源共享，促进健康发展；新建互联网络，必须经部(委)级行政主管部门批准后，向国务院信息化工作领导小组提交互联单位申请书和互联网络可行性报告，由国务院信息化工作领导小组审议提出意见并报国务院批准；国际出入口信道提供单位、互联单位和接入单位必须建立网络管理中心，健全管理制度，做好网络信息安全管理工作；违反规定的罚则。

为了加强对计算机信息网络国际联网的安全保护，维护公共秩序和社会稳定，根据《中华人民共和国计算机信息系统安全保护条例》《中华人民共和国计算机信息网络国际联网管理暂行规定》和其他法律、行政法规的规定，国务院制定了《中华人民共和国计算机信息网络国际联网安全保护管理办法》，分五章二十五条，规定了计算机信息网络国际联网安全保护管理工作的主管机关和职责；禁止九类行为和五种危害计算机信息网络国际联网安全的活动；安全保护责任和安全监督；违反规定的罚则。

为了加强对互联网上网服务营业场所的管理，规范经营者的经营行为，维护公众和经营者的合法权益，保障互联网上网服务经营活动健康发展，促进社会主义精神文明建设，国务院《互联网上网服务营业场所管理条例》分五章三十七条，规定了互联网上网服务营业场所的定义和义务；文化行政部门、公安机关、工商行政管理部门的管理职责；互联网上网服务营业场所的设立条件和许可审批程序；经营过程中应遵守的规定和禁止的行为；违反规定的罚则。

为了规范电信市场秩序，维护电信用户和电信业务经营者的合法权益，保障电信网络和信息的安全，促进电信业的健康发展，国务院《中华人民共和国电信条例》分七章八十一条，规定了相关术语的定义和主管部门的职责；电信业务经营者设立的条件和行政审批的程序；经营的原则和资费标准；电信服务应达到的要求和禁止的行为；电信建设的要求和安全规定；违反规定的罚则。

为了规范互联网信息服务活动，促进互联网信息服务健康有序发展，国务院《互联网信息服务管理办法》分二十七条，规定了相关用语的含义；从事互联网信息服务应具备的条件；行政审批的程序；新闻、出版、教育、卫生、药品监督管理、工商行政管理和公安、国家安全等有关主管部门各负其责；要求和禁止的行为；违反规定的罚则。

为保护著作权人、表演者、录音录像制作者的信息网络传播权，鼓励有益于社会主义精神文明、物质文明建设的作品的创作和传播，根据《中华人民共和国著作权法》，国务院《信息网络传播权保护条例》分二十七条，规定了相关用语的含义；保护的范围；允许和禁止的行为；违反规定的罚则。

我国信息安全法的相关规章主要有以下十五部：

(1) 农业部《计算机信息网络系统安全保密管理暂行规定》(1997.04.02)；

(2) 公安部《计算机信息系统安全专用产品检测和销售许可证管理办法》(1997.12.12)；

(3) 公安部、中国人民银行《金融机构计算机信息系统安全保护工作暂行规定》(1998.08.31)；

(4) 公安部《计算机病毒防治产品评级准则》(2000.03.20)；

(5) 公安部《计算机病毒防治管理办法》(2000.04.26)；

(6) 邮电部《中国公用计算机互联网国际联网管理办法》(1996.04.09)；

(7) 教育部《教育网站和网校暂行管理办法》(2000.07.05)；

(8) 信息产业部《互联网电子公告服务管理规定》(2000.10.08)；

(9) 国务院新闻办公室，信息产业部《互联网站从事登载新闻业务管理暂行规定》(2000.11.06)；

(10) 信息产业部《非经营性互联网信息服务备案管理办法》(2005.02.08)；

(11) 信息产业部《电子认证服务管理办法》(2009.02.18 颁布，2015.04.29 修订)；

(12) 信息产业部《互联网 IP 地址备案管理办法》(2005.02.08)；

(13) 公安部《互联网安全保护技术措施规定》(2005.12.13)；

(14) 公安部、国家保密局、国家密码管理局、国务院信息化工作办公室《信息安全等级保护管理办法(试行)》(2007.06.22)；

(15) 公安部《网吧安全管理软件检测规范》(2005.01.20)。

为了加强对农业部计算机信息网络的管理，保障计算机网络安全运行和网上信息交流的健康发展，根据《中华人民共和国保守国家秘密法》和中央保密委员会有关精神，农业部制定了《计算机信息网络系统安全保密管理暂行规定》，分四章二十七条，规定了相关用语的定义；涉密信息的保密要求；网络安全的要求和罚则。

为了加强计算机信息系统安全专用产品的管理，保证安全专用产品的安全功能，维护计算机信息系统的安全，根据《中华人民共和国计算机信息系统安全保护条例》第十六条的规定，公安部制定了《计算机信息系统安全专用产品检测和销售许可证管理办法》，分六章二十六条，规定了相关用语的定义；中华人民共和国境内的安全专用产品实行销售许可证制度；主管机关及其职责；检测和行政审批的程序；违反规定的罚则。

为加强金融机构计算机信息系统安全保护工作，保障国家财产的安全，保证金融事业的顺利发展，根据《中华人民共和国中国人民银行法》《中华人民共和国计算机信息系统安全保护条例》等有关法律、法规，公安部和中国人民银行制定了《金融机构计算机信息系统安全保护工作暂行规定》，分六章五十一条，规定了金融机构计算机信息系统安全保护工作原则和基本任务；安全防范设施和管理的要求；发生事故和案件的处理；奖励与罚则。

为了保证和提高在我国销售的计算机病毒防治产品的质量水平，有效地遏制计算机病毒对我国计算机信息系统的传染和破坏，公安部编制了《计算机病毒防治产品评级准则》，内容包括范围、引用标准、定义、参检要求、测试、检验报告、产品评级七部分。

为了加强对计算机病毒的预防和治理，保护计算机信息系统安全，保障计算机的应用与发展，根据《中华人民共和国计算机信息系统安全保护条例》的规定，公安部制定了《计算机病毒防治管理办法》，分二十二条，规定了相关用语的定义；主管机关及其职责；违反规定的罚则。

为加强对中国公用计算机互联网国际联网的管理，促进国际信息交流的健康发展，根据《中华人民共和国计算机信息网络国际联网管理暂行规定》，邮电部制定了《中国公用计算机互联网国际联网管理办法》，分十七条，规定了相关用语的定义；接入单位应具备的条件；相关要求和禁止的行为；违反规定的罚则。

为了促进互联网上教育信息服务和现代远程教育健康、有序地发展，规范从事现代远程教育和通过互联网进行教育信息服务的行为，教育部《教育网站和网校暂行管理办法》分二十六条，规定了相关用语的定义；主管部门和审批的条件及程序；禁止的行为和违反规定的罚则。

为了加强对互联网电子公告服务的管理，规范电子公告信息发布行为，维护国家安全和社会稳定，保障公民、法人和其他组织的合法权益，根据《互联网信息服务管理办法》的规定，信息产业部制定了《互联网电子公告服务管理规定》，分二十二条，规定了相关用语的定义；适用的范围；开展电子公告服务应具备的条件；禁止的行为和相应的要求；违反规定的罚则。

为了促进我国互联网新闻传播事业的发展，规范互联网站登载新闻的业务，维护互联网新闻的真实性、准确性、合法性，国务院新闻办公室和信息产业部制定了《互联网站从事登载新闻业务管理暂行规定》，分十九条，规定了相关用语的定义；适用的范围；主管机关及其职责；从事登载新闻业务实行的审核批准、备案制度；禁止的行为和违反规定的罚则。

为规范非经营性互联网信息服务备案及备案管理，促进互联网信息服务业的健康发展，根据《互联网信息服务管理办法》《中华人民共和国电信条例》及其他相关法律、行政法规的规定，信息产业部制定了《非经营性互联网信息服务备案管理办法》，分二十九条，规定了相关用语的定义；适用的范围；主管机关的管理原则和服务要求；履行备案手续的程序和违反规定的罚则。

为了规范电子认证服务行为，对电子认证服务提供者实施监督管理，依照《中华人民共和国电子签名法》和其他法律、行政法规的规定，信息产业部制定了《电子认证服务管理办法》，分八章四十三条，规定了相关用语的定义；适用的范围；主管机关及其职责；电子认证服务机构应具备的条件；行政许可的程序规定；电子认证服务机构的服务要求和应履行的义务；电子签名认证证书的要求；违反规定的罚则。

为加强对互联网 IP 地址资源使用的管理，保障互联网络的安全，维护广大互联网用户的根本利益，促进互联网业的健康发展，信息产业部制定了《互联网 IP 地址备案管理办法》，分二十条，规定了相关用语的定义；适用的范围；主管机关及其职责；IP 地址管理方式及要求；违反规定的罚则。

为加强和规范互联网安全技术防范工作，保障互联网网络安全和信息安全，促进互联网健康、有序发展，维护国家安全、社会秩序和公共利益，根据《计算机信息网络国际联网安全保护管理办法》，公安部制定了《互联网安全保护技术措施规定》，分十九条，规定了相关用语的定义；主管机关及其职责；保密要求；具体的互联网安全保护技术措施；违反规定的罚则。

为加强信息安全等级保护，规范信息安全等级保护管理，提高信息安全保障能力和水平，维护国家安全、社会稳定和公共利益，保障和促进信息化建设，根据《中华人民共和国计算机信息系统安全保护条例》等国家有关法律法规，公安部等部门联合制定了《信息安全等级保护管理办法(试行)》，分六章二十六条，规定了相关用语的定义；主管机关及其职责；安全保护等级分为五级及其监督管理；信息安全等级保护的安全管理职责、保密管理要求、密码管理规定；违反规定的罚则。

为了规范全国网吧安全管理软件开发与应用，便于数据处理，实现集中管理，保障公共信息网络安全，公安部制定了《网吧安全管理软件检测规范》，包括网吧安全管理代码(五个部分)、网吧安全管理基本数据交换格式(四个部分)和网吧安全管理软件基本功能(六个部分)。

虽然我国在信息网络立法方面制定了一些法规和规章，但总体上讲，还不能满足依法促进和管理信息网络的需要。还需要进一步加强这方面的工作，既要制定管理性的法律规范，也要制定促进信息技术和信息产业健康发展的法律法规，还要有促进信息网络从业单位行业自律的规定。要建立和完善信息网络安全保障体系的法规及有效防止有害信息通过网络传播的管理机制，制定通过信息网络实现政务公开和拓宽公民参政议政渠道的法律规范，制定通过信息网络引导和鼓励全社会弘扬中华优秀文化的激励机制等。

实训　虚拟机的安装与配置

1. 实训目标

(1) 掌握 VMware Workstation 的安装与配置。

(2) 掌握 VMware Workstation 的使用方法。

2. 实训内容

(1) 安装 VMware Workstation 软件。

(2) 安装 Windows Server 2012 操作系统。

(3) VMware 虚拟机功能设置。

3. 实训条件

(1) 装有 Windows 7 操作系统的 PC 1 台。

(2) VMware Workstation 12.0 软件。

(3) Windows Server 2012 安装光盘或 ISO 镜像文件。

4. 实训步骤

1) 安装 VMware Workstation 软件

步骤 1：双击下载的安装程序包，进入程序的安装过程。安装包装载之后，进入安装向导。单击“Next”按钮，进入安装类型选择对话框，如图 1-4 所示。

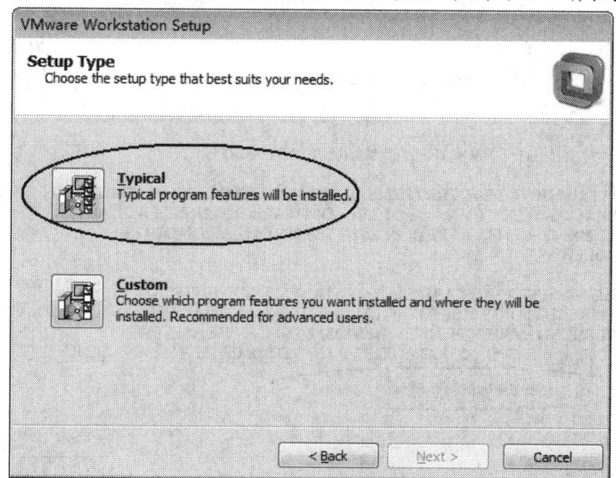

图 1-4　选择安装类型

步骤 2：单击“Typical”按钮，进入安装路径设置对话框。如果要更改安装路径，可单击“Change”按钮进行更改。

步骤 3：单击“Next”按钮，进入软件更新设置对话框。选中“Check for products on startup”复选框，这样可在程序启动的时候检查软件的更新。

步骤 4：单击“Next”按钮，进入用户信息反馈设置对话框。取消选中“Help improve VMware Workstation”复选框，这样不会发送匿名的系统数据和使用统计信息给 VMware 公司。

步骤 5：单击“Next”按钮，进入快捷方式设置对话框，如图 1-5 所示。根据需要选中相应快捷方式的复选框。

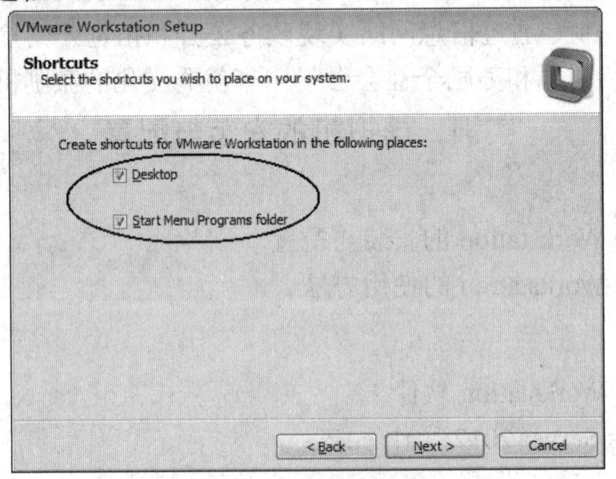

图 1-5　设置快捷方式

步骤 6：单击“Next”按钮，进入准备正式安装对话框。单击“Continue”按钮，开始正式安装。

步骤 7：安装完成后，单击“Next”按钮，出现要求输入“License Key”的对话框。输入 License Key 后，单击“Enter”按钮。

步骤 8：如果输入的 License Key 正确，则出现安装向导完成对话框。单击“Finish”按钮完成安装。

步骤 9：选择“开始”→“所有程序”→“VMware”→“VMware Workstation”命令，出现认证许可协议界面，如图 1-6 所示。

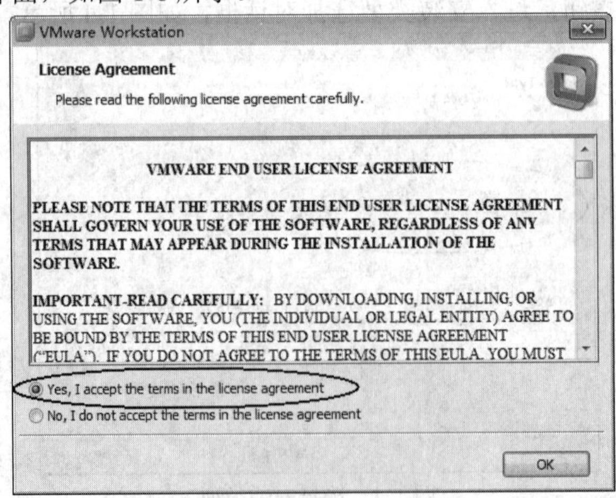

图 1-6　认证许可协议界面

步骤 10：选中“Yes，I accept the terms in the license agreement”单选按钮后，单击“OK”按钮，进入 VMware Workstation 程序主界面。由于 VMware Workstation 程序主界面是英文的，不方便用户使用，用户可安装相应的汉化包软件，安装汉化包软件后的程序主界面如图 1-7 所示。

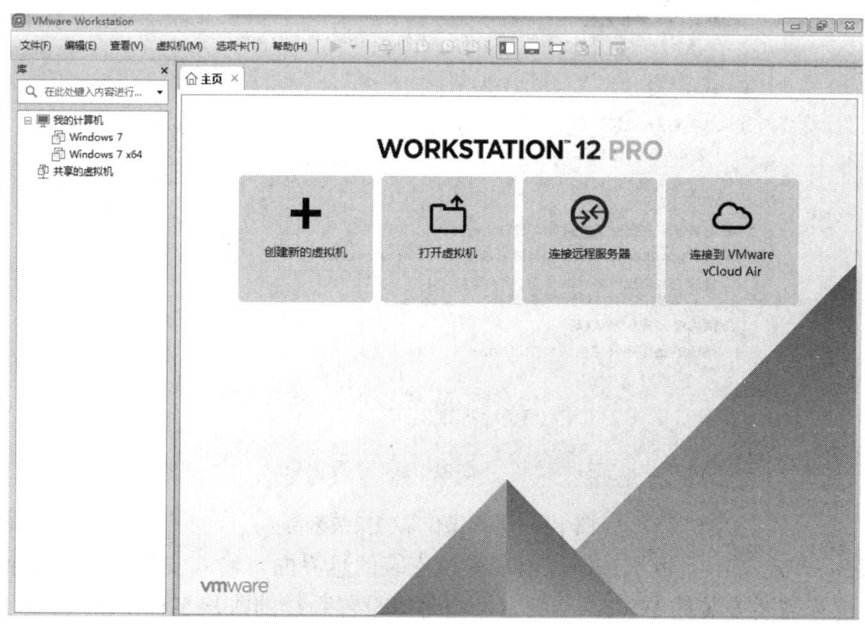

图 1-7　汉化后的程序主界面

2) 安装 Windows Server 2012 操作系统

虚拟机安装完成后，就如同组装了一台新的计算机，因而需要安装相应的操作系统。下面是在虚拟机上安装 Windows Server 2012 操作系统的过程。

步骤 1：单击图 1-7 中的“创建新的虚拟机”按钮，或选择“文件”→“新建虚拟机”命令，出现“新建虚拟机向导”对话框，如图 1-8 所示。

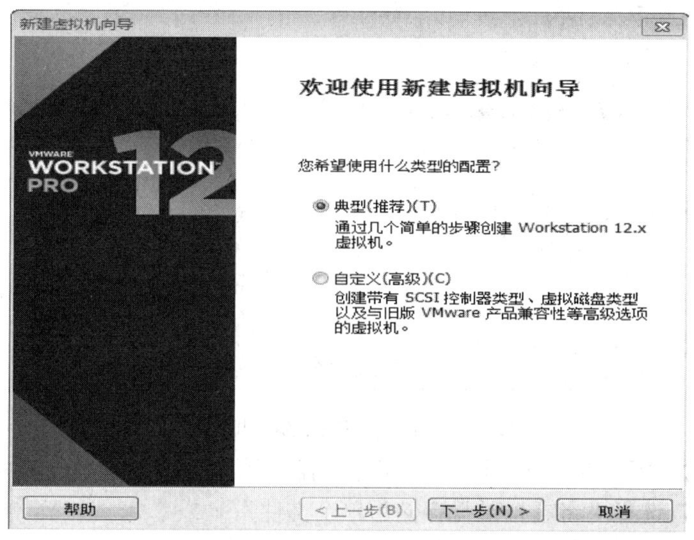

图 1-8　“新建虚拟机向导”对话框

步骤 2：选中“典型(推荐)”单选按钮后，单击“下一步”按钮，出现操作系统安装来源选择界面，如图 1-9 所示。选中“安装盘镜像文件(iso)”单选按钮后，单击“浏览”按钮，选择 Windows Server 2012 安装镜像文件。

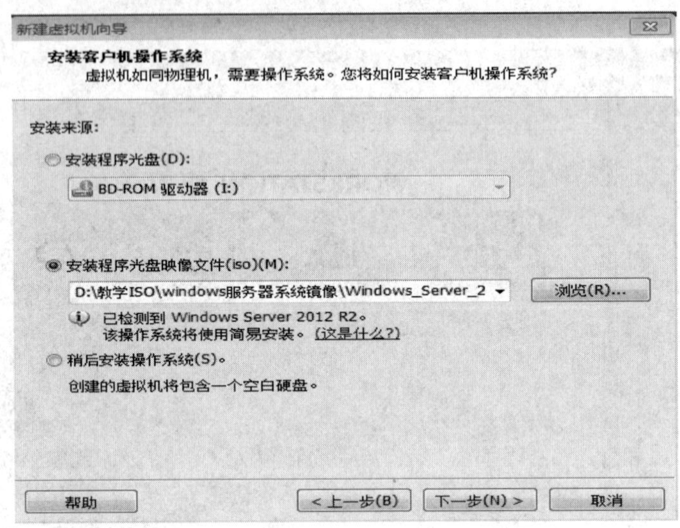

图 1-9　选择操作系统安装来源

步骤 3：单击“下一步”按钮，出现系统安装信息界面。输入安装系统的 Windows 产品密钥，选择需要安装的 Windows 版本，同时可设置系统的账户名称及密码。

步骤 4：单击“下一步”按钮，出现设置虚拟机名称和位置界面，如图 1-10 所示。在“虚拟机名称”文本框中输入虚拟机名称(如 Windows Server 2012)，在“位置”文本框中输入操作系统存放路径(如 D:\教学 VM)。

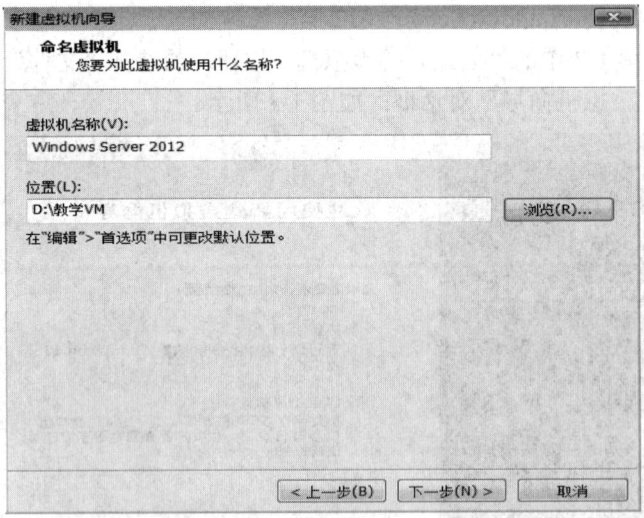

图 1-10　设置虚拟机名称和位置

步骤 5：单击“下一步”按钮，出现指定磁盘容量界面，如图 1-11 所示。设置最大磁盘空间为 60 GB，选择“将虚拟磁盘存储为单个文件”。

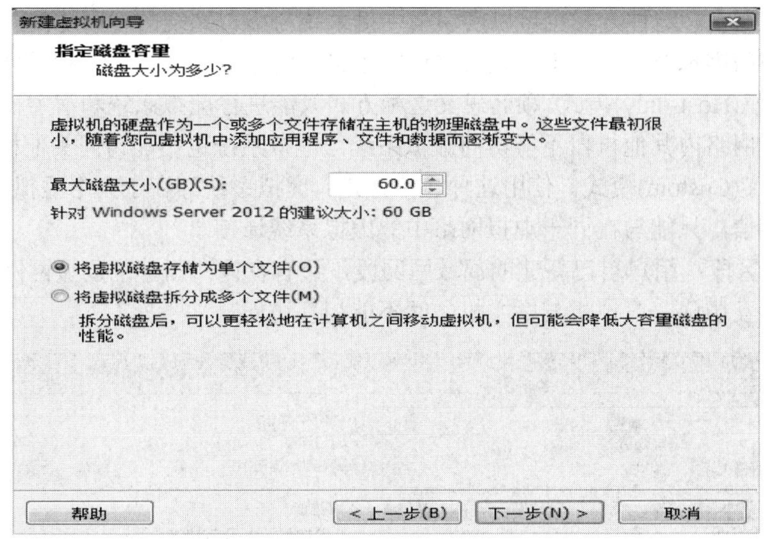

图 1-11　指定磁盘容量

步骤 6：单击“下一步”按钮，出现准备创建虚拟机界面，如图 1-12 所示。

图 1-12　准备创建虚拟机

步骤 7：单击“自定义硬件”按钮，打开“硬件”对话框，单击“网络适配器”选项后，在“网络连接”区域中，选中“桥接模式(B)：直接连接物理网络”单选按钮，如图 1-13 所示。

【说明】VMware Workstation 的网络连接设置共有 5 种。

(1) 桥接模式。这种方式是将虚拟系统接入网络最简单的方法。虚拟系统的 IP 地址可设置成与宿主机系统在同一网段，虚拟系统相当于网络内的一台独立的机器，与宿主机系统就像连接在同一个集线器(HUB)上，网络内的其他机器可访问虚拟系统，虚拟系统也可访问网络内的其他机器，当然与宿主机系统的双向访问也不成问题。

(2) NAT 模式。这种方式也可以实现宿主机系统与虚拟系统的双向访问，但网络内其他机器不能访问虚拟系统，虚拟系统可通过宿主机系统用 NAT 协议访问网络内其他机器。

(3) 仅主机(Host-only)模式。顾名思义这种方式只能进行虚拟系统和宿主机系统之间的网络通信，即网络内其他机器不能访问虚拟系统，虚拟系统也不能访问其他机器。

(4) 自定义(Custom)模式。使用这种连接方式，虚拟系统存在于一个虚拟的网络当中，不能与外界通信，只能与在同一虚拟网络中的虚拟系统通信。

(5) LAN 区段：用户自己新建的局域网网段，只有在同一新建的局域网网段中的虚拟机之间可以相互访问，虚拟机与宿主机之间不能相互访问。

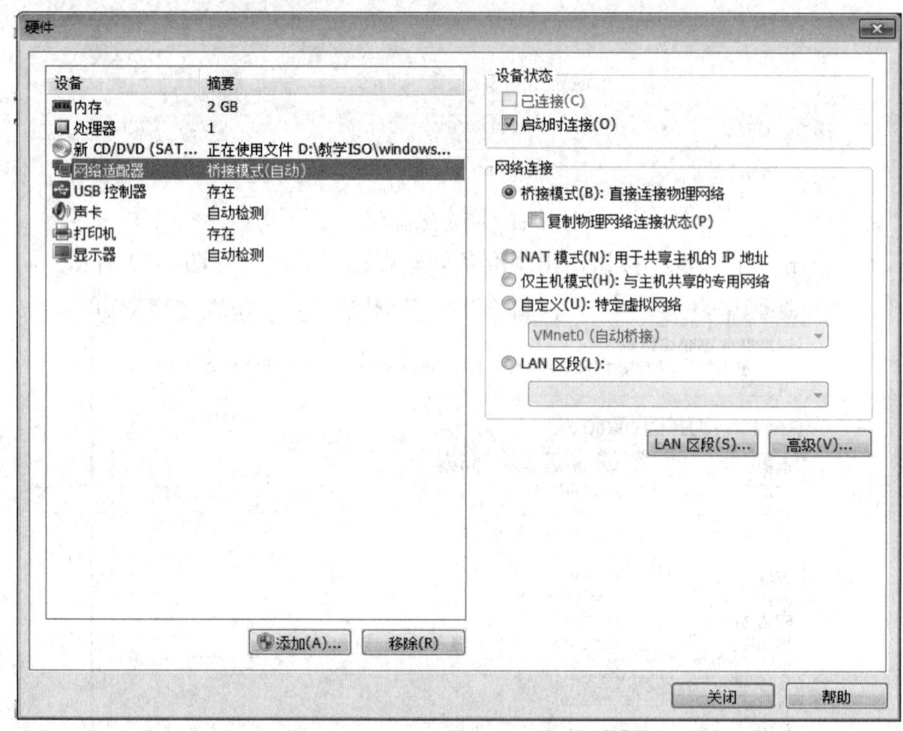

图 1-13　“硬件”对话框

步骤 8：单击“关闭”按钮，返回准备创建虚拟机界面，单击“完成”按钮。

此后，VMware 虚拟机会根据安装镜像文件开始安装 Windows Server 2012 操作系统，按照安装向导提示完成 Windows Server 2012 操作系统的安装。

3) 设置 VMware 虚拟机功能

(1) 安装 VMware Tools。选择“虚拟机”→“安装 VMware Tools”命令，此时系统将通过安装光盘装载 VMware Tools，完成安装并重新启动虚拟机。

(2) 设置网络。由于前面采用的是桥接模式，此时，虚拟主机和宿主机的真实网卡可以设置在同一个网段，两者之间的关系就如相邻的两台计算机一样。设置步骤如下：

步骤 1：设置宿主机的 IP 地址为 10.144.61.100，子网掩码为 255.255.255.0。设置虚拟主机的 IP 地址为 10.144.61.200，子网掩码为 255.255.255.0。

步骤 2：关闭虚拟机 Windows 防火墙，在宿主机中运行 10.144.61.200 命令，测试与虚拟主机的连通性，如图 1-14 所示。

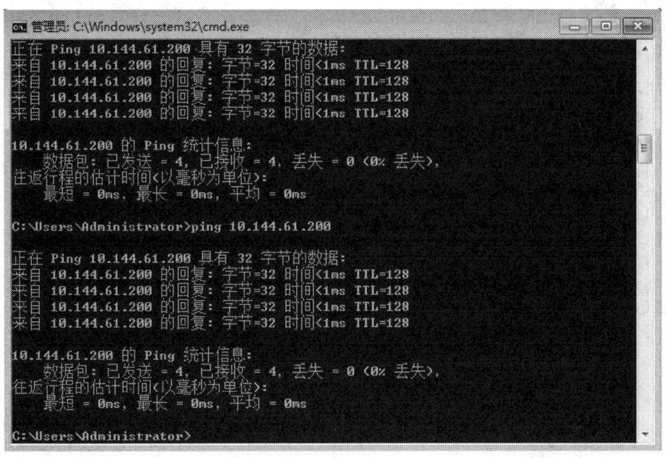

图 1-14　通过 ping 命令测试与虚拟主机的连通性

(3) 设置系统快照。快照(Snapshot)指的是虚拟磁盘在某一特定时间点的副本。通过快照可以在系统发生问题后恢复到快照的时间点，从而有效保护磁盘上的文件系统和虚拟机的内存数据。

在 VMware 虚拟机中进行实验，可以随时把系统恢复到某一次快照的过去状态中，设置快照对于在虚拟机中完成一些对系统有潜在危害的实验非常实用。设置系统快照的步骤如下：

步骤 1：创建快照。在虚拟机中，选择“虚拟机”→“快照”→“创建快照”命令，打开“拍摄快照”对话框，如图 1-15 所示，在“名称”文本框中输入快照名(如“快照 1”)，单击“拍摄快照”按钮，VMware Workstation 会对当前系统状态进行保存。

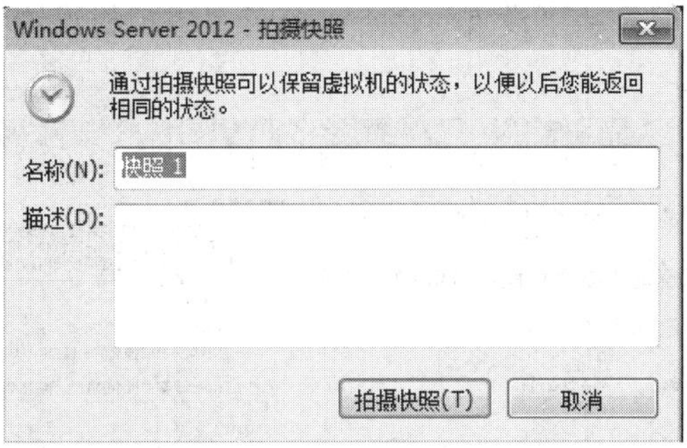

Windows Server 2012 - 拍摄快照

通过拍摄快照可以保留虚拟机的状态，以便以后您能返回相同的状态。

名称(N): 快照 1

描述(D):

拍摄快照(T)　取消

图 1-15　“拍摄快照”对话框

步骤 2：利用快照进行系统还原。选择“虚拟机”→“快照”→“1 快照 1”命令，出现提示信息后，单击“是”按钮，VMware Workstation 就会在该点保存的系统状态进行还原。

(4) 修改虚拟机的基本配置。创建好的虚拟机的基本配置，如虚拟机的内存大小、硬盘数量、网卡数量和连接方式、声卡、USB 接口等设备可以根据需要进行修改，步骤如下：

步骤 1：在“VMware Workstation”主界面中，选中想要修改配置的虚拟机名称(如“Windows Server 2012”)，再选择“虚拟机”→“设置”命令，打开“虚拟机设置”对话框，如图 1-16 所示。

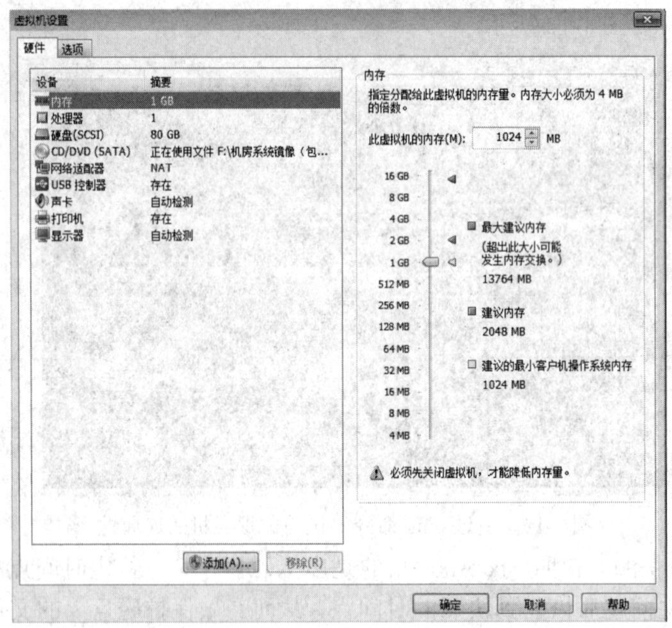

图 1-16　“虚拟机设置”对话框“硬件”选项卡

步骤 2：在“虚拟机设置”对话框中，根据需要，可调整虚拟机的内存大小、添加或者删除硬件设备、修改网络连接方式、修改虚拟机中 CPU 的数量、设置虚拟机的名称、修改虚拟机的操作系统及版本等选项。

(5) 设置共享文件夹。有时可能需要虚拟机操作系统和宿主机操作系统共享一些文件，可是虚拟硬盘对宿主机来说只是一个无法识别的文件，不能直接交换数据，此时可使用“共享文件夹”功能来解决，设置方法如下：

步骤 1：选择“虚拟机”→“设置”命令，打开“虚拟机设置”对话框，选择“选项”选项卡，如图 1-17 所示。

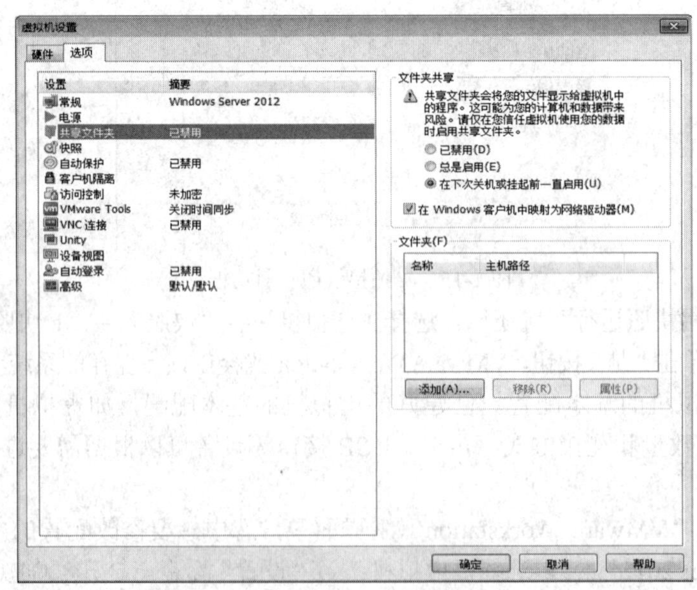

图 1-17　“虚拟机设置”对话框“选项”选项卡

步骤 2：选择左侧窗格中“共享文件夹”选项，在“文件夹共享”区域中，选中“总是启用”单选按钮和“在 Windows 客户机中映射为网络驱动器”复选框后，单击“添加”按钮，打开“添加共享文件夹向导”对话框。

步骤 3：单击“下一步”按钮，出现“共享文件夹名称”界面，在“主机路径”文本框中，指定宿主机上的一个文件夹作为交换数据的地方，如“D:\VMware Shared”；在“名称”文本框中，输入共享名称，如 VMware Shared，如图 1-18 所示。

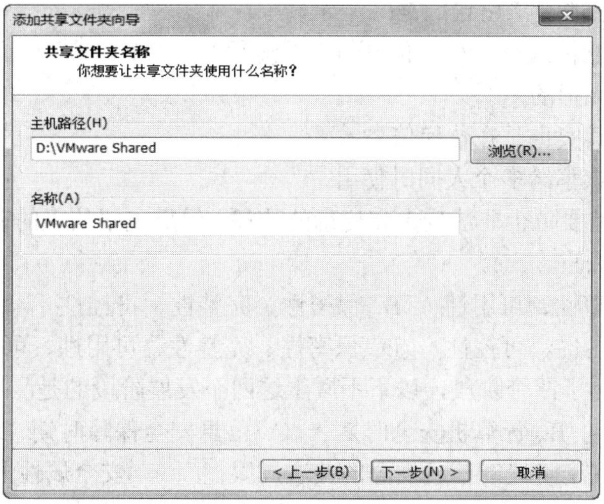

图 1-18　“共享文件夹名称”界面

步骤 4：单击“下一步”按钮，出现“指定共享文件夹属性”界面，如图 1-19 所示。选中“启用该共享”复选框后，单击“完成”按钮。此时，共享文件夹在虚拟机中映射为一个网络驱动器(Z:盘)。

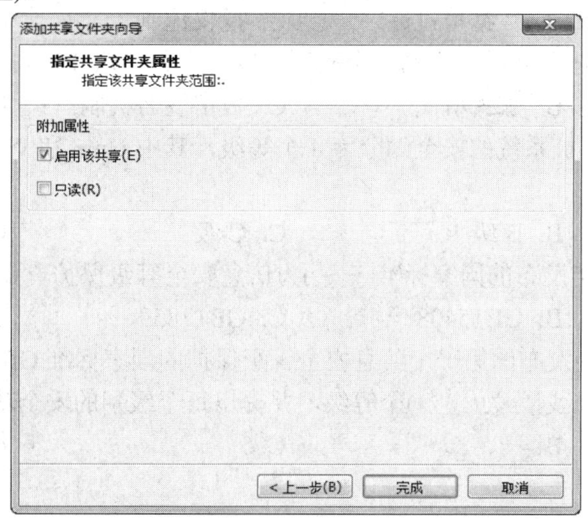

图 1-19　“指定共享文件夹属性”界面

习　题

一、选择题

1. 下列关于信息的说法错误的是(　　)。

A. 获取信息的途径只有一种，传递信息的途径有多种

B. 信息本身是无形的

C. 与朋友闲聊其实也是在传递信息

D. 信息可以被共享给多个人同时使用

2. 信息安全就是要防止非法攻击和病毒的传播，保障电子信息的有效性，从具体的意义上来理解，需要保证(　　)。

A. 保密性、完整性、可用性　B. 保密性、完整性、可控性

C. 完整性、可用性、可控性　D. 保密性、完整性、可用性、可控性、不可否认性

3. 信息安全经历了四个阶段，以下不属于这四个发展阶段的是(　　)。

A. 通信安全时期　B. 计算机安全时期　C. 信息安全保障时期　D. 加密阶段

4. 人们在通信保密阶段对信息安全的关注局限在(　　)安全属性上。

A. 不可否认性　B. 可用性　C. 保密性　D. 完整性

5. P2DR2 动态安全模型包含的要素有(　　)。

A. 策略　B. 防护　C. 检测　D. 以上三种都对

6. ISO7498-2 从体系结构描述了 5 种安全服务，以下不属于这 5 种安全服务的是(　　)。

A. 身份鉴别　B. 数据报过滤　C. 授权控制　D. 数据完整性

7. ISO7498-2 描述了 8 种特定的安全机制，以下不属于这 8 种安全机制的是(　　)。

A. 安全标记机制　B. 加密机制　C. 数字签名机制　D. 访问控制机制

8. TCSEC 将计算机系统的安全划分为 4 个等级，其中 Unix 和 Windows NT 操作系统符合(　　)安全标准。

A. A 级　B. B 级　C. C 级　D. D 级

9. 我国在 1999 年发布的国家标准(　　)为信息安全等级保护奠定了基础。

A. GB17799　B. GB15408　C. GB17859　D. GB14430

10. 1999 年，我国发布的第一个信息安全等级保护的国家标准 GB.17859—1999，提出将信息系统的安全等级划分为(　　)个等级，并提出每个级别的安全功能要求。

A. 3　B. 4　C. 5　D. 6

二、简答题

1. 简述信息安全的基本属性。

2. 简述并解释 ISO/OSI 中定义的五类安全服务。

3. 简述并解释 ISO/OSI 中定义的八类安全机制。

第 2 章　物理安全技术

对信息系统的攻击可分为两类：一类是对信息系统实体的攻击；另一类是对信息资源的攻击。对信息系统实体的攻击主要是指对计算机外部设备、场地环境和通信线路等的攻击，导致场地和机房遭到破坏、设备损坏、电磁信息泄露、电磁干扰、通信中断、存储介质和数据损毁等。物理安全技术就是要保证信息系统实体免遭攻击，是整个计算机信息系统安全的前提，在整个计算机网络信息系统中占有重要的地位。本章主要介绍物理安全的定义和内容、环境安全、设备安全、介质安全和物理安全技术标准。通过本章的学习，读者应该达到以下目标：

(1) 理解物理安全的概念及其包含的主要内容；

(2) 掌握环境安全、设备安全和介质安全的标准或要求；

(3) 了解物理安全技术标准。

2.1 物理安全概述

1. 物理安全定义

物理安全又称实体安全，是保护计算机网络设备、设施以及其他媒体免遭地震、水灾、火灾等环境事故、人为操作失误或各种计算机犯罪行为导致的破坏。物理安全主要考虑的问题是环境、场地和设备的安全及物理访问控制和应急处理预案等，保证计算机及机房的安全，以及保证所有组成信息系统设备、场地、环境及通信线路的物理安全，是整个计算机信息系统安全的前提。

2. 物理安全的内容

物理安全在计算机网络信息系统安全中占有重要地位，它主要包括环境安全、设备安全、介质安全三个方面。

(1) 环境安全：系统所在环境的安全，包括受灾保护、区域防护，主要是场地和机房。参见国家标准 GB 50174—2008《电子信息系统机房设计规范》、GB 50462—2008《电子信息系统机房施工及验收规范》、GB/T2887—2011《计算机场地通用规范》、GB 9361—2011《计算站场地安全要求》。计算机网络通信系统的运行环境应按照国家有关标准设计实施，应具备消防报警、安全照明、不间断供电、温湿度控制系统和防盗报警，以保护系统免受水、火、有害气体、地震、静电的危害。应指定专门的部门或人员定期对机房供配电、空调、温湿度控制等设施进行维护管理；应对机房的出入、服务器的开机或关机等工作进行管理；应建立机房安全管理制度，对有关机房物理访问，物品带进、带出机房和机房环境安全等方面的管理作出规定。

(2) 设备安全：设备的防盗、防毁、防电磁信息辐射泄漏、防止线路截获、抗电磁干扰及电源保护等。参见 GB 4943—2011《信息技术设备的安全》、GB 9254—2008《信息技术设备的无线电骚扰限值和测量方法》。要保证硬件设备随时处于良好的工作状态，建立健全设备使用管理规章制度，建立设备运行日志等。应对信息系统相关的各种设备、线路等指定专门的部门或人员定期进行维护管理；应建立基于申报、审批和专人负责的设备安全管理制度，对信息系统的各种软硬件设备的选型、采购、发放和领用等过程进行规范化管理。

(3) 介质安全：介质数据和介质本身的安全。介质安全目的是保护存储在介质上的信息，包括介质的防盗和介质的防损等。应确保介质存放在安全的环境中，对各类介质进行控制和保护；应对介质归档和查询等过程进行记录，并根据存档介质的目录清单定期进行盘点。

2.2 环境安全

计算机系统是由大量电子设备和机械设备组成的，计算机运行的环境对计算机的影响非常大，环境影响因素主要有温度、湿度、灰尘、腐蚀、电气与电磁干扰等。这些因素从不同侧面影响计算机的可靠工作。因此，环境对计算机信息安全有着至关重要的作用，它影响计算机系统是否能够安全稳定地运行，甚至影响到计算机系统的使用寿命。

环境安全提供对计算机信息系统所在环境的安全保护，主要包括受灾防护和区域防护。受灾防护提供受灾报警、受灾保护和受灾恢复等功能，其目的是保护计算机信息系统免受水、火、有害气体、地震、雷击和静电等的危害。具体的内容包括灾难发生前，对灾难的检测和报警的方法；灾难发生时，对正遭受破坏的计算机信息系统采取紧急措施进行现场实时保护的方法；灾难发生后，对已经遭受某种破坏的计算机信息系统进行灾后恢复的方法。区域防护对特定区域提供某种形式的保护和隔离，具体包括静止区域保护和活动区域保护。静止区域保护研究通过电子手段或其他手段对特定区域进行某种形式保护的方法；活动区域保护研究对活动区域进行某种形式保护的方法。

2.2.1 机房安全技术

机房安全技术涵盖的范围非常广泛，包括计算机机房的安全保护技术，计算机机房的温度、湿度等环境条件保护技术，计算机机房的用电安全技术和计算机机房安全管理技术等。

为了有效合理地对计算机机房进行保护，应对计算机机房划分出不同的安全等级，为场地提供不同的安全保护措施。根据 GB 9361—1988 标准《计算站场地安全要求》，计算机机房的安全等级分为 A 类、B 类、C 类三个基本类别，如表 2-1 所示。表中符号说明：(+)表示有需求或增加要求，–表示无须要求；(–)表示要求。

表 2-1　机房的安全等级分类

	C 类安全机房	B 类安全机房	A 类安全机房
场地选择	–	(+)	(+)
防火	(+)	(+)	(+)

续表

	C 类安全机房	B 类安全机房	A 类安全机房
内部装修	–	(+)	(–)
供配电系统	(+)	(+)	(–)
空调系统	(+)	(+)	(–)
火灾报警及消防设施	(+)	(+)	(–)
防水	–	(+)	(–)
防静电	–	(+)	(–)
防雷击	–	(+)	(–)
防鼠害	–	(+)	(–)
电磁波的防护	–	(+)	(+)

A 级机房：对计算机机房的安全有严格的要求，有完善的计算机安全措施，具有最高的安全性和可靠性。

B 级机房：对计算机机房的安全有严格的要求，有较完善的计算机安全措施，安全性和可靠性介于 A、C 级之间。

C 级机房对计算机机房的安全有基本的要求，有基本的计算机安全措施，C 级机房具有最低限度的安全性和可靠性。

在实际的应用中，建设机房时应该根据所处理的信息以及运用场合的重要程度，来选择适合本系统特点的安全等级。

1. 机房的场地要求

B、C 类安全机房的选址要求：避开易发生火灾、危险程度高的区域；避开有害气体来源以及存放腐蚀、易燃、易爆物品的地方；避开低洼、潮湿、落雷区域和地震频繁的地方；避开强振动源和强噪声源；避开强电磁场的干扰；避免设在建筑物的高层或地下室，以及用水设备的下层或隔壁；避开重盐害地区。A 类安全机房除上述要求外，还应将其置于建筑物的安全区内。

2. 机房的内部环境要求

对计算机机房的内部环境要求如下：

(1) 机房应建设在专用和独立的房间内。

(2) 机房经常使用的进出口应限于一处，以便出入管理。

(3) 机房内应留有必要的空间，其目的是确保灾害发生时人员和设备的撤离和维护。

(4) 在较大的楼层内，计算机机房应靠近楼梯的一边。这样既利于安全警卫，又利于发生险情时的转移撤离。

(5) 应当保证所有进出计算机机房的人都必须在管理员的监控之下。外来人员一般不允许进入机房内部，对于在特殊情况下需要进入机房内部的人员，应当办理相关手续，并对来访者的随身物品进行相应的检查。

(6) 机房供电系统应将动力照明用电和计算机系统供电线路分开，机房及疏散通道要安装应急照明装置。

(7) 照明应达到规定标准。

另外，采用物理防护手段，建立物理屏障，阻止非法人员接近计算机系统，是行之有效的防护措施，实现这些的措施有出入识别、区域隔离和边界防护等。出入识别已从早期的专人值守、验证口令等发展为密码锁、磁卡识别、指纹识别、视网膜识别和语音识别等多种手段的身份识别措施。区域隔离和边界防护是将重要的计算机系统周围构造安全警戒区，边界设置障碍，区内采取重点防范，甚至昼夜警戒，将入侵者阻拦在警戒区以外。

3. 机房的温度要求

计算机的电子元器件、芯片都密封在机箱中，有的芯片工作时表面温度相当高，一般电子元器件的工作温度的范围是 0～45℃。统计数据表明，当环境温度超过 60℃时，计算机系统就不能正常工作，温度每升高 10℃，电子器件的可靠性就会降低 25%。元器件可靠性降低将影响计算机的正确运算，从而影响结果的正确性。此外，温度对磁介质的磁导率影响也很大，温度过高或过低都会使磁导率降低，影响磁头读写的正确性。温度还会使磁带、磁盘表面热胀冷缩发生变化，造成数据的读写错误，影响信息的正确性。温度过高会使插头、插座、计算机主板、各种信号线腐蚀速度加快，容易造成接触不良，也会使显示器各线圈骨架尺寸发生变化，使图像质量下降。温度过低会使绝缘材料变硬、变脆，使漏电电流增大，使磁记录媒体性能变差，同时也会影响显示器的正常工作。

GB 50174—1993 标准《电子计算机机房设计规范》明确规定了机房的温度要求，如表 2-2 所示。主机房的温度应执行 A 级，基本工作间可根据设备要求按 A、B 两级执行，其他辅助房间应按工艺要求确定。

表 2-2　机房温度要求

项目	A 级		B 级
	夏　季	冬　季	全　　年
温度	(23±2)℃	(20±2)℃	18℃～28℃
温度变化率	<5℃/h 并不得结露		<10℃/h 并不得结露

4. 机房的湿度要求

计算机机房湿度最好控制在 40%～60%之间，湿度过高或过低对计算机的可靠性与安全性都有影响。

1) 湿度过高

当相对湿度超过 70%时，会在元器件的表面附着一层很薄的水膜，使计算机内的元器件受潮变质，造成元器件各引脚之间的漏电，出现电弧现象，甚至会发生短路而损坏机器。当水膜中含有杂质时，它们会附着在元器件引脚、导线、接头表面，造成这些表面发霉和触点腐蚀，引起电气部分绝缘性能下降。湿度过大还会使灰尘的导电性能增强，电子器件失效的可能性也随之增大。

2) 湿度过低

相对湿度不能低于 20%，否则会因过分干燥而产生静电干扰，引起计算机的错误动作。另外，相对湿度过低则会导致计算机网络设备中的某些元器件龟裂，印刷电路板变形，特别是静电感应增加会使计算机内存储的信息丢失或者异常，严重时还会导致芯片受损，给计算机系统带来严重危害。《电子计算机机房设计规范》中也明确规定了机房的湿度要求，如表 2-3 所示。

表 2-3　机房湿度要求

项目	A 级	B 级
湿度	45%～65%	40%～70%

5. 机房的洁净度要求

洁净度是对悬浮在空气中尘埃颗粒的大小与含量的要求，对于机房的洁净度而言，要求尘埃颗粒直径小于 0.5 μm，平均每升空气中尘埃含量少于 1 万颗。灰尘对于计算机中的精密机械装置影响很大。例如，光盘驱动器染尘后，读头在读信号时，可能擦伤盘片表面或者读头，造成数据读写错误或者数据丢失。如果灰尘中含有导电尘埃或者腐蚀性尘埃，那么它们会附着在元器件与电子线路的表面，若此时机房空气湿度较大，会造成短路或腐蚀裸露的金属表面。因此，计算机机房必须有除尘、防尘的设备和措施，保持清洁卫生，以保证设备的正常工作。对于进入机房的新鲜空气应进行一至两次过滤，采取严格的机房卫生管理制度，降低机房灰尘含量。

6. 机房的防盗要求

计算机网络系统的大部分设备都是存放在计算机机房中的，重要的应用软件和业务数据也都是存放在计算机系统的磁盘或光盘上的。此外，机房内的某些设备可能是用来进行机密信息处理的，这类设备本身及其内部存储的信息都非常重要，一旦丢失或被盗，将产生极其严重的后果。因此，对重要的设备和存储介质应采取严格的防盗措施。早期主要采取增加质量和胶黏的防盗措施，即将重要的计算机网络设备永久地固定或黏结在某个位置上。虽然该方法增强了设备的防盗能力，但却给设备的移动或调整位置带来了不便。后来又出现了将设备与固定底盘用锁连接的防盗方法，只有将锁打开才可移动设备。光纤电缆防盗系统是将每台重要的设备通过光纤电缆串接起来，并使光束沿光纤传输，如果光束传输受阻，则自动报警。该保护装置比较简便，一套装置可保护机房内的所有重要设备，并且不影响设备的可移动性。还有一种更方便的防盗措施类似于图书馆、超市所使用的防盗系统，其具体做法是在需要保护的重要设备上贴上特殊标签(如磁性标签)，当非法携带这些重要设备或物品外出时，检测器就会发出报警信号。视频监视防盗系统是一种更为可靠的防盗设备，能对计算机网络系统的外围环境、操作环境进行实时的全程监控。另外，对于一些安全级别更高的机房，还应采取特别的防盗措施，如值班守卫、出入口安装金属探测装置等。

7. 机房的电源要求

计算机对电源有两个基本要求：电压要稳和供电不间断。

电压不稳不仅会对显示器和打印机的工作造成影响，而且会造成磁盘驱动器运行不稳定，从而引起数据的读写错误。为了获得稳定的电压，可以使用交流稳压电源。为了防止突然断电对计算机工作造成影响，在要求较高的应用场合，应该装备不间断供电电源(UPS)，以便断电后能使计算机继续工作一段时间，使操作人员能够及时处理完成计算工作或数据保存。

8. 机房的防电磁干扰要求

静电干扰和周边环境的强电磁干扰是对计算机正常运转影响较大的电磁干扰。由于计算机系统的CPU、ROM、RAM等关键部件大都采用MOS工艺的大规模集成电路，对静电极为敏感，容易因静电而损坏。据统计，50%以上的计算机设备的损害直接或间接与静电有关。

防静电措施主要有：机房的内部装修材料采用乙烯材料；机房内安装防静电地板，并将地板和设备接地；机房内的重要操作平台应有接地地板；工作人员的鞋和服装最好采用低阻值的材料制作；机房内应保持一定的湿度。

9. 机房的防火、防水要求

计算机机房的火灾一般是由电气原因、人为事故或外部火灾蔓延引起的。电气原因主要是指电气设备和线路的短路、过载、接触不良、绝缘层破损或静电等原因导致电打火而引起的火灾。人为事故是指由于操作人员不慎、吸烟、乱扔烟头等，使充满易燃物质(如纸片、磁带或胶片等)的机房起火。外部火灾蔓延是因外部房间或其他建筑物起火蔓延到机房而引起机房起火。计算机机房的水灾一般是由机房内有渗水、漏水等原因引起。

计算机机房内应有防火、防水措施。如机房内应有火灾、水灾自动报警系统；如果机房上层有用水设施需加防水层；机房内应放置适用于计算机机房的灭火器，并建立应急计划和防火制度等。

2.2.2 机房安全技术标准

计算机机房安全技术标准主要有：GB/T 2877—2011《计算机场地通用规范》、GB 50174—2008《电子信息系统机房设计规范》和GB 9361—2011《计算站场地安全要求》。

计算机机房建设应遵循《计算机场地通用规范》和《计算站场地安全要求》，满足防火、防磁、防水、防盗等要求。

2.3 设备安全

设备安全包括设备的防盗和防毁、防止电磁信息泄露、防止线路截获、抗电磁干扰以及电源的保护。

1. 设备防盗

可以使用一定的防盗手段(如移动报警器、数字探测报警和部件上锁)保护计算机系统设备和部件，以提高计算机信息系统设备和部件的安全性。

2. 设备防毁

一是对抗自然力的破坏，如使用接地保护等措施保护计算机信息系统设备和部件。二是对抗人为的破坏，如使用防砸外壳等措施。

3. 防止电磁信息泄露

为防止计算机信息系统中的电磁信息泄露，提高系统内敏感信息的安全性，通常使用防止电磁信息泄露的各种涂料、材料和设备等。

4. 防止线路截获

防止线路截获主要防止对计算机信息系统通信线路的截获与干扰。重要技术可归纳为四个方面：预防线路截获，可使线路截获设备无法正常工作；扫描线路截获，发现线路截获并报警；定位线路截获，发现线路截获设备工作的位置；对抗线路截获，阻止线路截获设备的有效使用。

5. 抗电磁干扰

防止对计算机信息系统的电磁干扰，从而保护系统内部的信息，包括两个方面：对抗外界对系统的电磁干扰、消除来自系统内部的电磁干扰。

6. 电源保护

电源保护为计算机信息系统设备的可靠运行提供能源保障，可归纳为两个方面：对工作电源的工作连续性的保护(如使用不间断电源)和对工作电源的工作稳定性的保护(如使用纹波抑制器)。

2.4 介质安全

介质安全是指介质数据和介质本身的安全。介质安全目的是保护存储在介质上的信息，包括介质的被盗、介质的防毁，如防霉和防砸等。

介质数据的安全是指对介质数据的保护。介质数据的安全删除和介质的安全销毁是为了防止被删除或销毁的敏感数据被他人恢复，包括介质数据的防盗、介质数据的销毁和介质数据的防损。介质数据的防盗是指防止介质数据被非法复制；介质数据的销毁包括介质的物理销毁(如介质粉碎等)和介质数据的彻底销毁(如消磁等)，防止介质数据删除或销毁后被他人恢复而泄露信息；介质数据的防损是指防止意外或故意的破坏使介质数据丢失。

常用的存储介质有磁带、硬盘、光盘、打印纸等，对存储介质的安全管理主要包括：

(1) 存放有业务数据或程序的磁盘、磁带或光盘，应妥善保管，必须注意防磁、防潮、防火和防盗。

(2) 对硬盘上的数据，要建立有效的级别、权限，并严格管理，必要时要对数据进行加密，以确保硬盘数据的安全。

(3) 存放业务数据或程序的磁盘、磁带或者光盘，管理必须落实到人，并分类建立登记簿，记录编号、名称、用途、规格、制作日期、有效期、使用者、批准者等信息。

(4) 对存放有重要信息的磁盘、磁带、光盘，要备份两份并分两处保管。

(5) 打印有业务数据或程序的打印纸，要视同档案进行管理。

(6) 对需要长期保存的有效数据，应在磁盘、磁带、光盘的质量保证期内进行转储，转储时应确保内容正确。

(7) 凡超过数据保存期的磁盘、磁带、光盘，必须经过特殊的数据清除处理，视同空白磁盘、磁带、光盘。

(8) 凡不能正常记录数据的磁盘、磁带、光盘，必须经过测试确认后由专人进行销毁，并做好登记工作。

一般电脑用户在处理废弃电脑时十分随便，以为只要将电脑硬盘内的数据进行格式化就可以了，其实格式化后的数据还原封不动地保留在硬盘内，稍懂数据恢复技术的人就可以轻易恢复这些数据。目前我国已出现一批专门通过恢复废弃硬盘内有价值信息并出售获利的人群，他们往往通过在废品市场购买或从单位回收旧电脑设备，然后将硬盘内的信息恢复，将有价值的信息出售，以此获得比硬盘本身价值更大的利益。所以，为了避免此类事件的发生，电脑用户在删除文件以及处理废弃电脑时，一定要对文件和电脑硬盘进行不可恢复性处理，比如在处理重要文件时，使用某些工具软件的“文件粉碎”功能，对文件进行彻底的不可恢复性粉碎；在处理废弃硬盘时，一定要把硬盘内的盘片打孔或毁坏，以防止硬盘内的数据被非法分子盗取。

2.5　物理安全技术标准

我国制定的信息系统物理安全标准 GB/T 20271—2006 提出的技术要求包括三方面：信息系统的配套部件、设备安全技术要求；信息系统所处物理环境的安全技术要求；保障信息系统可靠运行的物理安全技术要求。设备物理安全、环境物理安全及系统物理安全的安全等级技术要求，确定了为保护信息系统安全运行所必须满足的基本的物理安全技术要求。以 GB 17859—1999 五个安全等级的划分为基础，结合当前我国计算机、网络和信息安全技术发展的具体情况，根据适度保护原则，GB/T 20271—2006 标准将物理安全技术分为五个安全等级，并对信息系统安全提出了物理安全技术方面的要求，不同安全等级的物理安全平台为相应安全等级的信息系统提供相应的物理安全保护。

2.5.1　GB/T 20271—2006 基本术语

信息系统由计算机及其相关的配套部件、设备和设施构成，按照一定的应用目的和规则对信息进行采集、加工、存储、传输、检索等的人机系统。信息系统物理安全，为了保证信息系统安全可靠运行，确保信息系统在对信息进行采集、处理、传输、存储过程中，不致受到人为或自然因素的危害，而使信息丢失、泄露或破坏，对计算机设备、设施(包括机房建筑、供电、空调)、环境人员、系统等采取适当的安全措施。

设备物理安全是指为保证信息系统的安全可靠运行，降低或阻止人为或自然因素对硬件设备安全可靠运行带来的安全风险，对硬件设备及部件所采取的适当安全措施。

环境物理安全是指为保证信息系统的安全可靠运行所提供的安全运行环境，使信息系统得到物理上的严密保护，从而降低或避免各种安全风险。

系统物理安全是指为保证信息系统的安全可靠运行，降低或阻止人为或自然因素从物理层面对信息系统保密性、完整性、可用性带来的安全威胁，从系统的角度采取的适当安全措施。传统意义的物理安全包括设备安全、环境安全、设施安全以及介质安全。广义的物理安全还应包括由软件、硬件、操作人员组成的整体信息系统的物理安全，即包括系统物理安全。信息系统安全体现在信息系统的保密性、完整性、可用性三方面，从物理层面出发，系统物理安全技术应确保信息系统的保密性、可用性、完整性，如：通过边界保护、配置管理、设备管理等措施保护信息系统的保密性，通过容错、故障恢复、系统灾难备份等措施确保信息系统可用性，通过设备访问控制、边界保护、设备及网络资源管理等措施确保信息系统的完整性。三者关系如图 2-1 所示。

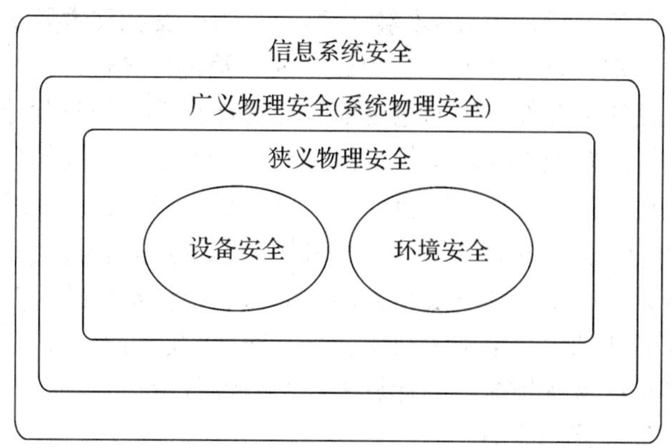

图 2-1　三者关系图

完整性是指保证信息与信息系统不会被有意或无意地更改或破坏的特性。

可用性是指保证信息与信息系统可被授权者所正常使用。

保密性是指保证信息与信息系统不可被非授权者利用。

浪涌保护器是指用于对雷电电流、操作过电压等进行保护的器件。

电磁骚扰是指任何可能引起装置、设备或系统性能降低或对有生命或无生命物质产生损害作用的电磁现象。

电磁干扰是指电磁骚扰引起的设备、传输通道或系统性能的下降。抗扰度是指装置、设备或系统面临电磁干扰不降低运行性能的能力。

不间断供电系统是指确保计算机不停止工作的供电系统。

安全隔离设备包括安全隔离计算机、安全隔离卡和安全隔离线路选择器等设备。

抗扰度限值是指规定的最小抗扰度电平。

非燃材料是指材料在受燃烧或高温作用时，不起火、不微燃、难碳化的材料。

难燃材料是指材料在受到燃烧或高温作用时，难起火、难微燃、难碳化的材料。

标志是用来表明设备或部件的生产信息。

标记是用来识别、区分设备、部件或人员等级的表示符号。

2.5.2　物理安全平台

1. 第一级物理安全平台

第一级物理安全平台为第一级用户自主保护级，提供基本的物理安全保护。在设备物理安全方面，为保证设备的基本运行，对设备提出了抗电强度、泄漏电流、绝缘电阻等要求，并要求对来自静电放电、电磁辐射、电快速瞬变脉冲群等的初级强度电磁干扰有基本的抗扰能力。在环境物理安全方面，为保证信息系统支撑环境的基本运行，提出了对场地选择、防火、防雷电的基本要求。在系统物理安全方面，为保证系统整体的基本运行，对灾难备份与恢复、设备管理提出了基本要求，系统应利用备份介质以降低灾难带来的安全威胁，对设备信息、软件信息等资源信息进行管理。

2. 第二级物理安全平台

第二级物理安全平台为第二级系统审计保护级，提供适当的物理安全保护。在设备物理安全方面，为支持设备的正常运行，本级在第一级物理安全技术要求的基础上，增加了设备对电源适应能力要求，增加了对来自电磁辐射、浪涌(冲击)的电磁干扰具有基本的抗扰能力要求，以及对设备及部件产生的电磁辐射骚扰具有基本的限制能力要求。在环境物理安全方面，为保证信息系统支撑环境的正常运行，本级在第一级物理安全技术要求的基础上，增加了机房建设、记录介质、人员要求、机房综合布线、通信线路的适当要求，机房应具备一定的防火、防雷、防水、防盗防毁、防静电、电磁防护能力、温湿度控制能力、一定的应急供配电能力。在系统物理安全方面，为保证系统整体的正常运行，本级在第一级物理安全技术要求的基础上，增加了设备备份、网络性能监测、设备运行状态监测、告警监测的要求，系统应对易受到损坏的计算机和网络设备有一定的备份，对网络环境进行监测以具备网络、设备告警的能力。

3. 第三级物理安全平台

第三级物理安全平台为第三级安全标记保护级，提供较高程度的物理安全保护。在设备物理安全方面，为支持设备的稳定运行，本级在第二级物理安全技术要求的基础上，增加了对来自感应传导、电压变化产生的电磁干扰具有一定的抗干扰能力要求，以及对设备及部件产生的电磁传导骚扰具有一定的限制能力要求，并增加了设备防过热能力、温湿度、振动、冲击、碰撞适应性能力的要求。在环境物理安全方面，为保证信息系统支撑环境的稳定运行，本级在第二级物理安全技术要求的基础上，增加了出入口电子门禁、机房屏蔽、监控报警的要求，机房应具备较高的防火、防雷、防水、防盗防毁、防静电、电磁防护能力、温湿度控制能力、较强的应急供配电能力，提出了对安全防范中心的要求。在系统物理安全方面，为保证系统整体的稳定运行，本级在第二级物理安全技术要求的基础上，对灾难备份与恢复增加了灾难备份中心、网络设备备份的要求，对设备管理增加了网络拓扑、设备部件状态、故障定位、设备监控中心的要求，并对设备物理访问、网络边界保护、设备保护、资源利用提出了基本要求。

4. 第四级物理安全平台

第四级物理安全平台为第四级结构化保护级，提供更高程度的物理安全保护。在设备物理安全方面，为支持设备的可靠运行，本级在第三级物理安全技术要求的基础上，增加了对来自工频磁场、脉冲磁场的电磁干扰具有一定的抗干扰能力要求，并要求应对各种电磁干扰具有较强的抗干扰能力，增加了设备对防爆裂的能力要求。在环境物理安全方面，为保证信息系统支撑环境的可靠运行，本级在第三级物理安全技术要求的基础上，要求机房应具备更高的防火、防雷、防水、防盗防毁、防静电、电磁防护能力、温湿度控制能力、更强的应急供配电能力，并建立完善的安全防范管理系统。在系统物理安全方面，为保证系统整体的可靠运行，本级在第三级物理安全技术要求的基础上，对灾难备份与恢复增加了异地灾难备份中心、网络路径备份的要求，对设备管理增加了性能分析、故障自动恢复以及建立多层次分级设备监控中心的要求，并对设备物理访问、网络边界保护、设备保护、资源利用提出了较高要求。

习　　题

一、选择题

1. 物理安全的主要内容包括(　　)。

A. 环境安全　　B. 设备安全　　C. 介质安全　　D. 以上均是

2. 对于计算机系统，由环境因素所产生的安全隐患包括(　　)。

A. 恶劣的温度、湿度、灰尘、地震、风灾、火灾等

B. 强电、磁场、雷电等

C. 人为的破坏

D. 以上均是

3. GB 9361—1988 标准《计算站场地安全要求》，计算机机房的安全等级分为三个等级，下面不属于的是(　　)。

A. A　　B. B　　C. C　　D. D

4. 计算机机房湿度最好控制在(　　)之间。

A. 20%以下　　B. 20%～80%　　C. 40%～60%　　D. 80%以上

5. 以下不符合防静电要求的是(　　)。

A. 穿戴合适的防静电服饰　　B. 在机房更衣

C. 用表面光滑平整的办公家具　　D. 经常用湿拖把拖地

6. 布置电子信息系统信号线缆的路由走向时，以下做法错误的是(　　)。

A. 可以随意弯折

B. 转弯时，弯曲半径应大于导线直径的 10 倍

C. 尽量直线、平整

D. 尽量减小由线缆自身形成的感应环路面积

7. 物理安全的管理应做到(　　)。

A. 所有相关人员都必须进行相应的培训，明确个人工作职责

B. 制定严格的值班和考勤制度，安排人员定期检查各种设备的运行情况

C. 在重要场所的进出口安装监视器，并对进出情况进行录像

D. 以上均正确

8. 磁介质的报废处理，应采用(　　)。

A. 直接丢弃　　B. 砸碎丢弃　　C. 反复多次擦写　　D. 废品回收

二、简答题

1. 物理安全包含哪些内容?

2. 环境安全具体指哪些内容?

3. 简述信息系统物理安全标准 GB/T 20271—2006 中的四个安全等级。

第3章 密码学基础

密码是通信双方按约定的法则进行信息特殊变换的一种重要保密手段。依照这些法则，变明文为密文或变密文为明文。早期密码仅对文字或数字进行加解密变换，随着通信技术的发展，对语音、图像、数据等都可实施。密码学是在编码与破译的斗争实践中逐步发展起来的，并随着先进科学技术的应用，已成为一门综合性的学科。它与语言学、数学、电子学、声学、信息论、计算机科学等有着广泛而密切的联系，现已成为信息系统安全的关键技术。本章主要介绍密码学的发展历史和密码学的基本知识、古典密码学中的替代和置换思想、现代密码学的对称密码体制和非对称密码体制以及单向散列函数。通过本章的学习，读者应该达到以下目标：

(1) 了解密码学的发展历史，理解密码学的基本概念；

(2) 掌握古典密码学的替代和置换思想；

(3) 掌握现代密码学的对称和非对称密码体制；

(4) 掌握单向散列函数的特点。

3.1 密码学概述

密码学早在公元前400多年就已经产生，人类使用密码的历史几乎与使用文字的时间一样长。古典密码学以“替代法”与“置换法”为基础，多应用于军事与情报领域；现代密码学则建立在数学、计算机与通信科学的基础上，除了加密信息之外，数字签名、数据完整性、身份认证等也是现代密码学的研究课题。

3.1.1 密码学发展历史

密码学是一门古老而深奥的学科，是结合数学、计算机科学、电子与通信等诸多学科于一体的交叉学科，是研究信息系统安全保密的一门科学。密码学的应用可以追溯到几千年前，自从人类社会有了战争，就有了保密通信，也有了密码的应用。密码学的发展大致分为三个阶段。

第一阶段：古代至1949年

早期的加密技术比较简单，可以说是一门艺术，而不是一门科学，密码学专家常常是凭灵感和信念来进行密码设计和分析，而不是推理与证明，没有形成密码学的系统理论。这一阶段设计的密码称为经典密码或古典密码，并且密码算法在现代计算机技术条件下都是不安全的。

随着工业革命的到来和第二次世界大战的爆发，密码学从人工时代走向机械时代。数据加密技术有了突破性的发展，先后出现了一些密码算法和机械的加密设备，如恩尼格玛密码机。不过此时的密码算法针对的只是字符，使用的基本思想是替代与置换。

第二阶段：1949—1975 年

1949 年，数学家、信息论的创始人 C.E.Shannon(香农)发表在《贝尔实验室技术杂志》上的《保密系统的信息理论(Communication Theory of Secrecy System)》为私钥密码体系(对称加密)建立了理论基础，从此密码学成为一门科学。图 3-1 为香农提出的保密通信模型。随着计算机技术的快速发展，特别是计算机运算能力的大幅提升，使得基于复杂计算的数据加密技术成为可能，计算机将加密技术从机械时代提升至电子时代。1976 年，Pfister(菲斯特)和美国国家安全局 NSA(National Security Agency)一起制定了数据加密标准(Data Encryption Standard，DES)，这是密码学历史上一个具有里程碑意义的事件，标志着私钥密码体系不仅在理论上已经形成，而且在实践中得以实现。

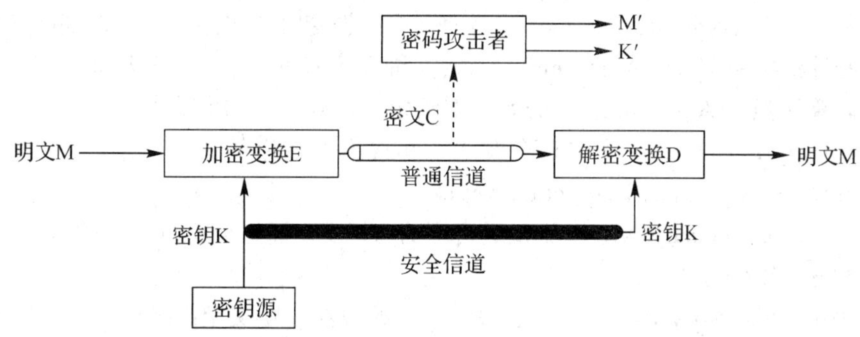

图 3-1　香农提出的保密通信模型

第三阶段：1976 年至今

1976 年，当时在美国斯坦福大学的 Diffie(迪菲)和 Hellman(赫尔曼)发表的文章“密码学发展的新方向(New Direction in Cryptography)”导致了密码学上的一场革命，他们首先证明了在发送端和接收端无密钥传输的保密通信是可能的，从而开创了公钥密码学的新纪元。从此，密码开始充分发挥它的商用价值和社会价值。1978 年，在 ACM 通信中，Rivest、Shamir 和 Adleman 公布了 RSA 密码体系，这是第一个真正实用的公钥密码体系，可以用于公钥加密和数字签名。由于 RSA 算法对计算机安全和通信的巨大贡献，该算法的三个发明人因此获得计算机界的诺贝尔奖——图灵奖(A.M.Turing Award)。

3.1.2　密码学的基本知识

密码学的基本目的是使得两个在不安全通信线路中通信的主体，通常称为 Alice 和 Bob，以一种使他们的监听者 Oscar 不能理解通信内容的方式进行通信。不安全通信线路在现实中是普遍存在的，比如电话线或计算机网络。Alice 发送给 Bob 的信息，通常称为明文，例如英文单词、数据或符号。Alice 使用预先商量好的密钥对明文进行加密，加密过的明文称为密文，Alice 将密文通过通信线路发送给 Bob。对于监听者 Oscar 来说，他可以窃听到线路中 Alice 发送的密文，但是却无法知道其所对应的明文；而对于接收者 Bob，由于知道密钥，可以对密文进行解密，从而获得明文。图 3-2 给出加密通信的基本过程，加密算法 E，解密算法 D，明文 M，密文 C；要传输明文 M，首先要加密得到密文 C，即 C=E(M)，接收者收到 C 后，要对其进行解密，即 D(C)=M，为了保证将明文恢复，要求 D(E(M))=M。

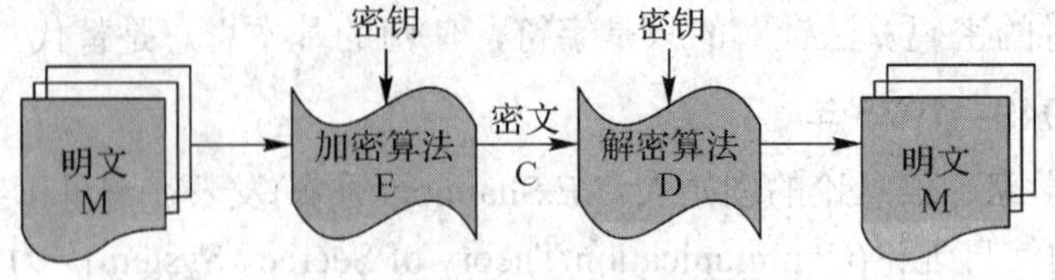

图 3-2　加密通信的基本过程

1. 基本概念

• 明文消息(Plaintext)：未加密的原消息，简称明文。

• 密文消息(Ciphertext)：加密后的消息，简称密文。

• 加密(Encryption)：明文到密文的变换过程。

• 解密(Decryption)：密文到明文的恢复过程。

• 加密算法(Encryption Algorithm)：对明文进行加密时所采用的一组规则或变换。

• 解密算法(Decryption Algorithm)：对密文进行解密时所采用的一组规则或变换。

• 密码算法强度(Algorithm Strength)：对给定密码算法攻击的难度。

• 密钥(Key)：加解密过程中只有发送者和接收者知道的关键信息，分为加密密钥(Encryption Key)和解密密钥(Decryption Key)。

• 密码分析(Cryptanalysis)：在不知道密钥的前提下，通过分析从截获的密文中推断出明文的过程称为密码分析。

• 密码系统(Cryptosystem)：由加密算法、解密算法、明文空间(全体明文的集合)、密文空间(全体密文的集合)和密钥空间(全体密钥的集合)组成的。

• 密码学(Cryptology)：研究如何实现秘密通信的科学，包含密码编码学和密码分析学。

• 密码编码学(Cryptography)：研究对信息进行编码以实现信息隐藏。

• 密码分析学(Cryptanalytics)：研究通过密文获取对应的明文信息。

2. 基本应用

加密技术不仅用于网上传输数据，也用于认证、数字签名、完整性检查以及安全套接字(SSL)、安全电子交易(SET)、安全电子邮件(S/MIME)等安全通信标准和 IPSec 安全协议中，因此加密技术是网络安全的基础。其典型基本应用如下：

(1) 用加密来保护信息。利用密码变换将明文变换成只有合法者才能恢复的密文，这是密码的最基本的功能。利用加密技术对信息进行加密是最常用的安全交易手段。

(2) 采用加密技术对发送信息进行验证。为防止传输和存储的消息被有意或无意地篡改，采用加密技术对消息进行运算生成消息验证码(MAC)，附在消息之后发出或与信息一起存储，对信息进行认证。它在票据防伪中具有重要应用(如税务的金税系统和银行的支付密码器)。

(3) 数字签名。在信息时代，电子信息的收发使我们过去所依赖的个人特征都被数字代替，数字签名的作用有两点：一是接收方可以识别发送方的真实身份，且发送方事后不能否认发送过该报文这一事实；二是发送方或非法者不能伪造、篡改报文。数字签名并非是用手书签名的图形标志，而是采用双重加密的方法来防伪、防抵赖。根据采用的加密技术不同，数字签名有不同的种类，如私用密钥的数字签名、公开密钥的数字签名、只需签名的数字签名、数字摘要的数字签名等。

(4) 身份识别。当用户登录计算机系统或者建立最初的传输连接时，用户需要证明他的身份，典型的方法是采用口令机制来确认用户的真实身份。此外，采用数字签名也能够进行身份鉴别，数字证书用电子手段来证实一个用户的身份和对网络资源的访问权限，是网络正常运行所必需的。在电子商务系统中，所有参与活动的实体都需要用数字证书来表明自己的身份。

3. 密码学的体制

按密钥使用的数量不同，密码体系分为对称密码体系(Symmetric)(又称为私钥密码体系或单钥密码体系)和非对称密码体系(Asymmetric)(又称为公钥密码体系或双钥密码体系)。

在对称密码体系中，加密密钥和解密密钥相同，彼此之间很容易互相确定。对于对称密码而言，按照明文加密方式的不同，又可分为流密码(Stream Cipher)和分组密码(Block Cipher)。流密码是利用密钥产生一个密钥流 $Z=Z_0Z_1Z_2\cdots$，然后利用此密钥流依次对明文 $X=X_0X_1X_2\cdots$进行加密。分组密码是将明文消息编码表示后的数字序列划分成长度为 n 的组，每组分别在密钥的控制下变换成等长的输出数字序列。对称密码加密过程如图 3-3 所示。

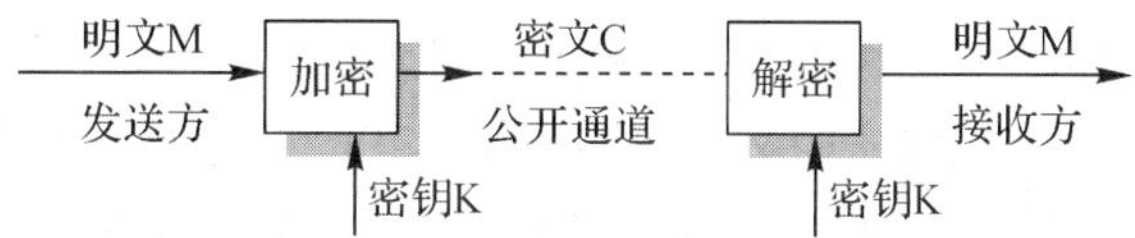

图 3-3 对称密码加密过程示意图

在非对称密码体系中，加密密钥和解密密钥不同，从一个密钥很难推出另一个密钥，可将加密能力和解密能力分开，不需要通过专门的安全通道来传送密钥。大多数非对称密码属于分组密码。非对称密码加密过程如图 3-4 所示。

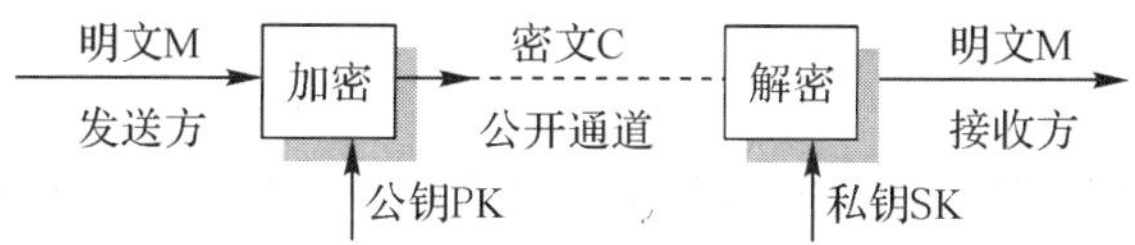

图 3-4 非对称密码加密过程示意图

4. 对密码的攻击

密文分析者在不知道密钥的情况下，从密文恢复出明文。成功的密码分析不仅能够恢复出消息明文和密钥，而且能够发现密码体制的弱点，从而控制通信。常见的密码分析方法有以下四类。

(1) 唯密文攻击(Ciphertext Only)。密码破译者除了拥有截获的密文，以及对密码体制和密文信息的一般了解外，没有什么其他可以利用的信息用于破译密码。在这种情况下进行密码破译是最困难的，若密码体制经不起这种攻击，则被认为是完全不保密的。

(2) 已知明文攻击(Known Plaintext)。密码破译者不仅掌握了相当数量的密文，还掌握一些已知的明-密文对。现代密码体制的基本要求是不仅要经受得住唯密文攻击，而且要经受得住已知明文攻击。

(3) 选择明文攻击(Chosen Plaintext)。密码破译者不仅能够获得一定数量的明-密文对，还可以用它选择的任何明文，在同一未知密钥的情况下能加密相应的密文。选择明文攻击相当于密码破译者暂时控制加密机。

(4) 选择密文攻击(Chosen Ciphertext)。密码破译者能选择不同的被加密的密文，并还原得到对应的解密明文，据此破译密钥及其他密文。选择密文攻击相当于密码破译者暂时控制解密机。

一个好的密码系统应该满足下列要求：系统即使理论上达不到不可破，实际上也要做到不可破。也就是说，从截获的密文或已知的明文-密文对，要确定密钥或任何明文在计算上是不可行的；系统的保密性是依赖于密钥的，而不是依赖于对加密体制或加密算法的保密；加密和解密算法适用于密钥空间的所有元素；系统既易于实现又便于使用。

3.2 古典密码学

古典密码有着悠久的历史，从古代一直到计算机出现以前都属于古典密码时代。古典密码在历史上发挥了巨大作用，香农曾把古典密码的编制思想概括为“混淆”和“扩散”，这种思想对于现代密码编制仍有非常重要的指导意义。古典密码学主要有两大类方法：

(1) 替代密码。替代密码是将明文的字符替换为密文中的另一种字符，接收者只要对密文做反向替换就可以恢复出明文。简言之，它是将明文中的字母用其他字母、数字或符号代替的加密技术。其基本思想是改变明文内容的表现形式，保持内容元素之间相对位置不变。

(2) 置换密码。明文的字母保持相同，但顺序被打乱。如果明文仅仅通过移动它的元素的位置而得到密文，这种加密方法称为置换密码，也称为换位密码。其基本思想是改变明文内容元素的相对位置，保持内容的表现形式不变。

3.2.1 替代密码

1. 凯撒密码

凯撒(Caesar)大帝是古罗马帝国末期著名的统帅和政治家，他发明了一种简单的加密算法用于军队传递信息，后来被称为凯撒密码。它是将字母按字母表的顺序排列，并且最后一个字母与第一个字母相连。加密方法是将明文中的每个字母用其后边的第三个字母代替，就变成了密文。其逆过程就是解密方法。凯撒密码的明文和密文替代表如表 3-1 所示。

表 3-1　凯撒密码的替代表

明文	a	b	c	d	e	f	g	h	i	j	k	l	m
密文	d	e	f	g	h	i	j	k	l	m	n	o	p
明文	n	o	p	q	r	s	t	u	v	w	x	y	z
密文	q	r	s	t	u	v	w	x	y	z	a	b	c

例如，假设明文为 sziit，经过凯撒密码加密，得到的密文为 vcllw；假设密文为 zhofrph，经过凯撒密码解密，得到的明文为 welcome。

2. 维吉尼亚密码

维吉尼亚密码是使用一系列凯撒密码组成密码字母表的加密算法，引入了密钥的概念，属于多表密码的一种简单形式。其加解密过程依赖于维吉尼亚表，如图 3-5 所示。加密方法是明文字母作为列号，密钥字母作为行号，交叉字母即为密文。若密钥字母个数少于明文字母个数，则密钥重复使用。解密方法是密钥字母作为行号，在该行中找到密文字母，对应的列号即为明文。若密钥字母个数少于密文字母个数，则密钥重复使用。

a	b	c	d	e	f	g	h	i	j	k	l	m	n	o	p	q	r	s	t	u	v	w	x	y	z
b	c	d	e	f	g	h	i	j	k	l	m	n	o	p	q	r	s	t	u	v	w	x	y	z	a
c	d	e	f	g	h	i	j	k	l	m	n	o	p	q	r	s	t	u	v	w	x	y	z	a	b
d	e	f	g	h	i	j	k	l	m	n	o	p	q	r	s	t	u	v	w	x	y	z	a	b	c
e	f	g	h	i	j	k	l	m	n	o	p	q	r	s	t	u	v	w	x	y	z	a	b	c	d
f	g	h	i	j	k	l	m	n	o	p	q	r	s	t	u	v	w	x	y	z	a	b	c	d	e
g	h	i	j	k	l	m	n	o	p	q	r	s	t	u	v	w	x	y	z	a	b	c	d	e	f
h	i	j	k	l	m	n	o	p	q	r	s	t	u	v	w	x	y	z	a	b	c	d	e	f	g
i	j	k	l	m	n	o	p	q	r	s	t	u	v	w	x	y	z	a	b	c	d	e	f	g	h
j	k	l	m	n	o	p	q	r	s	t	u	v	w	x	y	z	a	b	c	d	e	f	g	h	i
k	l	m	n	o	p	q	r	s	t	u	v	w	x	y	z	a	b	c	d	e	f	g	h	i	j
l	m	n	o	p	q	r	s	t	u	v	w	x	y	z	a	b	c	d	e	f	g	h	i	j	k
m	n	o	p	q	r	s	t	u	v	w	x	y	z	a	b	c	d	e	f	g	h	i	j	k	l
n	o	p	q	r	s	t	u	v	w	x	y	z	a	b	c	d	e	f	g	h	i	j	k	l	m
o	p	q	r	s	t	u	v	w	x	y	z	a	b	c	d	e	f	g	h	i	j	k	l	m	n
p	q	r	s	t	u	v	w	x	y	z	a	b	c	d	e	f	g	h	i	j	k	l	m	n	o
q	r	s	t	u	v	w	x	y	z	a	b	c	d	e	f	g	h	i	j	k	l	m	n	o	p
r	s	t	u	v	w	x	y	z	a	b	c	d	e	f	g	h	i	j	k	l	m	n	o	p	q
s	t	u	v	w	x	y	z	a	b	c	d	e	f	g	h	i	j	k	l	m	n	o	p	q	r
t	u	v	w	x	y	z	a	b	c	d	e	f	g	h	i	j	k	l	m	n	o	p	q	r	s
u	v	w	x	y	z	a	b	c	d	e	f	g	h	i	j	k	l	m	n	o	p	q	r	s	t
v	w	x	y	z	a	b	c	d	e	f	g	h	i	j	k	l	m	n	o	p	q	r	s	t	u
w	x	y	z	a	b	c	d	e	f	g	h	i	j	k	l	m	n	o	p	q	r	s	t	u	v
x	y	z	a	b	c	d	e	f	g	h	i	j	k	l	m	n	o	p	q	r	s	t	u	v	w
y	z	a	b	c	d	e	f	g	h	i	j	k	l	m	n	o	p	q	r	s	t	u	v	w	x
z	a	b	c	d	e	f	g	h	i	j	k	l	m	n	o	p	q	r	s	t	u	v	w	x	y

图 3-5　维吉尼亚图

例如对明文“TO BE OR NOT TO BE THAT IS THE QUESTION”加密，密钥为“RELATIONS”时，其加密过程是：明文第一个字母为 T，密钥第一个字母为 R，因此可以找到 T 列和 R 行交叉字母 K，K 即为明文字母 T 的密文。以此类推，由于密钥字母个数少于明文字母个数，所以密钥循环使用，按此原则可得出对应关系如表 3-2 所示。

表 3-2　明文、密钥、密文对应关系表

明文(列号)	TO	BE	OR	NOT	TO	BE	THAT	IS	THE	QUESTION
密钥(行号)	RE	LA	TI	ONS	RE	LA	TION	SR	ELA	TIONSREL
密文 (交叉字母)	KS	ME	HZ	BBL	KS	ME	MPOG	AJ	XSE	JCSFLZSY

3.2.2　置换密码

1. 斯巴达密码棒

斯巴达密码棒(Scytale)是一个可使得传递信息字母顺序改变的工具，由一条加工过且有夹带信息的皮革绕在一个木棒上，如图 3-6 所示。在古希腊文书中记载着斯巴达人用这种方法进行军事上的信息传递。密码接收者需使用一个相同尺寸、让它将密码条绕在上面解读的木棒。快速且不容易解读错误的优点，使它在战场上大受欢迎。但是它很容易被破解，因为此方法较容易引发“联想”的字或“提示”留在密文中。

图 3-6　斯巴达密码棒(Scytale)

假设密码棒可写下四个字母使之围绕成圆圈且 5 个字母可连成一线。现需对“Help me I am under attack”加密剔除空格后的密文为“HENTEIDTLAEAPMRCMUAK”。

2. 栅栏密码

栅栏密码就是把要加密的明文分成几组，每组包含 N 个字符，然后把每组的同位字符连起来，形成一段无规律的字符串。不过栅栏密码本身有一个潜规则，就是组成栅栏的字母一般不会太多。一般比较常见的是两栏的栅栏密码，下面举例说明双栅密码。

例如，对明文“THERE IS A CIPHER”加密，去掉空格后变为“THEREISACIPHER”，两个一组得到“TH ER EI SA CI PH ER”，先取出第一个字母“TEESCPE”，再取出第二个字母“HRIAIHR”，连在一起就是密文“TEESCPEHRIAIHR”。解密的时候，需要先把密文从中间分开，如果密文字符总数不是偶数，则坚持“前多一个字符后少一个字符”的原则，变为两行，分别是“TEESCPE”和“HRIAIHR”，再按上下的顺序组合起来得到“THEREISACIPHER”，分出空格，就可以得到原文“THERE IS A CIPHER”。

3. 换位密码

换位密码就是一种早期的加密方法，与明文的字母保持相同，区别是顺序被打乱了。在简单的纵行换位密码中，明文以固定的宽度水平地写在一张图表纸上，密文按垂直方向读出，解密就是密文按相同的宽度垂直地写在图表纸上，然后水平地读出明文。

例如，对明文“shenzhen institute of information technology”进行纵行换位加密，字符串“welcome”为密钥，将明文按行排列到一个矩阵中(矩阵的列数等于密钥字母的个数，行数以够用为准，如果最后一行不全，可以用 A、B、C…填充)，然后按照密钥各个字母大小的顺序排出列号，以列的顺序将矩阵的字母读出，就构成了密文，如表 3-3 所示。

表 3-3　纵行换位加密矩阵

密钥	w	e	l	c	o	m	e
顺序	7	2	4	1	6	5	3
	s	h	e	n	z	h	e
	n	i	n	s	t	i	t
	u	t	e	o	f	i	n
	f	o	r	m	a	t	i
	o	n	t	e	c	h	n
	o	l	o	g	y	A	B

以列的顺序将矩阵中的字母纵向读出得到字符串分别是“nsomeg”“hitonl”“etninB”

"enerto""hiithA""ztfacy""snufoo"，将它们顺序组合得到的密文为"nsomeg hitonl etninB enerto hiithA ztfacy snufoo"。

3.3　现代密码学

根据密钥类型的不同，现代密码技术分为两类：一类是对称加密技术；另一类是非对称加密技术。在对称加密技术中，数据加密和解密采用的都是同一个密钥，因而其安全性依赖于所持密钥的安全性。对称加密的主要优点是加密和解密速度快，加密强度高，而且算法公开，但其最大的缺点是实现密钥的秘密分发困难，在大量用户的情况下密钥管理复杂，而且无法完成身份认证等功能，不便于应用在网络开发的环境中。

在非对称加密技术中，加密密钥和解密密钥不同，而且在一定长的时间内不能根据加密密钥计算出解密密钥。非对称加密算法的加密密钥可以公开，即陌生者可用加密密钥加密信息，但只有用相应的解密密钥才能解密信息。使用非对称加密算法的每一个用户都拥有给予特定算法的一个密钥对(e，d)，公钥 e 公开，公布于用户所在系统认证中心的目录服务器上，任何人都可以访问；私钥 d 为所有者严格保密与保管，是个人身份象征的密钥。

3.3.1　对称密码体制

1. 基本知识

在对称加密体制中，加密算法 E 和解密算法 D 使用相同的密钥 K，如图 3-7 所示。发送方 Alice 利用加密算法 E 和密钥 K 将明文 M 加密成密文 C，即 C=E(K，M)。接收方 Bob 利用解密算法 D 和密钥 K 将密文 C 解密成明文 M，即 M=D(K，C)。因此，在对称加密体制中，对于明文 M，有 D(K，E(K，M))=M。

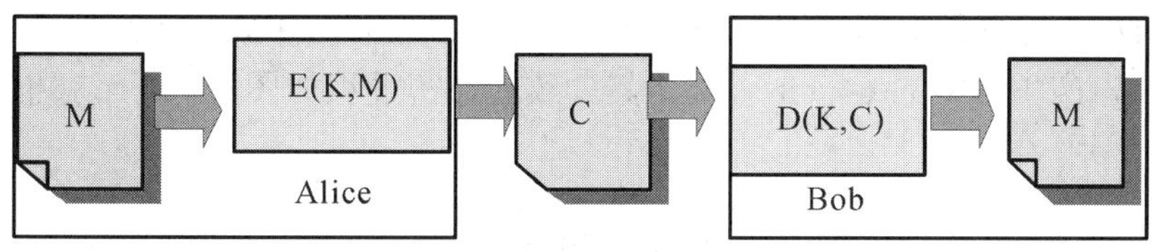

图 3-7　对称密码原理图

根据对明文加密方式的不同，对称密码体制又有两种不同的实现方式，即为流密码(序列密码)和分组密码。流密码的基本思想是按比特位同时进行加解密，利用密钥 K 产生一个密钥流 $Z=Z_1Z_2\cdots$，并使用如下规则加密明文串 $X=X_1X_2\cdots$，$Y=Y_1Y_2\cdots=EZ_1(X_1)EZ_2(X_2)\cdots$ 分组密码是将明文消息编码表示后的数字(简称明文数字)序列，划分成长度为 n 的组(可看成长度为 n 的矢量)，每组分别在密钥的控制下变换成等长的输出数字(简称密文数字)序列。

现代分组密码的研究始于 20 世纪 70 年代中期，至今已有 40 余年历史，这期间人们在这一研究领域已经取得了丰硕的研究成果。

分组密码是现代密码学中的一个重要研究分支，其诞生和发展有着广泛的实用背景和重要的理论价值。目前这一领域还有许多理论和实际问题有待继续研究和完善。这些问题包括：如何设计可证明安全的密码算法；如何加强现有算法及其工作模式的安全性；

如何测试密码算法的安全性；如何设计安全的密码组件，例如 S 盒、扩散层及密钥扩散算法等。

分组密码算法实际上就是密钥控制下，通过某个置换来实现对明文分组的加密变换。为了保证密码算法的安全强度，对密码算法的要求如下：

1) 分组长度足够大

当分组长度较小时，分组密码类似于古典的代替密码，它仍然保留了明文的统计信息，这种统计信息将给攻击者留下可乘之机，攻击者可以有效地穷举明文空间，得到密码变换本身。

2) 密钥量足够大

分组密码的密钥所确定密码变换只是所有置换中极小一部分。如果这一部分足够小，攻击者可以有效地穷举明文空间所确定所有的置换。这时，攻击者就可以对密文进行解密，以得到有意义的明文。

3) 密码变换足够复杂

密码变换足够复杂，使攻击者除了穷举法以外，找不到其他快捷的破译方法。

分组密码包括 DES、IDEA、SAFER、Blowfish 和 Skipjack，最后一个是“美国国家安全局(US National Security Agency，NSA)”限制器芯片中使用的算法。

2. DES 算法

数据加密标准(Data Encryption Standard，DES)是最著名的分组加密算法之一。

DES 算法的入口参数有三个：Key、Data、Mode。其中 Key 为 8 个字节共 64 位，其中每 8 bit 有一位奇偶校验位，因此有效密钥长度为 56 bit，是 DES 算法的工作密钥；Data 为 8 个字节 64 位，是要被加密或被解密的数据；Mode 为 DES 的工作方式，有两种：加密或解密。

加密分为三个阶段，首先是一个初始置换 IP，用于重排 64 bit 的明文分组；然后进行相同功能的 16 轮变换，第 16 轮变换的输出分左右两半，并被交换次序；最后经过一个逆置换 IP^{-1}，产生最终的 64 bit 密文。其大致的加密过程如图 3-8 所示。框图如图 3-9 所示。

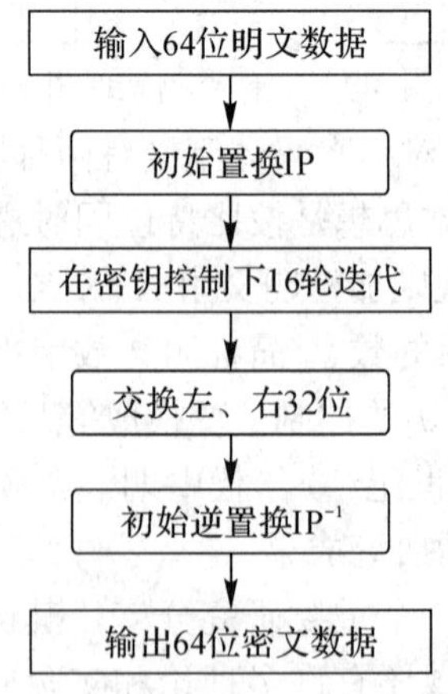

图 3-8　DES 加密算法基本过程

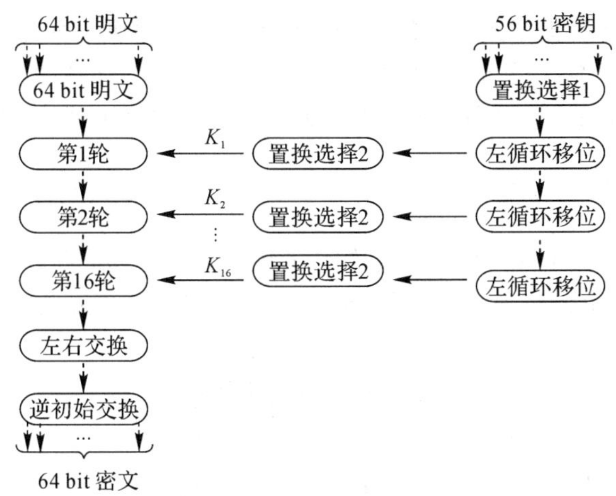

图 3-9 DES 加密算法框图

DES 的 16 轮加密变换中每一轮变换的结构如图 3-10 所示。

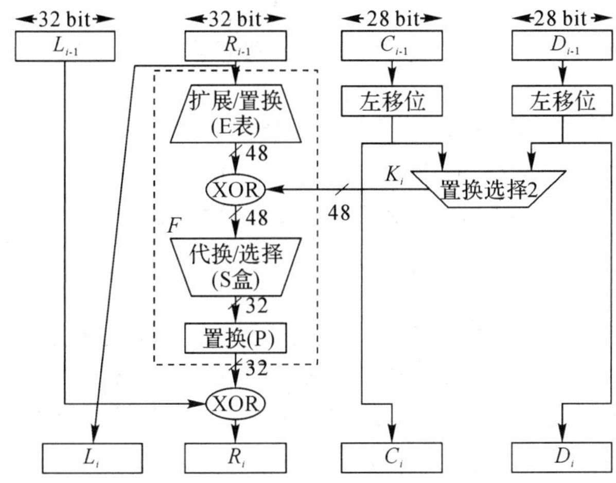

图 3-10 DES 加密算法的轮结构图

下面就图 3-9 和图 3-10 所描述的流程介绍每个模块。

1) IP 置换

IP 置换目的是将输入的 64 位数据块按位重新组合，并把输出分为 L_0、R_0 两部分，每部分各长 32 位，置换规则如表 3-4 所示。

表 3-4 初始置换 IP

58	50	42	34	26	18	10	2
60	52	44	36	28	20	12	4
62	54	46	38	30	22	14	6
64	56	48	40	32	24	16	8
57	49	41	33	25	17	9	1
59	51	43	35	27	19	11	3
61	53	45	37	29	21	13	5
63	55	47	39	31	23	15	7

表中的数字代表新数据中此位置的数据在原数据中的位置，即原数据块的第 58 位放到新数据的第 1 位，第 50 位放到第 2 位，……以此类推，第 7 位放到第 64 位。置换后的数据分为 L_0 和 R_0 两部分，L_0 为新数据的左 32 位，R_0 为新数据的右 32 位。要注意一点，位数是从左边开始数的。

2) 密钥置换

不考虑每个字节的第 8 位，DES 的密钥由 64 位减至 56 位，每个字节的第 8 位作为奇偶校验位。产生的 56 位密钥如表 3-5 所示(注意表中没有 8、16、24、32、40、48、56 和 64 这 8 位)。

表 3-5　密钥压缩置换表

57	49	41	33	25	17	9	1	58	50	42	34	26	18
10	2	59	51	43	35	27	19	11	3	60	52	44	36
63	55	47	39	31	23	15	7	62	54	46	38	30	22
14	6	61	53	45	37	29	21	13	5	28	20	12	4

在 DES 的每一轮中，从 56 位密钥产生出不同的 48 位子密钥，确定这些子密钥的方式如下：

(1) 将 56 位的密钥分成两部分，每部分 28 位。

(2) 根据轮数，这两部分分别循环左移 1 位或 2 位。每轮移动的位数如表 3-6 所示。

表 3-6　轮数与移位数对照表

轮数	1	2	3	4	5	6	7	8	9	10	11	12	13	14	15	16
移位数	1	1	2	2	2	2	2	2	1	2	2	2	2	2	2	1

移位后的结果既作为求下一轮子密钥的输入，也可作为本轮置换压缩的输入。从 56 位中选出 48 位。这个过程中，既置换了每位的顺序，又选择了子密钥，因此称为压缩置换。压缩置换规则如表 3-7 所示(注意表中没有 9，18，22，25，35，38，43 和 54 这 8 位)。

表 3-7　子密钥的压缩表

14	17	11	24	1	5	3	28	15	6	21	10
23	19	12	4	26	8	16	7	27	20	13	2
41	52	31	37	47	55	30	40	51	45	33	48
44	49	39	56	34	53	46	42	50	36	29	32

3) 扩展置换

扩展置换目标是 IP 置换后获得的右半部分 R_0，将 32 位输入扩展为 48 位(分为 4 位×8 组)输出。扩展置换目的有两个：生成与密钥相同长度的数据以进行异或运算；提供更长的结果，在后续的替代运算中可以进行压缩。扩展置换原理如表 3-8 所示。

表 3-8　右半部分扩展置换表

32	1	2	3	4	5
4	5	6	7	8	9
8	9	10	11	12	13
12	13	14	15	16	17

续表

16	17	18	19	20	21
20	21	22	23	24	25
24	25	26	27	28	29
28	29	30	31	32	1

表中的数字代表位，两列粗体数据是扩展的数据，可以看出，扩展的数据是从相邻两组分别取靠近的一位，4位变为6位。靠近32位的位为1，靠近1位的位为32。表中第二行的4取自上组中的末位，9取自下组中的首位。

虽然扩展置换针对的是前面IP置换中的R_0，但为了便于观察扩展，这里不取R_0举例。假设输入数据0x1081 1001，转换为二进制就是0001 0000 1000 0001 0001 0000 0000 0001B，按照表3-8扩展得表3-9。

表 3-9　扩展置换举例

1	0	0	0	1	0
1	0	0	0	0	1
0	1	0	0	0	0
0	0	0	0	1	0
1	0	0	0	1	0
1	0	0	0	0	0
0	0	0	0	0	0
0	0	0	0	1	0

表中的粗体数据是从临近的上下组取得的，二进制为1000 1010 0001 0100 0000 0010 1000 1010 0000 0000 0000 0010B，转换为十六进制0x8A14 028A 0002。扩展置换之后，右半部分数据R0变为48位，与密钥置换得到的轮密钥进行异或操作。

3) S盒代替

压缩后的密钥与扩展分组异或以后得到48位的数据，将这个数据送入S盒，进行替代运算。替代由8个不同的S盒完成，每个S盒有6位输入4位输出。48位输入分为8个6位的分组，一个分组对应一个S盒，对应的S盒对各组进行代替操作，替代过程如图3-11所示。

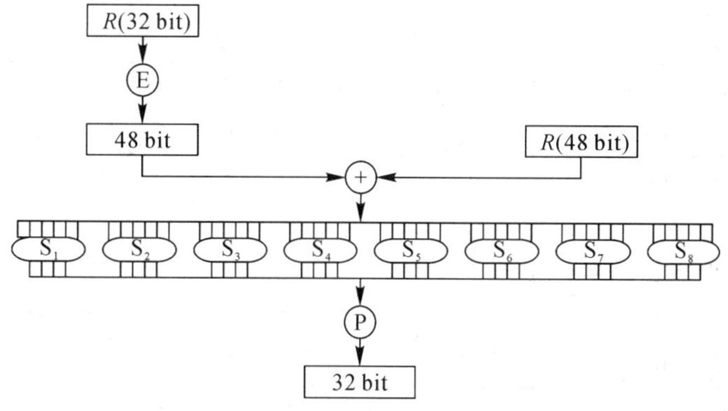

图 3-11　S盒代替过程

一个S盒就是一个4行16列的表，盒中的每一项都是一个4位的数。S盒的6个输入确定了其对应的输出在哪一行哪一列，输入的高低两位作为行数H，中间四位作为列数L，在S

盒中查找第 H 行 L 列对应的数据，此数应小于 32。这 8 个 S 盒的具体定义如表 3-10 所示。

表 3-10　DES 中的 8 个 S 盒

		0	1	2	3	4	5	6	7	8	9	10	11	12	13	14	15
S_1	0	14	4	13	1	2	15	11	8	3	10	6	12	5	9	0	7
	1	0	15	7	4	14	2	13	1	10	6	12	11	9	5	3	8
	2	4	1	14	8	13	6	2	11	15	12	9	7	3	10	5	0
	3	15	12	8	2	4	9	1	7	5	11	3	14	10	0	6	13
S_2	0	15	1	8	14	6	11	3	4	9	7	2	13	12	0	5	10
	1	3	13	4	7	15	2	8	14	12	0	1	10	6	9	11	5
	2	0	14	7	11	10	4	13	1	5	8	12	6	9	3	2	15
	3	13	8	10	1	3	15	4	2	11	6	7	12	0	5	14	9
S_3	0	10	0	9	14	6	3	15	5	1	13	12	7	11	4	2	8
	1	13	7	0	9	3	4	6	10	2	8	5	14	12	11	15	1
	2	13	6	4	9	8	15	3	0	11	1	2	12	5	10	14	7
	3	1	10	13	0	6	9	8	7	4	15	14	3	11	5	2	12
S_4	0	7	13	14	3	0	6	9	10	1	2	8	5	11	12	4	15
	1	13	8	11	5	6	15	0	3	4	7	2	12	1	10	14	9
	2	10	6	9	0	12	11	7	13	15	1	3	14	5	2	8	4
	3	3	15	0	6	10	1	13	8	9	4	5	11	12	7	2	14
S_5	0	2	12	4	1	7	10	11	6	8	5	3	15	13	0	14	9
	1	14	11	2	12	4	7	13	1	5	0	15	10	3	9	8	6
	2	4	2	1	11	10	13	7	8	15	9	12	5	6	3	0	14
	3	11	8	12	7	1	14	2	13	6	15	0	9	10	4	5	3
S_6	0	12	1	10	15	9	2	6	8	0	13	3	4	14	7	5	11
	1	10	15	4	2	7	12	9	5	6	1	13	14	0	11	3	8
	2	9	14	15	5	2	8	12	3	7	0	4	10	1	13	11	6
	3	4	3	2	12	9	5	15	10	11	14	1	7	6	0	8	13
S_7	0	4	11	2	14	15	0	8	13	3	12	9	7	5	10	6	1
	1	13	0	11	7	4	9	1	10	14	3	5	12	2	15	8	6
	2	1	4	11	13	12	3	7	14	10	15	6	8	0	5	9	2
	3	6	11	13	8	1	4	10	7	9	5	0	15	14	2	3	12
S_8	0	13	2	8	4	6	15	11	1	10	9	3	14	5	0	12	7
	1	1	15	13	8	10	3	7	4	12	5	6	11	0	14	9	2
	2	7	11	4	1	9	12	14	2	0	6	10	13	15	3	5	8
	3	2	1	14	7	4	10	8	13	15	12	9	0	3	5	6	11

例如，假设 S 盒 8 的输入为 110011，第 1 位和第 6 位组合为 11，对应于 S 盒 8 的第 3 行；第 2 位到第 5 位为 1001，对应于 S 盒 8 的第 9 列。S 盒 8 的第 3 行第 9 列的数字为 12，因此用 1100 来代替 110011。注意，S 盒的行列计数都是从 0 开始的。代替过程产生 8 个 4

位的分组，组合在一起形成32位数据。

S盒代替是DES算法的关键步骤，其他的运算都是线性的，易于分析，而S盒是非线性的，相比于其他步骤，提供了更好的安全性。

4) P盒置换

S盒代替运算的32位输出按照P盒进行置换。该置换把输入的每位映射到输出位，任何一位不能被映射两次，也不能被略去，映射规则如表3-11所示。

表3-11　P盒置换映射规则表

16	7	20	21	29	12	28	17
1	15	23	26	5	18	31	10
2	8	24	14	32	27	3	9
19	13	30	6	22	11	4	25

表中的数字代表原数据中此位置的数据在新数据中的位置，即原数据块的第16位放到新数据的第1位，第7位放到第2位，……以此类推，第25位放到第32位。

最后，P盒置换的结果与最初的64位分组左半部分L_0异或，然后左、右半部分交换，接着开始新一轮迭代。

5) 初始逆置换IP^{-1}

末置换是初始置换的逆过程，DES最后一轮后，左、右两半部分并未进行交换，而是两部分合并形成一个分组作为末置换的输入，末置换规则如表3-12所示。

表3-12　初始逆置换IP^{-1}

40	8	48	16	56	24	64	32
39	7	47	15	55	23	63	31
38	6	46	14	54	22	62	30
37	5	45	13	53	21	61	29
36	4	44	12	52	20	60	28
35	3	43	11	51	19	59	27
34	2	42	10	50	18	58	26
33	1	41	9	49	17	57	25

以上步骤完成后，就可以得到与明文相同位数的密文。DES的解密和加密使用同一算法，但子密钥使用的顺序相反。

DES算法特点：

(1) 以64位为分组。64位明文输入，64位密文输出。

(2) 加密和解密使用同一密钥。

(3) 密钥通常表示为64位数，但每个第8位用作奇偶校验，可以忽略。

(4) DES算法是两种加密技术的组合：混乱和扩散。先替代后置换。

(5) DES算法只是使用了标准的算术和逻辑运算，其作用的数最多也只有64位，因此用20世纪70年代末期的硬件技术很容易实现算法的重复特性，使得它可以非常理想地用在一个专用芯片中。

DES算法的优点在于效率高、算法简单、系统开销小、适合加密大量数据。其缺点是需要以安全方式进行密钥交换，密钥管理复杂。

由于 DES 算法 56 位的密钥实在太小，所以在 2000 年 10 月美国国家标准技术研究所(NIST)选择 Rijndael 密码作为高级加密标准(AES)。表 3-13 给出了一些历史上著名的分组密码算法，著名的电子邮件安全软件 PGP(Pretty Good Privacy)就采用 IDEA 算法进行数据加密。

表 3-13　一些著名的分组加密算法

算法名称	分组长度/b	密钥长度/b
DES	64	56
Skipjack	64	80
3DES	64	168
IDEA	64	128
CAST	64	128
Blowfish	64	128～448
RC2	64	40～1024
RC5	64～256	64～256

3.3.2　非对称密码体制

1. 基本知识

在非对称密码体制中，每一个用户都拥有一对个人密钥 K=(PK，SK)，其中 PK 是公开的，任何用户都可以知道，SK 是保密的，只有拥有者本人知道。假如 Alice 要把消息 M 保密地发送给 Bob，则 Alice 利用 Bob 的公钥 PK 加密明文 M，得到密文 C=E(PK，M)，并把密文传送给 Bob。Bob 得到 Alice 传过来的 C 后，利用自己的私钥 SK 解密密文 C 得到明文 M=D(SK，C)，如图 3-12 所示。

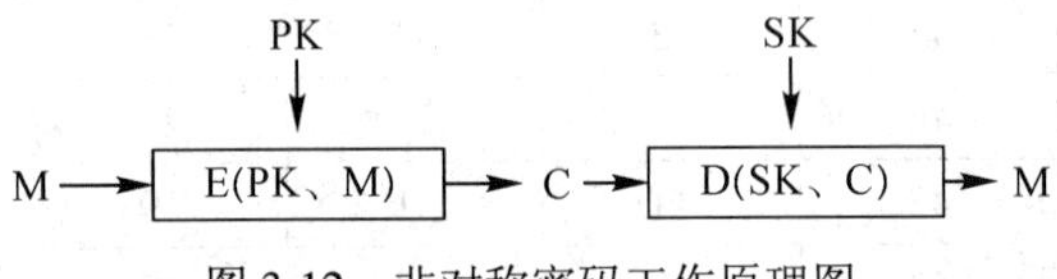

图 3-12　非对称密码工作原理图

非对称密码体制与对称密码体制的主要区别是前者的加密密钥和解密密钥是不同的。这个不同导致了：① 在非对称密码系统中，密钥维护总量大大减少；② 在非对称密码系统中可以很容易实现抗否认性。

在非对称密码体制中，用户的公钥 PK 和私钥 SK 是紧密关联的，否则加密后的数据是不可能解密的。但在安全的体制中，这种关联也是敌手无法利用的，即想通过公钥获取私钥或者部分私钥在计算上是不可行的。公钥和私钥的关联性设计一般是建立在诸如大整数分解、离散对数求解、椭圆曲线上的离散对数求解等困难问题上，假如敌手能通过公钥想办法获取私钥信息，则敌手应该能够解决数千年没解决的数学难题。

2. RSA 算法

RSA 算法是世界上应用最为广泛的非对称密码算法。RSA 算法的安全性基于大整数分解的困难性，即已知两个大素数 p 和 q，求 $n=p\times q$ 是容易的，而由 n 求 p 和 q 则是困难的。

RSA 算法包括密钥生成和加解密算法两部分。密钥生成算法如下：

(1) 选择不同的大素数 p 和 q，要保密 p 和 q，计算 $n=p\times q$，将 n 公开，计算 n 的欧拉函数 $\Phi(n)=(p-1)\times(q-1)$，$\Phi(n)$要保密。

(2) 从 1 到 $\Phi(n)$之间选择一个与 $\Phi(n)$互素的数 e。(n, e)作为公钥，将 e 公开。

(3) 计算解密密钥 d，使得满足$(d\times e)\bmod \Phi(n)=1$。$(n, d)$作为私钥，将 d 保密。

RSA 加解密算法如下：RSA 加密运算 $c=s^{e} \bmod (n)$，RSA 解密运算 $s=c^{d} \bmod (n)$。加密时首先要对明文比特串分组，使得每组对应的十进制数小于 n，即分组长度小于 n。

为了大家方便计算，更好地理解过程，下面举一个简单例子说明。

(1) 取素数 $p=2$ 和 $q=5$，则

$$n=p\times q=2\times 5=10$$

$$\Phi(n)=(p-1)\times(q-1)=1\times 4=4$$

(2) 在 1 到 $\Phi(n)=4$ 之间选择一个与 $\Phi(n)$ 互素的数 e，则 e 应为 3，公钥则是(10，3)。

(3) 选择一个 d，使其满足$(d\times e)\bmod \Phi(n)=1$，则 d 应为 3，私钥则是(10，3)。

(4) 利用密钥加解密过程。假设要加密的信息为 $s=2$，那么可以通过如下计算得到密文：

$$c=s^{e} \bmod (n)=8$$

得到的密文 8 也可以通过如下计算恢复出明文：

$$s=c^{d} \bmod (n)=2$$

在本例中，公钥和私钥相同是因为 p 和 q 不足够大，没有实际应用价值，因此在实际应用中要选取 p 和 q 足够大，使用的大素数至少在 512b 以上，才能使得大整数分解困难，从而保证 RSA 算法的安全性。

由于进行的都是大数计算，使得 RSA 最快的情况也比 DES 慢上好几倍。无论是软件还是硬件实现，速度一直是 RSA 的缺陷，一般来说只用于少量数据加密。RSA 的速度是对应同样安全级别的对称密码算法的 1/1000 左右。

3.4 单向散列函数

1. 定义

单向散列函数又称单向 Hash 函数、杂凑函数，就是把任意长度的输入消息串变换成固定长度的输出串，并且难以由输出串得到输入串的一种函数。通常把输入消息串称为报文或消息，输出消息串称为散列值或摘要，变换过程称为 Hash 变换或散列变换。

2. 性质

单向散列函数主要用于封装或者数字签名的过程中，它必须具有如下几个性质：

(1) 接收的输入报文数据没有长度限制。

(2) 对输入任何长度的报文数据能够生成该报文固定长度的摘要。

(3) 能够快速计算出散列值。

计算散列值花费的时间必须要短。尽管消息越长计算散列值的时间也会越长，但如果不能在现实的时间内完成计算就没有实际应用价值。

(4) 计算不可逆，极难从指定的摘要还原其报文。

计算不可逆形象地讲就像“摔盘子”。把一个完整的盘子摔烂是很容易的，就好比通

过报文计算消息摘要的过程；而想通过盘子碎片还原出一个完整的盘子是很困难甚至不可能的，这就好比想通过消息摘要找出报文的过程。

尽管单向散列函数所产生的散列值是和原来的消息完全不同的比特序列，但是单向散列函数并不是一种加密，因此无法通过解密将散列值还原成原来的报文。

(5) 抗碰撞性。即随机找到两个消息 M 和 M′，使 H(M)=H(M′)，在计算上不可行。

两个不同的消息产生同一个散列值的情况称为碰撞。两个不同的报文经过单向散列函数计算极难生成相同的摘要，报文中哪怕只有 1 比特的改变，也必须有很高的概率产生不同的散列值，如图 3-13 所示用单向散列算法 SHA-256 举例说明。

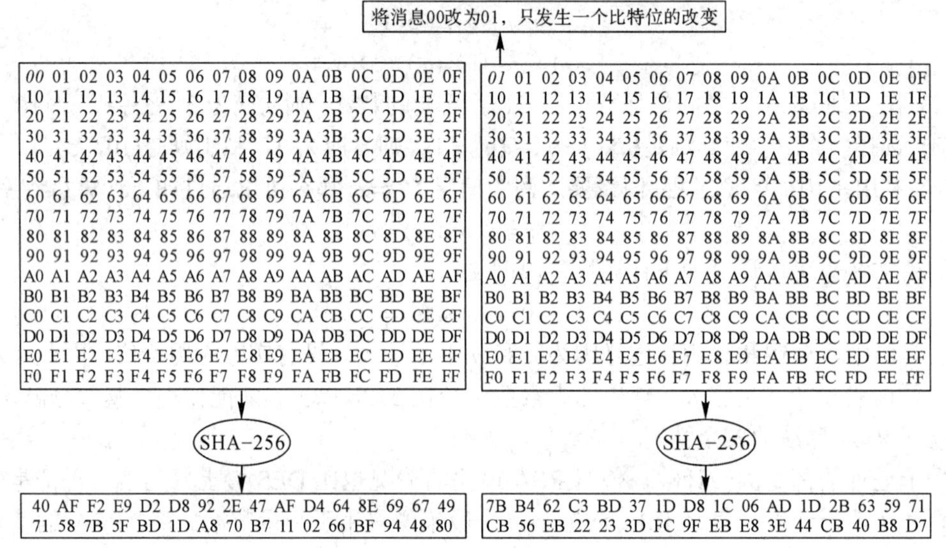

图 3-13　SHA-256 抗碰撞性特点

3. 常见的单向散列函数

单向散列函数主要用于完整性校验和提高数字签名的有效性，目前已有很多方案。这些算法都是伪随机函数，任何杂凑值都是等可能的。输出并不以可辨别的方式依赖于输入；在任何输入串中单个比特的变化将会导致输出比特串中大约一半的比特发生变化。

常见单向散列函数(Hash 函数)有：

(1) MD5(Message Digest Algorithm 5)：RSA 数据安全公司开发的一种单向散列算法，MD5 被广泛使用，它可以用来把不同长度的数据块进行暗码运算成一个 128 位的数值。

(2) SHA(Secure Hash Algorithm)：一种较新的散列算法，可以对任意长度的数据运算生成一个 160 位的数值。

(3) MAC(Message Authentication Code)：消息认证代码，是一种使用密钥的单向函数，可以用它在系统上或用户之间认证文件或消息。HMAC(用于消息认证的密钥散列法)就是这种函数的一个例子。

(4) CRC(Cyclic Redundancy Check)：循环冗余校验码，CRC 校验由于实现简单，检错能力强，被广泛使用在各种数据校验应用中。它占用系统资源少，用软硬件均能实现，是进行数据传输差错检测的一种很好的手段(CRC 并不是严格意义上的散列算法，但它的作用与散列算法大致相同，所以归于此类)。

实训一　用 EDking 软件加解密文件

1. 实训目的

(1) 掌握 EDking 工具的使用。

(2) 区别对称加密和非对称加密。

2. 实训内容

(1) EDKing 工具的 DES 加解密应用。

(2) EDKing 工具的 MDR 加解密应用。

3. 实训条件

(1) Windows 7 操作系统。

(2) EDKing。

4. 实训步骤

1) EDKing 的 DES 算法加解密使用

步骤 1：打开已安装好的 EDKing，单击“设置”按钮，在“算法选择”中单击“DES”单选按钮，显示 DES 加解密界面，如图 3-14 所示。

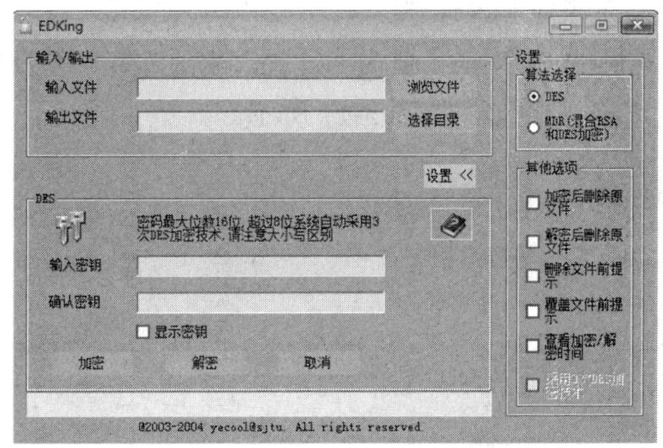

图 3-14　DES 加解密界面

步骤 2：DES 加密过程。单击“浏览文件”按钮，选择需要加密的明文文件，输出文件采用默认文件路径及文件名，输入密钥并确认密钥，然后单击“加密”按钮进行加密，则生成一个加密文件 hello.txt.des，如图 3-15 所示。

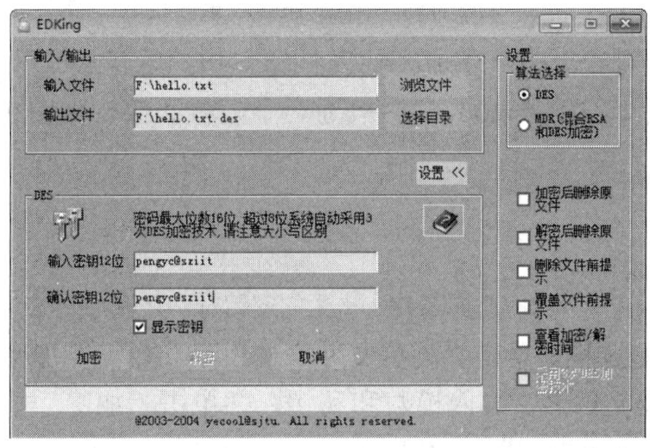

图 3-15　DES 加密过程

步骤 3：DES 解密过程。单击“浏览文件”按钮，选择需要解密的密文文件，输出文件采用默认文件路径，但文件名改为“hello1.txt”，输入密钥并确认密钥，然后单击“解密”按钮进行解密，则生成一个解密文件 hello1.txt，如图 3-16 所示。比较解密后的文件 hello1.txt 与原文件 hello.txt 内容是否完全一致。

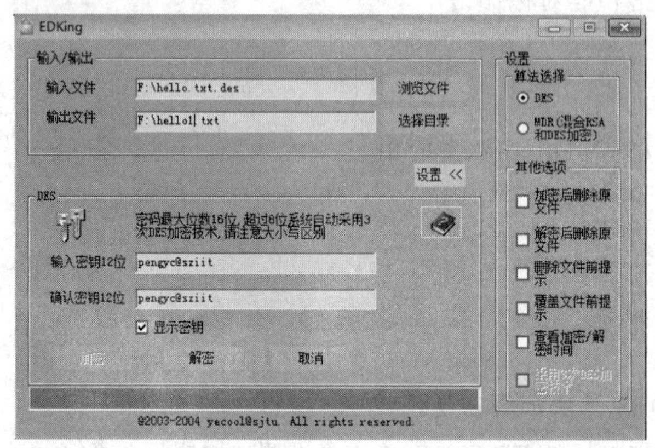

图 3-16　DES 解密过程

2) EDKing 的 MDR 算法加解密使用

步骤 1：打开已安装好的 EDKing，单击“设置”按钮，在“算法选择”中单击“MDR”单选按钮，显示 MDR 加解密界面，如图 3-17 所示。

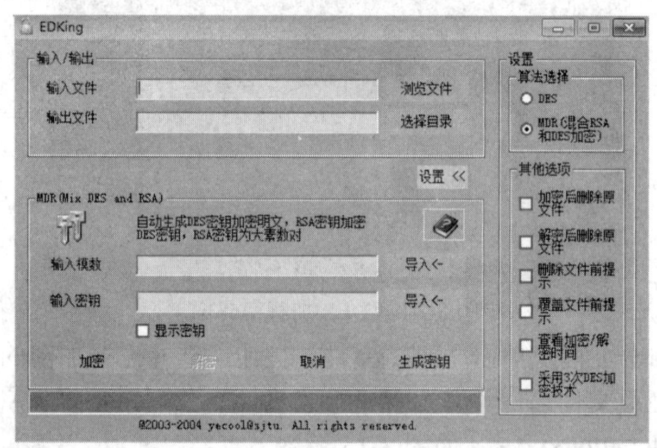

图 3-17　MDR 加解密界面

步骤 2：生成密钥对。单击“生成密钥”按钮，按向导生成一对密钥，公钥为*.pbk，私钥为*.sek，并有一个模文件*.mod，其中*为一个随机数字，如图 3-18 所示。

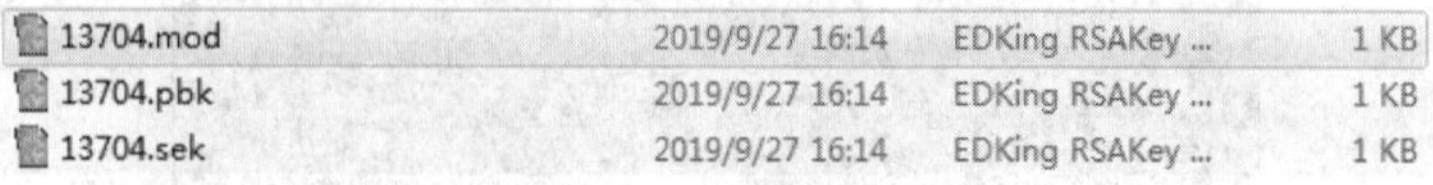

13704.mod	2019/9/27 16:14	EDKing RSAKey ...	1 KB
13704.pbk	2019/9/27 16:14	EDKing RSAKey ...	1 KB
13704.sek	2019/9/27 16:14	EDKing RSAKey ...	1 KB

图 3-18　产生的密钥对

步骤 3：MDR 加密过程。单击“浏览文件”按钮，选择需要加密的明文文件，输出文件采用默认文件路径及文件名，导入模数和私钥，并单击“加密”按钮进行加密，则生成一个加密文件 hello.Txt.mdr，如图 3-19 所示。

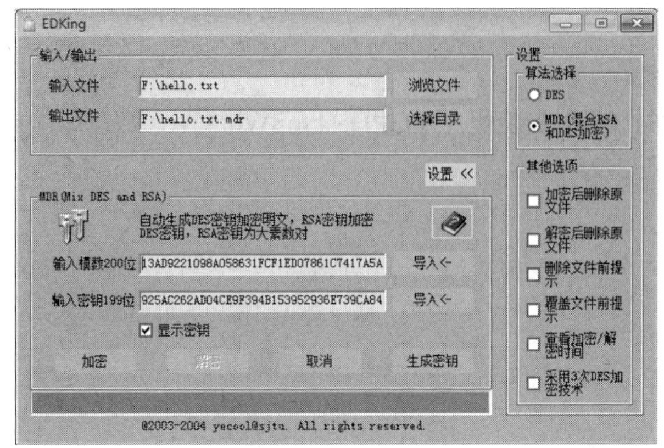

图 3-19 MDR 加密过程

步骤 4：MDR 解密过程。单击“浏览文件”按钮，选择需要解密的密文文件，输出文件采用默认文件路径，但文件名改为“hello2.txt”，导入模数和公钥，并单击“解密”按钮进行解密，则生成一个解密文件 hello2.txt，如图 3-20 所示。比较解密后的文件 hello2.txt 与原文件 hello.txt 内容是否完全一致。

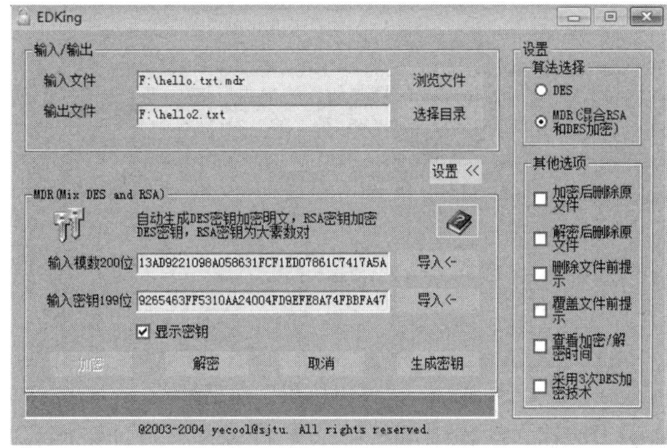

图 3-20 MDR 解密过程

实训二 用 PGP 软件加解密文件

1. 实训目的

(1) 掌握 PGP 软件的安装与配置。

(2) 掌握使用 PGP 软件对文件进行加解密。

2. 实训内容

(1) PGP 软件的安装。

(2) PGP 软件的配置。

(3) 公钥的导入和导出。

(4) PGP 文件的加密和解密。

3. 实训条件

(1) Windows 7 操作系统。

(2) PGP Desktop 10.2.0。

4. 实训步骤

1) PGP 软件的安装

步骤 1：双击运行 PGP 安装程序 PGPDesktopWin32-10.2.0.exe，打开安装界面，语言选择“English”，如图 3-21 所示。

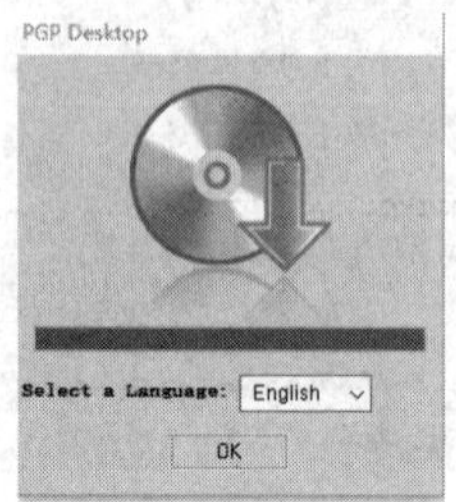

图 3-21　PGP 安装界面

步骤 2：单击“OK”按钮，在弹出的“许可协议”对话框中，选中“I accept the license agreement”单选按钮，如图 3-22 所示。

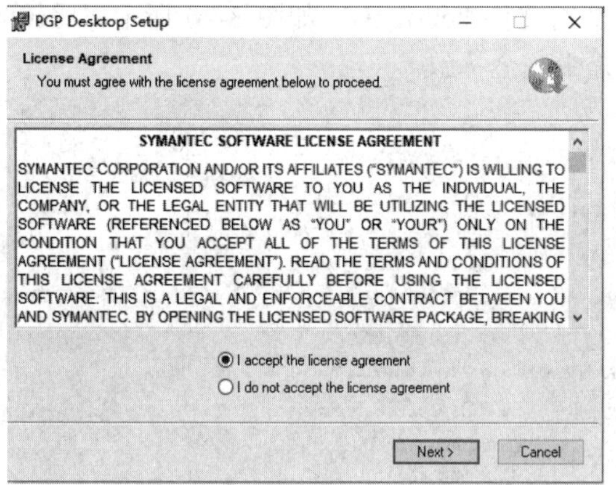

图 3-22　“许可协议”对话框

步骤 3：单击“Next”按钮，在弹出的“显示发行说明”对话框中，选中“Do not display the Release Notes”单选按钮，如图 3-23 所示。

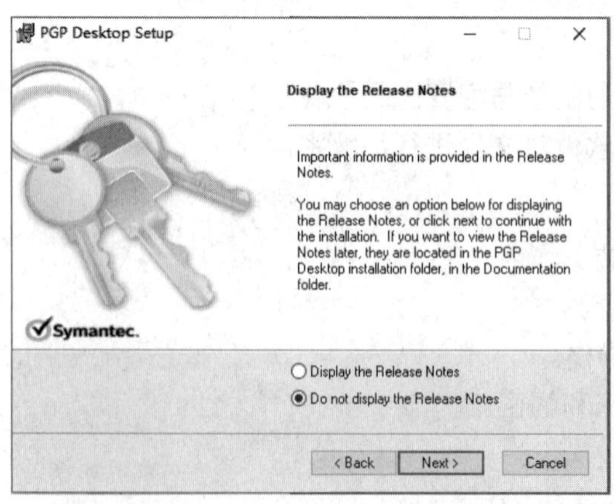

图 3-23　“显示发行说明”对话框

步骤 4：单击“Next”按钮，进入文件复制界面，如图 3-24 所示。

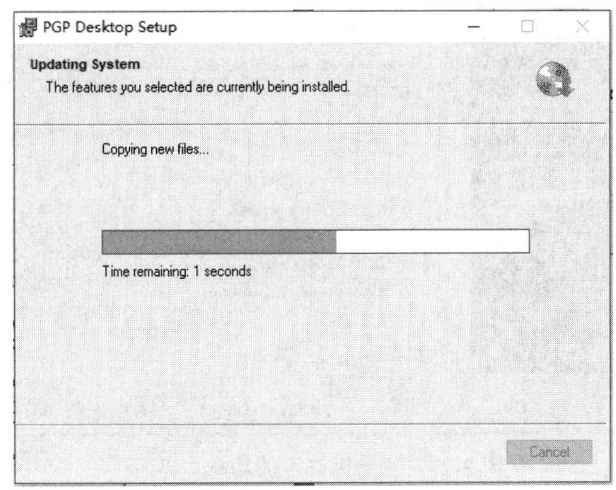

图 3-24　文件复制界面

步骤 5：安装程序安装完成后，询问是否要重新启动计算机，如图 3-25 所示，单击“Yes”按钮重新启动计算机。

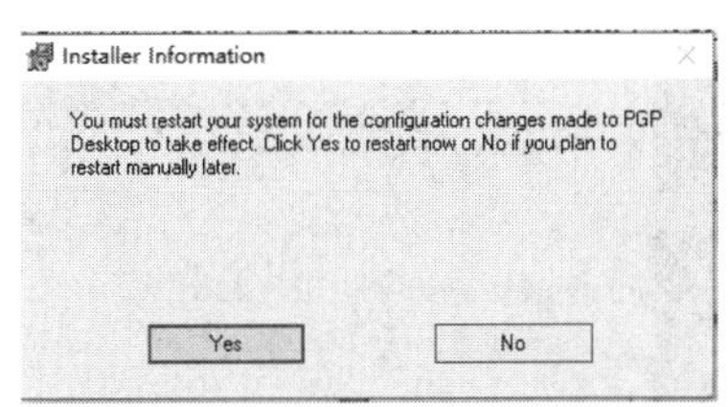

图 3-25　“重启计算机”对话框

2) PGP 软件的配置

步骤 1：重新启动计算机后，会自动打开“PGP 设置助手”向导，选中“Yes”单选按钮，表示允许当前 Windows 系统账户启用 PGP 软件，如图 3-26 所示。

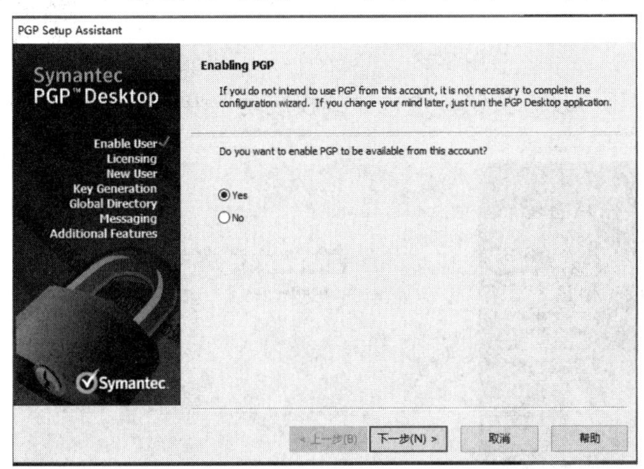

图 3-26　“PGP 设置助手”向导

步骤 2：单击“下一步”按钮，进入“启用许可的功能”界面，输入用户的名称、所属的组织和电子邮件地址等信息，如图 3-27 所示。

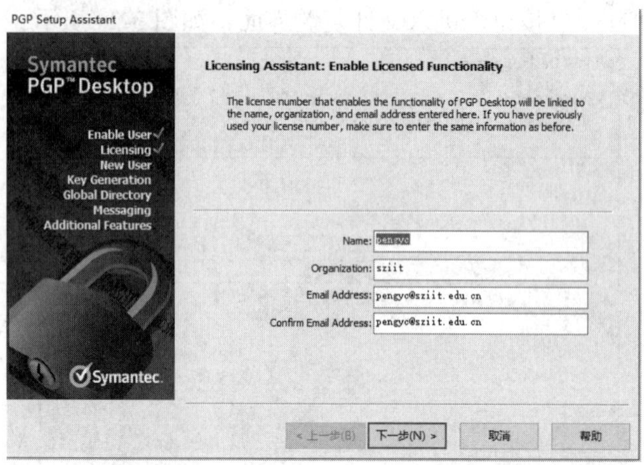

图 3-27　“启用许可的功能”界面

步骤 3：单击“下一步”按钮，进入“输入许可证”界面，选中“Enter your license number”单选按钮，并在下面的文本框中输入 PGP 许可证号码，如图 3-28 所示。

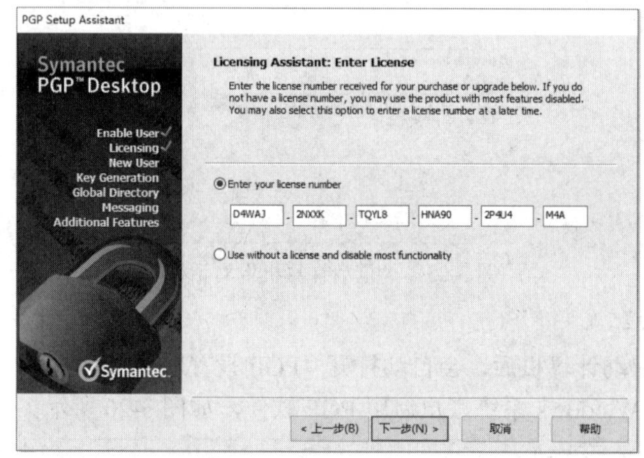

图 3-28　“输入许可证”界面

步骤 4：单击“下一步”按钮，进入“授权成功”界面，如图 3-29 所示。

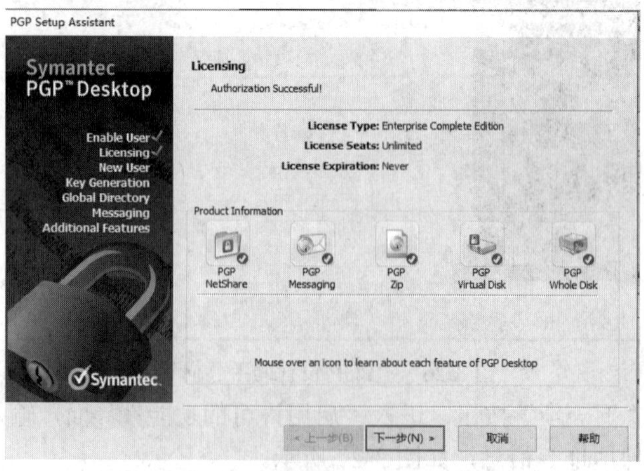

图 3-29　“授权成功”界面

步骤 5：单击“下一步”按钮，进入“用户类型”界面，选中“I am a new user”单选按钮，如图 3-30 所示。

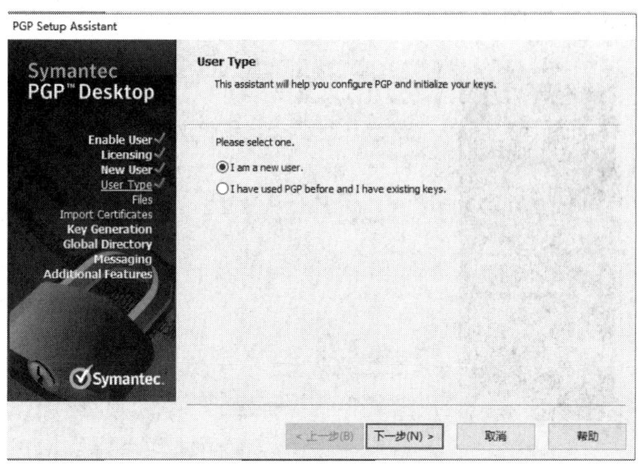

图 3-30　“用户类型”界面

步骤 6：单击“下一步”按钮，进入“个人证书导入”界面，如图 3-31 所示。

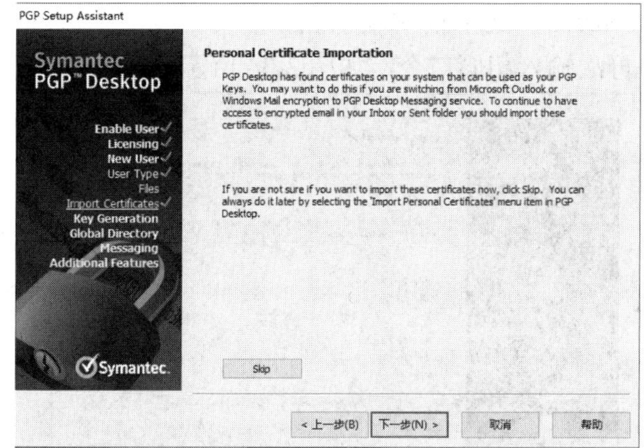

图 3-31　“个人证书导入”界面

步骤 7：单击“Skip”按钮，进入“PGP 密钥生成助手”界面，如图 3-32 所示。

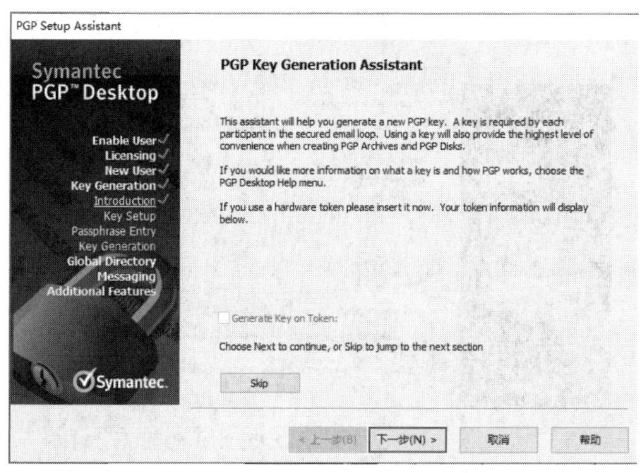

图 3-32　“PGP 密钥生成助手”界面

步骤 8：单击“下一步”按钮，进入“分配名称和邮件”界面，在“Full Name”文本框中输入用户名，如“Alice”，在“Primary Email”文本框中输入用户电子邮件地址，如“2025467381@qq.com”，如图 3-33 所示。

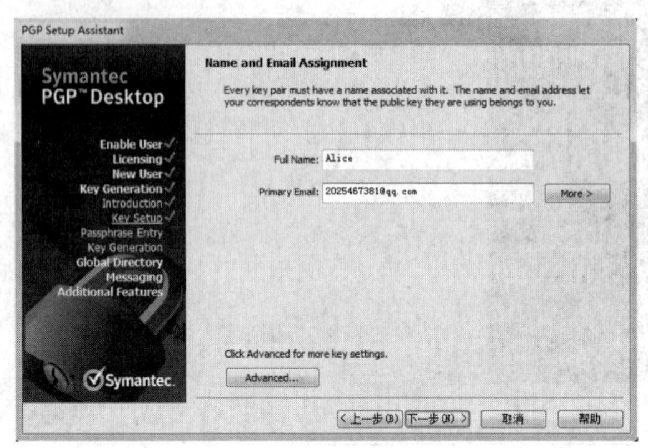

图 3-33　“分配名称和邮件”界面

步骤 9：单击“下一步”按钮，进入“创建口令”界面，选中“Show Keystrokes”复选框，在“Enter Passphrase”文本框中输入用户口令，如“123456789”，在“Re-enter Passphrase”文本框中再次输入相同口令，如图 3-34 所示。

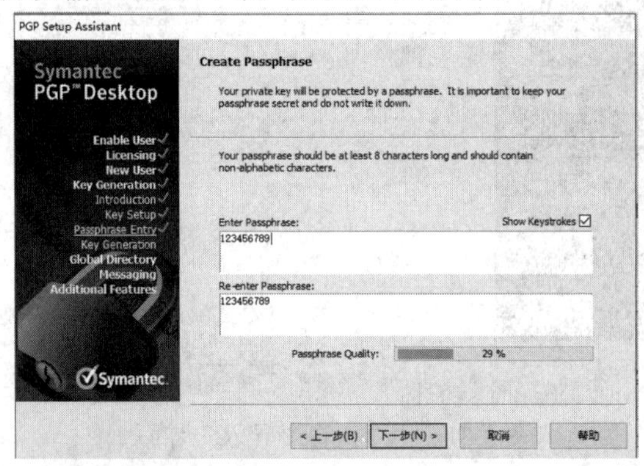

图 3-34　“创建口令”界面

步骤 10：单击“下一步”按钮，开始生成公钥和私钥，如图 3-35 所示。

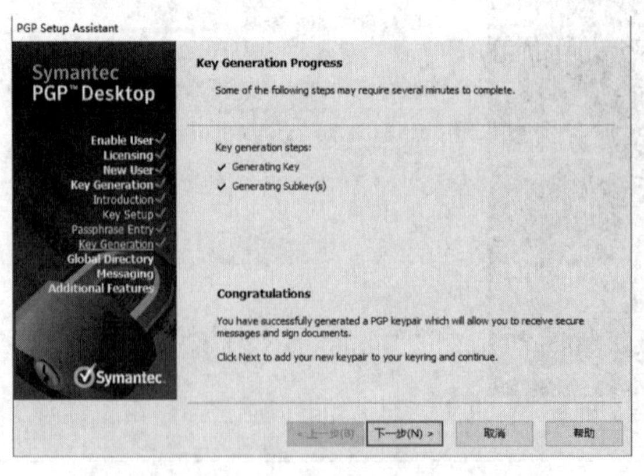

图 3-35　“密钥生成进度”界面

步骤 11：单击“下一步”按钮，进入“PGP 全球名录助手”界面，如图 3-36 所示。

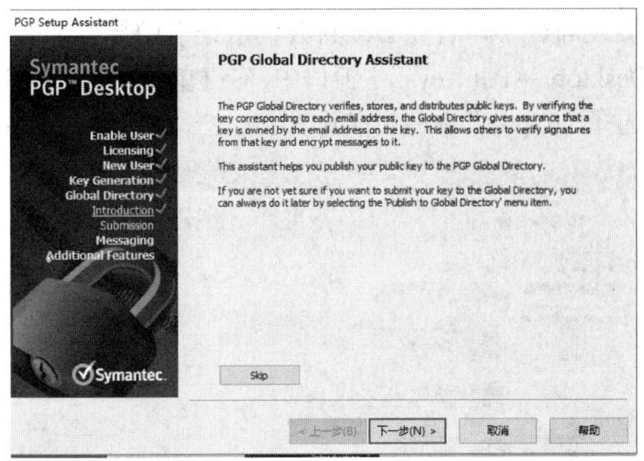

图 3-36　“PGP 全球名录助手”界面

步骤 12：单击“Skip”按钮，此后出现的所有对话框直接单击“下一步”按钮，直至完成，如图 3-37 所示。

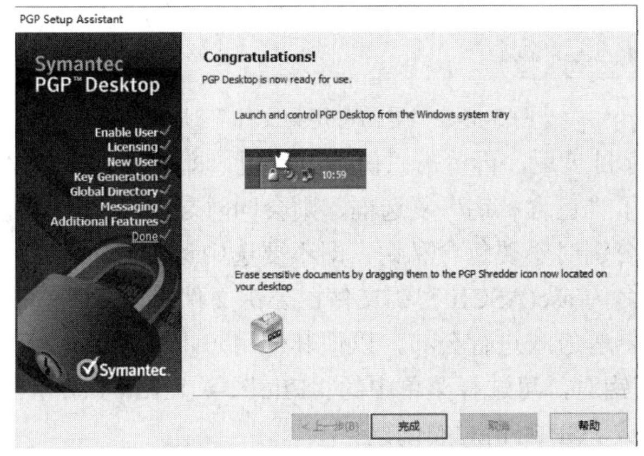

图 3-37　“配置结束”界面

步骤 13：选择“开始”→“所有程序”→“PGP”→“PGP Desktop”命令，打开“PGP Desktop→All Keys”主窗口，如图 3-38 所示。

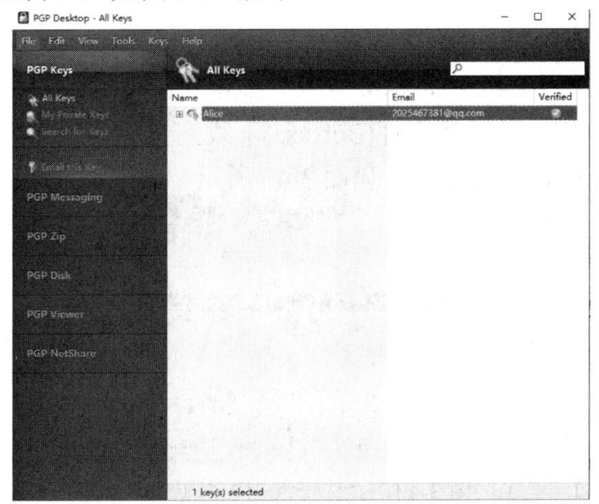

图 3-38　“PGP Desktop→All Keys”主窗口

3) 公钥的导出

公钥是公开的，要发布公钥，首先必须将公钥从证书中导出。

步骤 1：在“PGP Desktop → All Keys”主窗口中，右键单击右侧窗格中的用户密钥(Alice)，在弹出的快捷菜单中选择“Export”命令，打开“导出密钥到文件”对话框，如图 3-39 所示。

图 3-39 “导出密钥到文件”对话框

步骤 2：选择保存目录后，再单击“保存”按钮，即可导出用户(Alice)的公钥。

说明：如果选中了“包含私钥”复选框，则会同时导出私钥。但是私钥是不能让别人知道的，因此在导出公钥时不要包含私钥，即不要选中该复选框。

公钥文件的扩展名为.asc(ASCII 密钥文件)，公钥文件导出后，就可将它通过电子邮件、网络共享、FTP 服务器等方式进行公布，以便其他用户下载并导入使用。

若要新建 PGP 密钥对，可选择菜单中的“FIle”→“New PGP Key”命令，打开 PGP 密钥生成助手，以完成 PGP 密钥对的创建。

步骤 3：为了便于后续的操作，还要在另一主机中创建一个名为 Bob 的用户密钥对，创建过程类似于 Alice 用户的密钥对的创建，这里不再赘述。然后把 Bob 用户的公钥文件(Bob.asc)导出，以便 Alice 用户进行导入使用。

4) 密钥的导入

要给其他用户发送加密的文件，需要导入其他用户的公钥。

步骤 1：将来自 Bob 用户的公钥文件(Bob.asc)下载到自己的计算机上，然后双击 Bob.asc 公钥文件，打开“选择密钥”对话框，如图 3-40 所示。

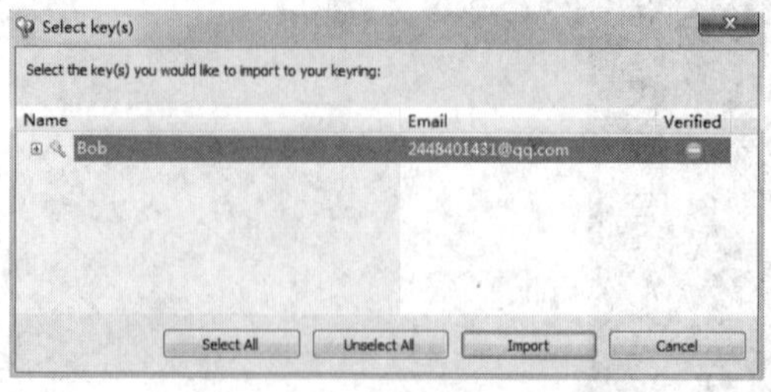

图 3-40 “选择密钥”对话框

步骤2：单击“Import”按钮，即可导入Bob的公钥。此时，导入的Bob的公钥还未校验，在“PGP Desktop”主窗口的“Verified”栏中显示为灰色，如图3-41所示。

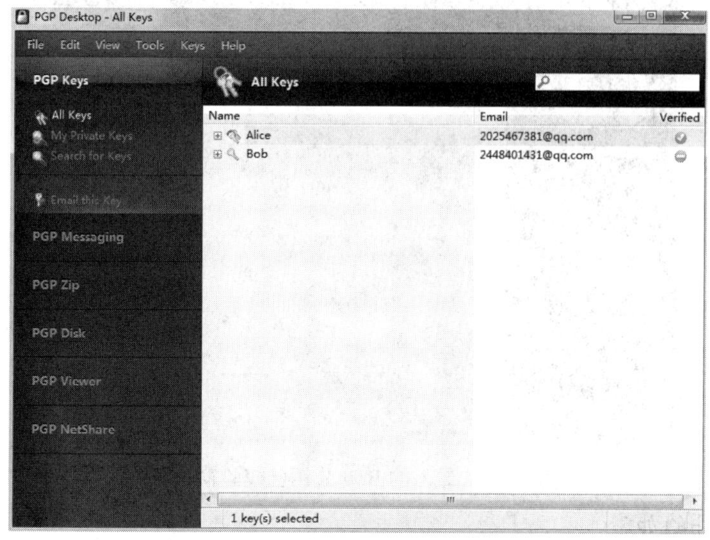

图3-41 导入的Bob公钥未校验窗口

步骤3：在“PGP Desktop”主窗口中，右键导入的Bob公钥，在弹出的快捷菜单中选择“Sign”命令，打开“PGP签名密钥”对话框，如图3-42所示。

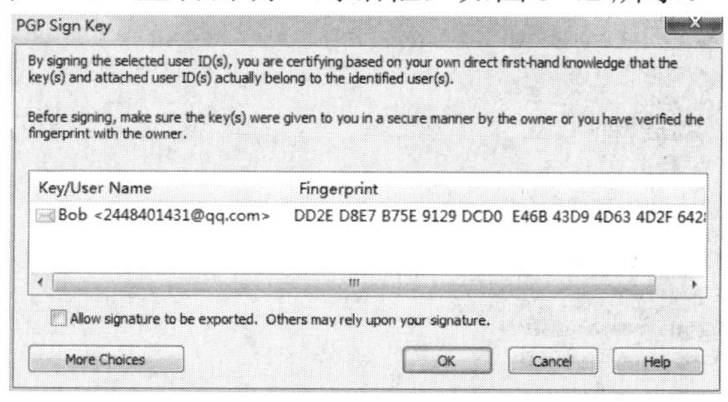

图3-42 “PGP签名密钥”对话框

步骤4：单击“OK”按钮，打开“PGP为选择密钥输入口令”对话框，在“Passphrase of signing key”文本框中输入创建Alice用户的密钥对时设置的保护私钥的口令“123456789”(选中“Show Keystrokes”复选框可显示输入的口令)，如图3-43所示。

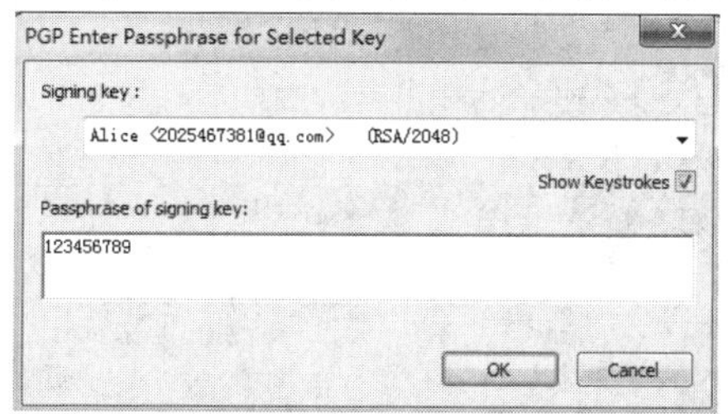

图3-43 “PGP为选择密钥输入口令”对话框

步骤5：单击“OK”按钮，完成签名操作。此时Bob的公钥在“Verified”栏中显示为绿色，表示该密钥有效，如图3-44所示。

说明：如果对话框中显示“当前选择密钥的口令已缓存”信息，则不必输入口令，直接单击“OK”按钮即可。

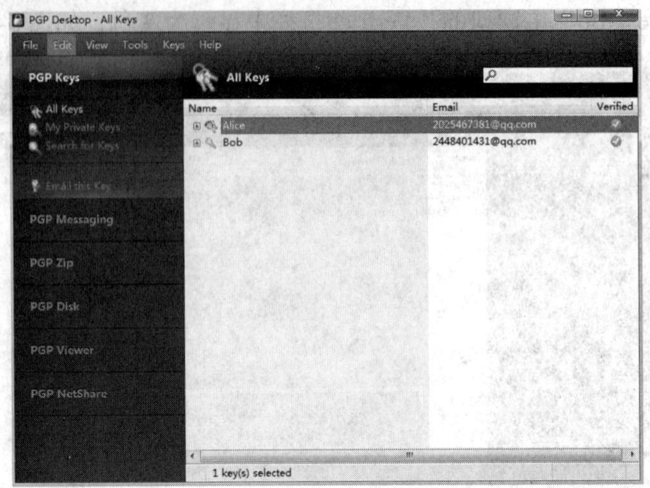

图 3-44　导入的 Bob 公钥已校验窗口

5) PGP 文件的加密

步骤 1：在 Alice 的主机上，右键单击需要加密的文件 PGP.doc，在弹出的快捷菜单中选择“PGP Desktop”→“Secure‘PGP.doc’with key…”命令，如图 3-45 所示。

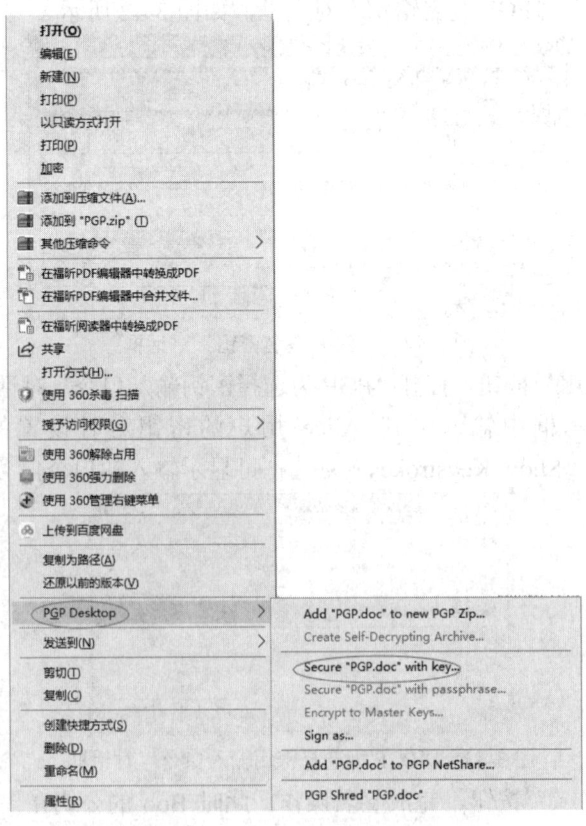

图 3-45　“添加用户密钥”界面

步骤2：进入“添加用户密钥”对话框，单击“Remove”按钮，先删除Alice用户密钥，再单击“Add”按钮左侧的下拉箭头，选择Bob用户密钥，再单击“Add”按钮，把Bob用户密钥添加到下面的列表框中，表示使用Bob用户的公钥对文件进行加密，只有使用Bob用户的私钥才能进行解密，如图3-46所示。

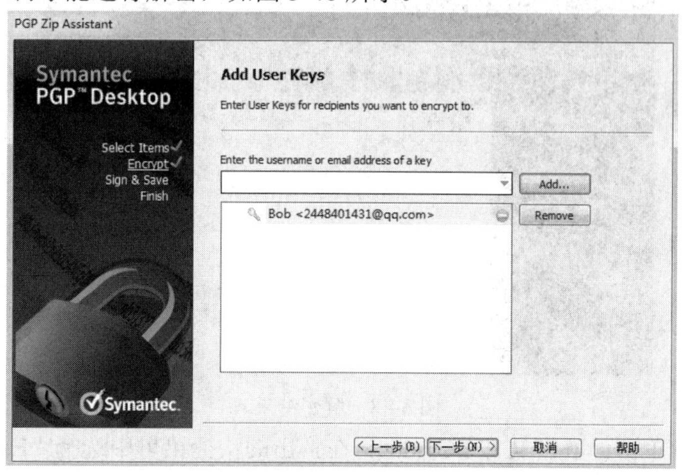

图3-46 “添加用户密钥”对话框

步骤3：单击 “下一步”按钮，进入“签名并保存”对话框，选择签名密钥为“none”，并设置加密后的文件保存位置，如图3-47所示。

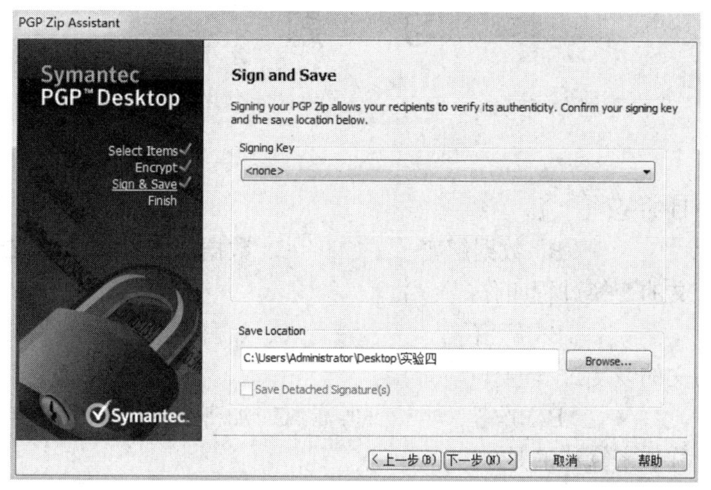

图3-47 “签名并保存”对话框

步骤4：单击“下一步”按钮，则开始生成密钥加密文件PGP.doc.pgp，加密文件生成后将该文件传送给Bob用户。

6) PGP文件的解密

步骤1：在Bob用户的主机上，下载Alice用户传送过来的加密文件PGP.doc.pgp，双击该文件，开始用Bob的私钥进行解密，解密结果如图3-48所示。

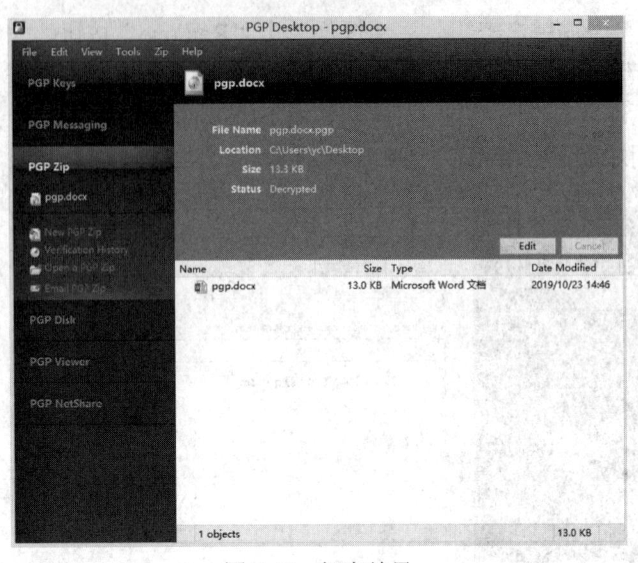

图 3-48　解密结果

步骤 2：右键单击已解密文件 PGP.doc，在弹出的快捷菜单中选择“Extract”命令，打开“浏览文件夹”对话框，选择保存文件夹后，单击“确定”按钮。在保存文件夹中打开已解密文件 PGP.doc，查看解密内容。

习　　题

一、选择题

1. 密码学的目的是(　　)。

A. 数据加密　　B. 数据解密　　C. 数据保密　　D. 信息安全

2. 明文到密文的变换过程叫作(　　)。

A. 加密　　B. 解密　　C. 加密算法　　D. 解密算法

3. 密文到明文的恢复过程叫作(　　)。

A. 加密　　B. 解密　　C. 加密算法　　D. 解密算法

4. 不属于对称加密算法的是(　　)。

A. DES　　B. IDEA　　C. RC5　　D. RSA

5. 不是 RSA 密码体制特点的是(　　)。

A. 它的安全性基于大整数因子分解问题　　B. 它是一种公钥密码体制

C. 它的加密速度比 DES 快　　D. 它常用于数字签名、认证

6. 在公钥密码体制中，(　　)是不可以公开的。

A. 公钥　　B. 公钥和加密算法

C. 私钥　　D. 私钥和加密算法

7. 在非对称密码体制中，加密过程和解密过程共使用(　　)个密钥。

A. 1　　B. 2　　C. 3　　D. 4

8. 消息摘要可用于验证通过网络传输收到的消息是否是原始的、未被篡改的消息原文。产生消息摘要可采用的算法是(　　)。

A. 哈希算法　　B. DES　　C. RSA　　D. IDEA

9. DES 算法密钥是 64 位，其中密钥有效位是(　　)位。

A. 64　　B. 56　　C. 48　　D. 32

10. MD5 算法将输入信息 M 按顺序每组(　　)长度分组。

A. 64 位　　B. 128 位　　C. 256 位　　D. 512 位

二、填空题

1. 古典密码的两个基本工作原理是________和________。

2. 密码学是研究信息系统安全保密的科学，它包含________和________两个分支。

3. 密码系统从原理上可以分为两大类，即________和________。

4. 单钥体制根据加密方式的不同又分为________和________。

5. ________密码算法是 1977 年由美国国家标准局公布的第一个分组密码算法。

6. ________非对称密码体制的安全性依赖于大整数分解的困难性。

7. 分组密码算法的设计思想是由 C.E.Shannon 提出的，主要通过_______和_______来实现。

三、加解密题

1. 采用双栅密码加解密。对明文 information technology 加密，简述过程并写出密文。对密文 information technology 解密，简述过程并写出明文 (注意：空格字符参与加解密)。

2. 已知线性替代加密函数：

$$f(a) = (a+K) \bmod 26 \quad (K=4)$$

假如明文为 shenzhen institute of information technology，请简述过程并写出密文；假如密文为 shenzhen institute of information technology，请简述过程并写出明文(注意：空格字符不参与加解密)。

3. 采用维吉尼亚密码加密。已知明文“welcome to shenzhen institute of information technology”，密钥是“computer”，请简述加密方法并写出密文 (注意：空格字符不参与加解密)。

4. 采用换位密码加解密。加密要求：密钥为 sziit，明文为 welcome to shenzhen institute of information technology!，请画出表格并写出密文。解密要求：密钥为 sziit，密文为 welcome to shenzhen institute of information technology!，请画出表格并写出明文(注意：空格字符不参与加解密)。

四、简答题

1. 非对称密码体制和传统的对称密码体制相比较各有什么优缺点？

2. 流密码的主要思想是什么，其密钥流有什么特点？

第 4 章 密码学应用

在很长一段时间内，密码学的应用仅仅局限在与军事、政治和外交相关的领域中，再加上通信手段落后，所以发展缓慢。但随着计算机的出现，计算机网络、物联网、云计算和大数据的发展，密码技术已广泛应用于诸多商业领域，如银行、证券、电信、电子商务等，人们对数据保护和数据传输的安全性越来越重视，更大地促进了密码学的发展与普及。本章主要介绍身份认证、消息认证、数字签名、公钥基础设施、数字证书和安全认证协议。通过本章的学习，读者应该达到以下目标：

(1) 理解网络安全认证技术的概念，掌握身份认证和消息认证两种认证方式；

(2) 掌握数字签名的原理及应用；

(3) 理解公钥基础设施的概念，掌握数字证书的原理及类型；

(4) 了解常见的安全认证协议。

4.1 认证技术

信息安全领域的认证主要包括两方面内容：一是认证通信双方的身份，确保身份的真实性；二是认证通信双方传输的信息，确保信息完整且通信双方不可抵赖。因此，认证技术可以实现信息安全基本属性中的真实性、完整性和不可否认性。

4.1.1 网络安全认证定义

网络安全认证是网络安全技术的重要组成部分之一，指的是证实被认证对象是否属实和是否有效的一个过程。其基本思想是通过验证被认证对象的属性来达到确认其是否真实有效的目的。被认证对象的属性可以是口令、数字签名或者像指纹、声音、视网膜这样的生物特征。认证常用于通信双方互相确认身份，以保证通信的安全。一般可以分为两种：

(1) 身份认证：用于鉴别用户身份。

(2) 消息认证：用于保证信息的完整性和不可抵赖性；在许多情况下，用户需要确认消息的来源是不是真实的，信息是否被第三方篡改伪造。

4.1.2 身份认证

身份认证技术是在计算机网络中确认操作者身份的过程而产生的有效解决方法。 计算机网络世界中一切信息包括用户的身份信息都是用一组特定的数据来表示的，计算机只能识别用户的数字身份，所有对用户的授权也是针对用户数字身份的授权。保证以数字身份进行操作的操作者就是这个数字身份合法拥有者，也就是说保证操作者的物理身份与数字身份相对应。身份认证技术就是为了解决这个问题，作为防护网络资产的第一道关口，身份认证有着举足轻重的作用。

在真实世界，对用户的身份进行认证的基本方法可以分为三种：

(1) 基于信息秘密的身份认证：根据你所知道的信息来证明你的身份(what you know，你知道什么)；

(2) 基于信任物体的身份认证：根据你所拥有的东西来证明你的身份(what you have，你有什么)；

(3) 基于生物特征的身份认证：直接根据独一无二的身体特征来证明你的身份(who you are，你是谁)，比如指纹、声音、视网膜等。

在网络世界中，身份认证手段与真实世界中基本一致，为了达到更高的安全性要求，通常会选择两种认证方法相结合的认证方式，即所谓的双因素认证。目前使用最为广泛的双因素有动态口令牌+静态密码、USB KEY+静态密码、二层静态密码等。

下面列举几种常见的认证形式：

1. 静态密码

用户的密码是由用户自己设定的。在网络登录时输入正确的密码，计算机就认为操作者是合法用户。实际上，由于许多用户为了防止忘记密码，经常采用诸如生日、电话号码等容易被猜测的字符串作为密码，或者把密码抄在纸上放在一个自认为安全的地方，这样很容易造成密码泄露。如果密码是静态的数据，在验证过程中可能会被木马程序或网络中其他人截获。因此，静态密码机制无论是使用还是部署都非常简单，但从安全性上讲，用户名/密码方式是一种不安全的身份认证方式。它利用基于信息秘密的身份认证方法。

目前智能手机的功能越来越强大，里面包含了很多私人信息，用户在使用手机时，为了保护信息安全，通常会为手机设置密码，由于密码是存储在手机内部，称之为本地密码认证。与之相对的是远程密码认证，例如在登录电子邮箱时，电子邮箱的密码是存储在邮箱服务器中，在本地输入的密码需要发送给远端的邮箱服务器，只有和服务器中的密码一致，才被允许登录电子邮箱。为了防止攻击者采用离线字典攻击的方式破解密码，通常都会设置在登录尝试失败达到一定次数后锁定账号，在一段时间内阻止攻击者继续尝试登录。

2. 智能卡

智能卡是一种内置集成电路的芯片，芯片中存有与用户身份相关的数据，智能卡由专门的厂商通过专门的设备生产，是不可复制的硬件。智能卡由合法用户随身携带，登录时必须将智能卡插入专用的读卡器读取其中的信息，以验证用户的身份。

智能卡认证通过智能卡硬件不可复制来保证用户身份不会被仿冒。然而由于每次从智能卡中读取的数据是静态的，通过内存扫描或网络监听等技术还是很容易截取到用户的身份验证信息的，因此还是存在安全隐患。智能卡的认证是利用基于信任物体的身份认证方法进行的。

智能卡自身就是功能齐备的计算机，它有自己的内存和微处理器，该微处理器具备读取和写入能力，允许对智能卡上的数据进行访问和更改。智能卡被包含在一个信用卡大小或者更小的物体里(比如手机中的SIM就是一种智能卡)。智能卡技术能够提供安全的验证机制来保护持卡人的信息，并且智能卡的复制很难。从安全的角度来看，智能卡提供了在卡片里存储身份认证信息的能力，该信息能够被智能卡读卡器所读取。智能卡读卡器能够连到PC上来验证VPN连接或验证访问另一个网络系统的用户。

3. 短信密码

短信密码身份认证系统以短信形式发送随机的6位密码到客户的手机上，如图4-1所示。客户在登录或者交易认证时输入此动态密码，从而确保系统身份认证的安全性。它利用基于信任物体的身份认证方法。

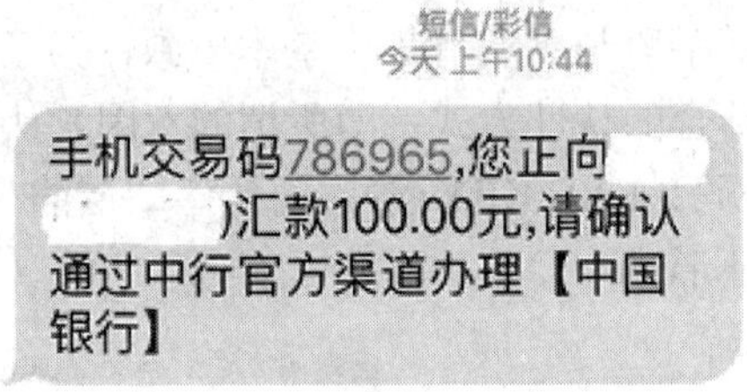

图4-1　短信密码

短信密码具有以下优点：

1) 安全性

由于手机与客户绑定比较紧密，短信密码生成与使用场景是物理隔绝的，因此短信密码可将密码在通路上被截取的概率降至最低。

2) 普及性

只要会接收短信即可使用短信密码，大大降低了短信密码技术的使用门槛，学习成本几乎为0，所以在市场接受度上面不会存在阻力。

3) 易维护

由于短信网关技术非常成熟，大大降低了短信密码系统的复杂度和风险，短信密码业务后期客服的成本低，稳定的系统在提升安全的同时也营造了良好的口碑。

4. 动态口令牌

动态口令牌是目前较为安全的身份认证方式，是利用基于信任物体的身份认证方法，也是一种动态密码。

动态口令牌是客户手持用来生成动态密码的终端，其主流方式是基于时间同步方式，每60秒变换一次动态口令，口令一次有效，它产生6位动态数字进行一次一密的方式认证，如图4-2所示。但是由于基于时间同步方式的动态口令牌存在60秒的时间窗口，导致该密码在这60秒内存在风险，现在已有基于事件同步的、双向认证的动态口令牌。基于事件同步的动态口令是以用户动作触发的同步原则，真正做到了一次一密，并且由于是双向认证，即服务器验证客户端，并且客户端也需要验证服务器，从而达到了彻底杜绝木马网站的威胁。由于它使用起来非常便捷，85%以上的世界500强企业运用它保护登录安全。目前动态口令牌广泛应用在VPN、网上银行、电子政务、电子商务等领域。

图 4-2 动态口令牌

基于 USB Key 的身份认证方式是一种方便、安全的身份认证技术，如图 4-3 所示。它采用软硬件相结合、一次一密的强双因子认证模式，很好地解决了安全性与易用性之间的矛盾。USB Key 是一种 USB 接口的硬件设备，它内置单片机或智能卡芯片，可以存储用户的密钥或数字证书，利用 USB Key 内置的密码算法实现对用户身份的认证。基于 USB Key 身份认证系统主要有两种应用模式：一是基于冲击/响应的认证模式；二是基于 PKI 体系的认证模式，目前运用在电子政务、网上银行等领域。

图 4-3 USB Key

5. 生物识别

生物识别是运用基于生物特征的身份认证方法，通过可测量的身体或行为等生物特征进行身份认证的一种技术。生物特征是指唯一可以测量或可自动识别和验证的生理特征或行为方式。使用传感器或者扫描仪来读取生物的特征信息，将读取的信息和用户在数据库中的特征信息比对，如果一致则通过认证。

生物特征分为身体特征和行为特征两类。身体特征包括声纹(d-ear)、指纹、掌型、视网膜、虹膜、人体气味、脸型、手的血管和 DNA 等；行为特征包括签名、语音、行走步态等。目前部分学者将视网膜识别、虹膜识别和指纹识别等归为高级生物识别技术；将掌型识别、脸型识别、语音识别和签名识别等归为次级生物识别技术；将血管纹理识别、人体气味识别和 DNA 识别等归为“深奥的”生物识别技术。

目前较常用的是指纹识别技术，其应用领域有门禁系统、手机支付等。日常使用的手机和笔记本电脑大都已具有指纹识别功能，在使用这些设备前，无须输入密码，只要将手指在扫描器上轻轻一按就能进入设备的操作界面，非常方便，而且别人很难复制。

生物特征识别的安全隐患在于一旦生物特征信息在数据库存储或网络传输中被盗取，攻击者就可以执行某种身份欺骗攻击，并且攻击对象会涉及所有使用生物特征信息的设备。

4.1.3　消息认证

消息认证(Message Authentication)就是验证消息的完整性，当接收方收到发送方的报文时，接收方能够验证收到的报文是真实的和未被篡改的。它包含两层含义：一是验证信息的发送者是真正的而不是冒充的，即数据起源认证；二是验证信息在传送过程中未被篡改、重放或延迟等。

消息认证所用的摘要算法与一般的对称或非对称加密算法不同，它并不用于防止信息被窃取，而是用于证明原文的完整性和准确性，也就是说，消息认证主要用于防止信息被篡改。它在票据防伪中具有重要应用(如税务部门的金税系统和银行的支付密码器)。

消息内容认证常用的方法为：消息发送者在消息中加入一个鉴别码(MAC、MDC 等)并经加密后发送给接收者。接收者利用约定的算法对解密后的消息进行鉴别运算，将得到的鉴别码与收到的鉴别码进行比较，若二者相等，则接收，否则拒绝接收。

消息认证系统的一般模型如图 4-4 所示。相对于密码系统，认证系统更强调的是消息的完整性。消息由发送者发出后，经由密钥控制或无密钥控制的认证编码器变换，加入认证码，将消息连同认证码一起在公开的无扰信道进行传输，有密钥控制时还需要将密钥通过一个安全信道传输至接收方。接收方在收到所有数据后，经由密钥控制或无密钥控制的认证译码器进行认证，判定消息是否完整。消息在整个过程中以明文形式或某种变形方式进行传输，但并不一定要求加密，也不一定要求内容对第三方保密。攻击者能够截获和分析信道中传送的消息内容，而且可能伪造消息送给接收者进行欺诈。攻击者不再像保密系统中的密码分析者那样始终处于消极被动地位，而是主动攻击者。

图 4-4 所示的认证编码器和认证译码器可以抽象为认证方法。一个安全的消息认证系统，必须选择合适的认证函数，该函数产生一个鉴别标志，然后在此基础上建立合理的认证协议，使接收者完成消息的认证。

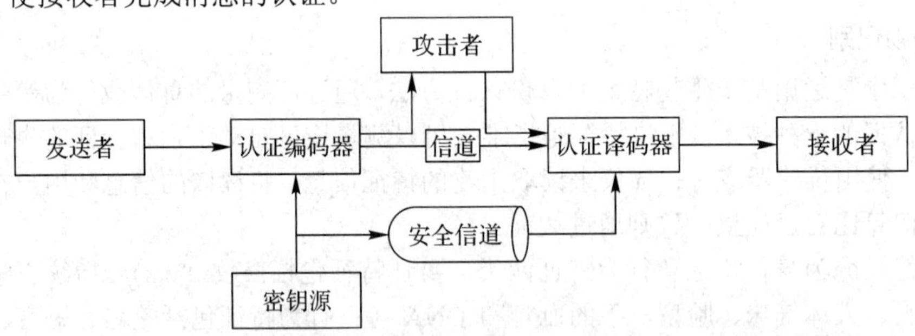

图 4-4　消息认证系统的一般模型

在消息认证中，消息发送者和接收者的常用认证方法有两种。一种方法是通信双方事先约定发送消息的数据加密密钥，接收者只需要证实发送来的消息是否能用该密钥还原成明文就能鉴别发送者。如果双方使用同一个数据加密密钥，那么只需在消息中嵌入发送者识别符即可。另一种方法是通信双方实现约定各自发送消息所使用的通行字，发送消息中含有此通行字并进行加密，接收者只需判别消息中解密的通行字是否等于约定的通行字就能鉴别发送者。为了安全起见，通行字应该是可变的。

消息的序号和时间性的认证主要是阻止消息的重放攻击。常用的方法有消息的流水作业、链接认证符随机树认证和时间戳等。

消息认证中常见的攻击方式和应对策略有：

(1) 重放攻击：截获以前协议执行时传输的信息，然后在某个时候再次使用。对付这种攻击的一种措施是在认证消息中包含一个非重复值，如序列号、时戳、随机数或嵌入目标身份的标志符等。

(2) 冒充攻击：攻击者冒充合法用户发布虚假消息。为避免这种攻击可采用身份认证技术。

(3) 重组攻击：把以前协议执行时一次或多次传输的信息重新组合进行攻击。为了避免这类攻击，把协议运行中的所有消息都连接在一起。

(4) 篡改攻击：修改、删除、添加或替换真实的消息。为避免这种攻击可采用消息认证码 MAC 或 hash 函数等技术。

4.2 数 字 签 名

传统手写签名是含在实物文件中的，是实物文件的一部分，比如在签一个支票时，签名就在支票上。而数字签名对数据文件签名，签名本身被当作一个单独的文件。两种签名的验证方式也不一样。对传统签名来说，接收者收到一个文件后，要比对文件上的签名和档案上的签名是否一致，因此，接收者需要有一个档案上签名的副本。对于数字签名来说，接收者不会有此签名的任何副本，必须使用一种验证技术来验证其真实性。随着网络应用的普及，传统手写签名已不能满足人们的实际需求，数字签名由于其方便可靠，已被广泛应用。

4.2.1 数字签名的概念

所谓数字签名就是附加在数据单元上的一些数据，或是对数据单元所做的密码变换。这种数据或变换允许数据单元的接收者用以确认数据单元的来源和数据单元的完整性并保护数据，防止被人进行伪造。对于这种电子式的签名，其验证的准确度是一般手工签名和图章的验证无法比拟的。“数字签名”是目前电子商务、电子政务中应用最普遍、技术最成熟、可操作性最强的一种电子签名方法。它采用规范化的程序和科学化的方法，用于鉴定签名人的身份以及对一项电子数据内容的认可。它还能验证出文件的原文在传输过程中有无变动，确保传输电子文件的完整性、真实性和不可抵赖性。

数字签名技术是将摘要信息用发送者的私钥加密，与原文一起传送给接收者。接收者只有用发送者的公钥才能解密被加密的摘要信息，然后用哈希函数对收到的原文产生一个摘要信息，与解密的摘要信息对比。如果相同，则说明收到的信息是完整的，在传输过程中没有被修改，否则说明信息被修改过，因此数字签名能够验证信息的完整性。

数字签名是个加密的过程，数字签名验证是个解密的过程。

数字签名有三种功效：一是能确定消息确实是由发送方签名并发出来的，因为别人假冒不了发送方的签名。二是数字签名能确定消息的完整性。因为数字签名的特点是它代表了文件的特征，文件如果发生改变，数字摘要的值也将发生变化。不同的文件将得到不同的数字摘要。三是签名者无法否认信息是由自己发送的。一次数字签名涉及一个哈希函数、发送者的公钥、发送者的私钥。

4.2.2　数字签名的原理

数字签名的技术基础是公钥密码技术，其基本原理是每个人都有一对密钥，其中一个为只有本人知道的私钥，另一个为公开的公钥。签名的时候用私钥，验证签名的时候用公钥。因为任何人都可以落款声称她/他就是你，因此公钥必须向接收者信任的人(身份认证机构)来注册。注册后身份认证机构给用户发一个数字证书。对文件签名后，用户把此数字证书连同文件及签名一起发给接收者，接收者向身份认证机构求证是否是用用户的密钥签发的文件。

建立在公钥密码技术上的数字签名方法有很多，如 RSA 签名、DSA 签名和椭圆曲线数字签名算法(ECDSA)，等等。下面对 RSA 签名进行详细分析。无保密机制的 RSA 签名的整个过程可以用图 4-5 表示。

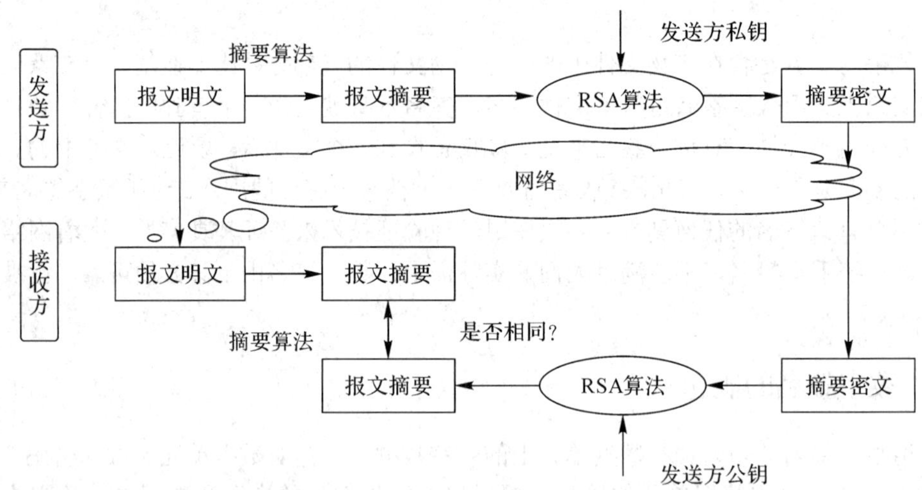

图 4-5　无保密机制的 RSA 签名过程

(1) 发送方采用某种摘要算法从报文中生成一个散列值，称为报文摘要；

(2) 发送方用 RSA 算法和自己的私钥对这个报文摘要进行加密，产生一个摘要密文，即发送者的数字签名；

(3) 将这个加密后的数字签名作为报文的附件和报文一起发送给接收方；

(4) 接收方从接收到的原始报文中采用相同的摘要算法计算出散列值；

(5) 报文的接收方用 RSA 算法和发送者的公钥对报文附加的数字签名进行解密；

(6) 如果两个散列值相同，那么接收方就能确认报文是由发送方签名的。

MD5(Message Digest 5)是比较常用的摘要算法，它采用单向 Hash 函数将任意长度的报文变化成一个 128 位的散列值，并且它是一个不可逆的变换算法。换言之，即使知道 MD5 的算法描述和实现它的源代码，也无法将一个 MD5 的散列值变换回原始的报文。这个 128 位的散列值亦称为数字指纹，就像人的指纹一样，它将成为报文身份的“指纹”。

数字签名是如何实现传输文件的完整性、真实性和不可抵赖性呢？如果报文在网络传输途中被篡改过，接收方收到此报文，使用相同的摘要算法将会计算出不同的报文摘要，这就保证了接收方可以判断报文自签名后到收到为止是否被篡改过，保证了文件传输的完整性；如果发送方A想让接收方误认为此报文是由发送方B签名发送的，由于发送方A并不知道发送方B的私钥，所以接收方用发送方B的公钥对发送方A加密的报文摘要进行解密时，也将得到不同的报文摘要，这就保证了接收方可以判断报文是否是由指定的签名者发送的，保证了发送者身份的真实性；同时也可以看出，当接收者比较后发现两个摘要相同时，发送方无法否认这个报文是由他签名发送的，保证了文件传输的不可抵赖性。

在上述签名方案中，报文是以明文方式发送的，所以不具备保密功能。如果报文包含不能泄露的信息，就需要先进行加密，然后再进行传输。具有保密功能的RSA签名的整个过程如图4-6所示。

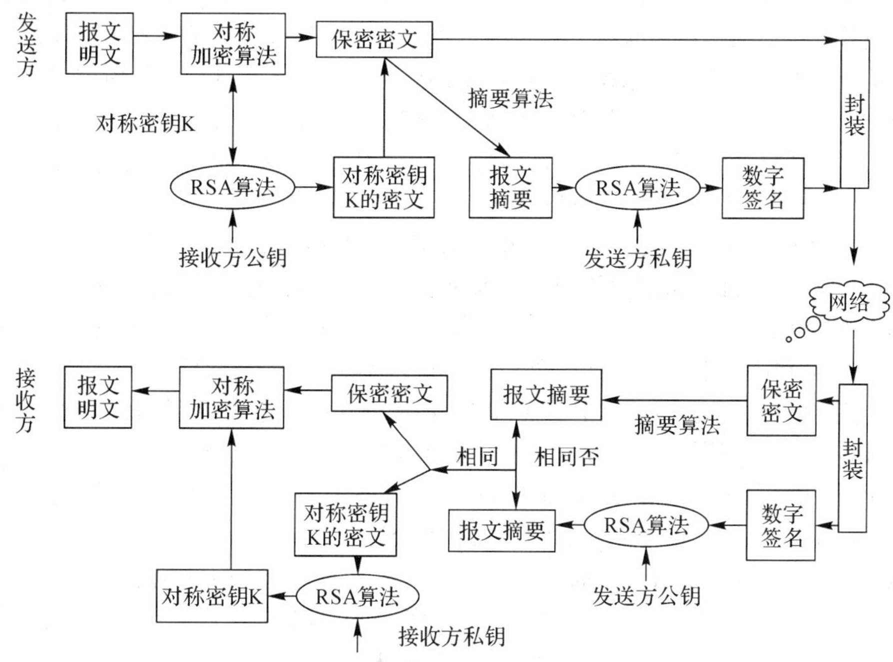

图4-6 有保密机制的RSA签名过程

(1) 发送方选择一个对称加密算法和一个对称密钥对报文进行加密；

(2) 发送方用接收方的公钥和RSA算法对第(1)步中的对称密钥进行加密，并且将加密后的对称密钥附加在密文中；

(3) 发送方采用某种摘要算法从第(2)步的密文中得到报文摘要，然后用RSA算法和自己的私钥对这个报文摘要进行加密，产生一个摘要密文，即发送者的数字签名；

(4) 将发送者的数字签名封装在第(2)步的密文后，通过网络发送给接收方；

(5) 接收方使用RSA算法和发送者的公钥对收到的数字签名进行解密，得到一个报文摘要；

(6) 接收方使用相同的摘要算法，从接收到的报文密文中计算出一个报文摘要；

(7) 如果第(5)步和第(6)步的报文摘要相同，就可以确认密文没有被篡改，并且是由指定的发送方签名发送的；

(8) 接收方使用RSA算法和接收方的私钥解密出对称密钥；

(9) 接收方使用对称加密算法和对称密钥对密文解密，得到原始报文。

4.2.3　数字签名的应用

电子政务和电子商务承载着政府机关、企业和个人的重要信息，这些信息在操作、传输、处理等各个环节都必须保证其完整性、保密性和不可抵赖性。概括起来，通过网络实现电子政务、电子商务系统所面临的安全问题有：

(1) 身份认证：如何准确判断用户是否为系统的合法用户；

(2) 用户授权：合法用户进入系统后，具有什么样的权限，能访问哪些信息，是否具有修改或删除权限；

(3) 保密性：如何保证系统中涉及的大量需保密信息通过网络传输不被窃取；

(4) 完整性：如何保证系统中所传输的信息不被中途篡改及通过重发进行虚假交易；

(5) 抗抵赖性：如何保证系统中的用户签发后又不承认自己曾认可的内容。

由于传统的"用户名+口令"认证方式存在较多安全隐患，如口令有可能被破解，并且系统无法有效判断登录系统用户的真实身份，从而导致非法用户可以伪造、假冒系统用户的身份；登录到系统后可以借机进行篡改、破坏等。

下面用一个使用 SET 协议的例子来说明数字签名在电子商务中的作用。

电子商务在提供机遇和便利的同时，也面临着一个最大的挑战，即交易的安全问题。在网上购物的环境中，持卡人希望在交易中保密自己的账户信息，使之不被人盗用；商家则希望客户的订单不可抵赖，并且在交易过程中交易各方都希望验明其他方的身份，以防止被欺骗。针对这种情况，由美国 Visa 和 MasterCard 两大信用卡组织联合国际上多家科技机构，共同制定了应用于 Internet 上的以银行卡为基础进行在线交易的安全标准，这就是"安全电子交易"(Secure Electronic Transaction，SET)。它采用公钥密码体制和 X.509 数字证书标准，主要用于保障网上购物信息的安全性。

SET 协议主要是针对用户、商家和银行之间通过信用卡支付的电子交易类型而设计的，所以下例中会出现三方：用户、网站和银行。对应地就有六把"钥匙"：用户公钥、用户私钥；网站公钥、网站私钥；银行公钥、银行私钥。

这个三方电子交易的流程下。

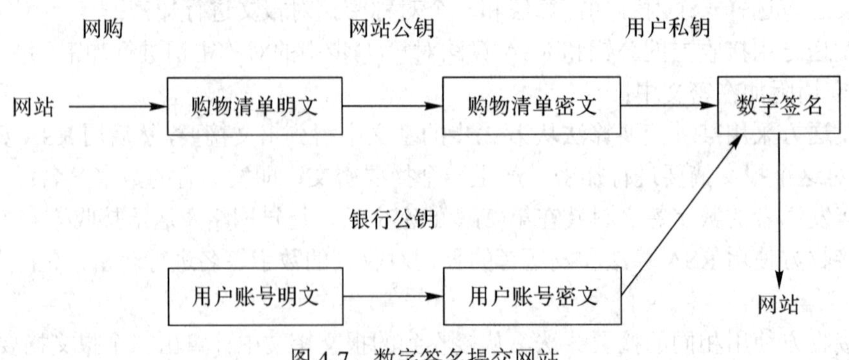

图 4-7　数字签名提交网站

(1) 用户将购物清单和用户银行账号和密码进行数字签名提交给网站。用户账号明文包括用户的银行账号和密码，如图 4-7 所示。

(2) 网站签名认证收到的购物清单如图 4-8 所示。

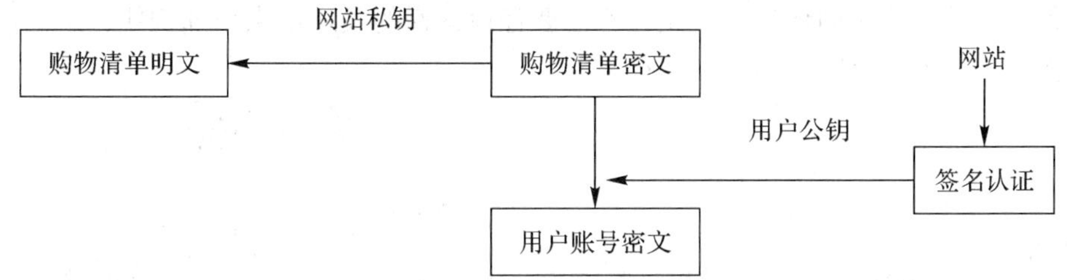

图 4-8　网站签名认证收到的购物清单

(3) 网站将网站申请密文和用户账号密文进行数字签名提交给银行，如图 4-9 所示。网站申请明文包括购物清单款项统计、网站账号和用户需付金额。

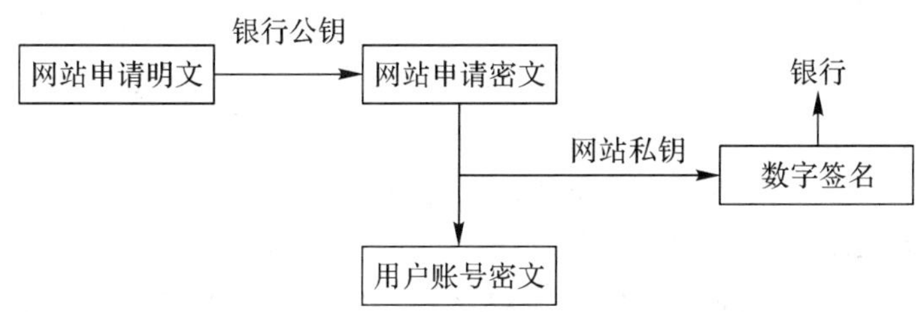

图 4-9　网站将签名后的密文提交给银行

(4) 银行认证收到的相应明文，如图 4-10 所示。

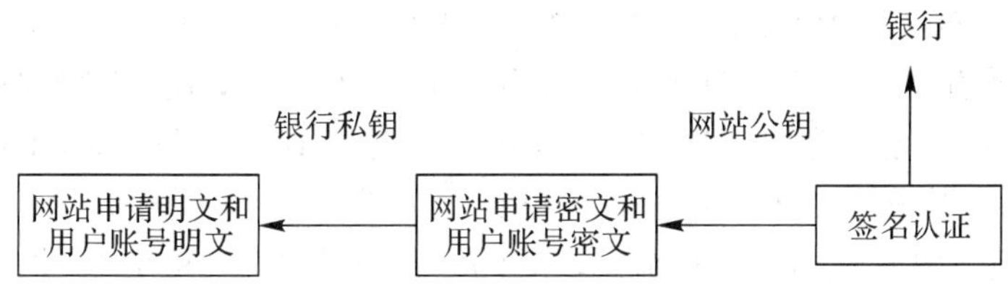

图 4-10　银行认证相应的明文

从上面的交易过程可知，这个电子商务过程具有以下几个特点：

(1) 网站无法得知用户的银行账号和密码，只有银行可以看到用户的银行账号和密码；

(2) 银行无法从其他地方得到用户的银行账号和密码的密文；

(3) 从用户到网站到银行，每个发送端都无法否认；

(4) 从用户到网站到银行，均可保证未被篡改；

(5) 从用户到网站到银行，均可保证用户身份的真实性。

可见，这种方式已基本解决电子商务中三方进行安全交易的要求，即便有“四方”“五方”等更多方交易，也可按 SET 以此类推完成。

4.2.4　PGP 软件原理

PGP(Pretty Good Privacy)是一个基于 RSA 公钥加密体系的邮件加密软件。PGP 的功能主要有两方面，一是可以对所发邮件进行加密以防止非授权者阅读，保障信息的机密性；二是能对所发邮件加上数字签名，从而使收信人可以确信邮件发送者的真实性，并确信邮件没有被篡改或伪造，实现信息传输的完整性和不可抵赖性。PGP 采用了审慎的密钥管理，一种 RSA 和传统加密的 Hash 算法，用于数字签名邮件摘要算法的加密前压缩，用户可以安全地和从未见过的人们通信，事先并不需要任何保密的渠道用来传递密钥。下面简单介绍 PGP 软件的工作原理，如图 4-11 所示。

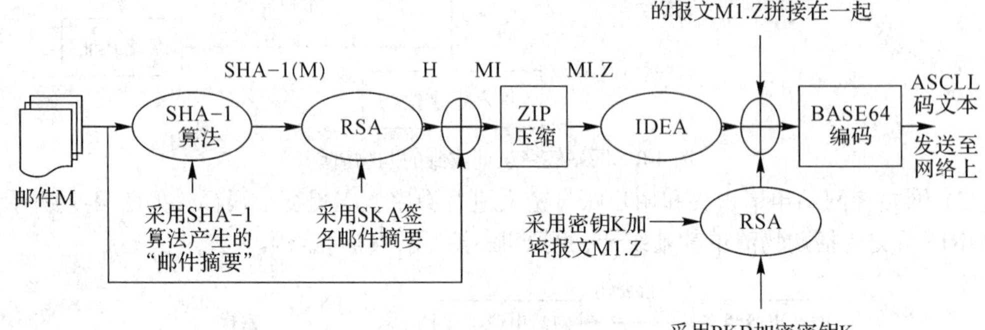

图 4-11　PGP 软件工作原理

假设 Alice 要发送一个邮件 M 给 Bob，要用 PGP 软件加密。首先 Alice 和 Bob 知道自己的私钥(SKA，SKB)，并且必须获取彼此的公钥(PKA，PKB)。

Alice 将发送的邮件 M 通过 SHA-1 算法运算生成一个 128 位的邮件摘要，Alice 使用自己的私钥 SKA 和 RSA 算法对这个邮件摘要进行数字签名，得到邮件摘要密文 H，密文 H 使 Bob 可以确认该邮件的来源。邮件 M 和 H 拼接在一起产生报文 M1，经过 ZIP 压缩，得到 M1.Z。接着，对报文 M1.Z 使用对称加密算法 IDEA 进行加密，起到数据保密性作用。加密密钥是随机产生的一次性的临时加密密钥，即 128 位的 K，在 PGP 软件中称为会话密钥。要使密钥 K 安全地发送给 Bob，需要用 RSA 算法和 Bob 的公钥 PKB 对其进行加密，以确保密钥 K 只能被 Bob 的私钥解密，提供身份认证。加密后的密钥 K 和加密后的报文 M1.Z 拼接在一起，用 BASE64 进行编码，编码的目的是得出 ASCII 文件，通过网络发送给 Bob。

Bob 作为接收方，其过程正好与发送方相反。Bob 收到加密邮件后，首先使用 BASE64 解码，并用 RSA 算法和自己的私钥 SKB 解密出用于对称加密的密钥 K，用密钥 K 和对称加密算法 IDEA 解密出 M1.Z。接着，对 M1.Z 解压后还原出 M1，在 M1 中分解出明文 M 和加密后的邮件摘要，并用 Alice 的公钥 PKA 恢复邮件摘要信息。最后，Bob 用收到的明文和 SHA-1 算法计算出的邮件摘要与前面得到的邮件摘要进行比较，如果一致则认为 M 确实为 Alice 发送的邮件，途中也没有被篡改，保证了邮件信息的完整性、发送者身份的真实性以及发送者的不可否认性。

4.3　公钥基础设施 PKI 与数字证书

公钥基础设施(Public Key Infrastructure，简称 PKI)是一种基于公钥加密技术，为电子商务、电子政务、网上银行等提供安全服务的技术规范。作为一种基础设施，PKI 由公钥技术、数字证书和证书颁发机构等共同组成，保证用户网络通信和网上交易的安全。从广义上说，任何提供公钥加密和数字签名服务的系统都可称为 PKI 系统。

4.3.1 PKI 概述

1. PKI 的概念

PKI 是一种遵循既定标准的密钥管理平台，能够为所有网络应用提供加密和数字签名等密码服务及所必需的密钥和证书管理体系，简单来说，PKI 就是利用公钥密码理论和技术建立的提供安全服务的基础设施。所谓基础设施，就是在某个环境下普遍适用的系统和准则。例如大家所熟悉的电力系统，它提供的服务是电能，我们可以把电视、电灯、空调等看成是电力系统基础设施的一些应用。

X.509 标准中，为了区别于权限管理基础设施(Privilege Management Infrastructure，PMI)，将 PKI 定义为支持公开密钥管理并能支持认证、加密、完整性和可追究性服务的基础设施。这个概念与前面概念相比，不仅仅叙述 PKI 能提供的安全服务，更强调 PKI 必须支持公开密钥的管理。也就是说，仅仅使用公钥密码技术还不能叫作 PKI，还应该提供公开密钥的管理，而 PMI 仅仅使用公钥密码技术但并不管理公开密钥。

PKI 技术采用证书管理公钥，通过第三方的可信任机构——认证机构(Certification Authority，CA)把用户的公钥和用户的其他标识信息捆绑在一起，在互联网上验证用户的身份。目前，通用的办法是采用建立在 PKI 基础之上的数字证书，通过把要传输的数字信息进行加密和签名，保证信息传输的机密性、真实性、完整性和不可否认性，从而保证信息的安全传输。PKI 是创建、颁发、管理、注销公钥证书所涉及的所有软件、硬件的集合体，其核心元素是数字证书，核心执行者是 CA 认证机构。用户可利用 PKI 平台提供的服务进行安全的电子交易、通信和互联网上的各种活动。

2. PKI 的安全服务

PKI 的应用非常广泛，其为网上金融、网上银行、网上证券、电子商务和电子政务等网络中的数据交换提供了完备的安全服务功能。PKI 作为安全基础设施，能够提供身份认证、数据完整性、数据保密性、数据公正性、不可抵赖性和时间戳六种安全服务。

1) 身份认证

由于网络具有开放性和匿名性等特点，非法用户通过一些技术手段假冒他人身份进行网上欺诈的门槛越来越低，从而对合法用户和系统造成了极大的危害。在现实生活中，认证方式通常是两个人事先协商，确定一个秘密，依据这个秘密相互认证。随着网络规模的扩大，两两协商几乎不可能，通过一个密钥管理中心来协商也有很大困难，当网络规模巨大时，密钥管理中心将成为网络通信的瓶颈。

身份认证的实质就是证实被认证对象是否真实和是否有效的过程，该过程被认为是当今网上交易的基础。在 PKI 体系中，认证机构为系统内每个合法用户办一个网上身份认证，即证书。PKI 通过证书进行认证，认证时对方知道你就是你，但却无法知道你为什么是你。在这里，证书是一个可信的第三方证明，通过它，通信双方可以安全地进行互相认证，而不用担心对方是冒充的。

2) 数据完整性

数据的完整性就是防止非法篡改信息，如修改、复制、插入、删除等。在交易过程中，要确保交易双方接收到的数据与原数据完全一致，否则交易将存在安全问题。如果依靠观察的方式来判断数据是否发生过改变，在大多数情况下是不现实的。在网络安全中，一般使用散列函数的方法来保证通信时数据的完整性。通过 Hash 算法将任意长度的数据变换为长度固定的数字摘要，并且原始数据中任何一位的改变都将会在相同的计算条件下产生截然不同的数字摘要。这一特性使得人们很容易判断原始数据是否发生了非法篡改，从而很好地保证了数据的完整性和准确性。目前，PKI 系统主要采用的散列算法有 SHA-1 和 MD5。

3) 数据保密性

数据的保密性就是对需要保护的数据进行加密，从而保证信息在传输和存储过程中不被未授权人获取。在 PKl 系统中，所有的保密性都是通过密码技术实现的。密钥对分为两种，一种称作加密密钥对，用作加解密；另一种称作签名密钥对，用作签名。一般情况下，用来加解密的密钥对并不对实际的大量数据进行加解密，只是用于协商会话密钥，而真正用于大量数据加解密的是会话密钥。

在实际的数据通信中，首先发送方产生一个用于实际数据加密的对称算法密钥，此密钥被称为会话密钥，用此密钥对所需处理的数据进行加密。然后，发送方使用接收方加密密钥对应的公钥对会话密钥进行加密，连同经过加密处理的数据一起传送给接收方。接收方收到这些信息后，首先用自己加密密钥对中的私钥解密会话密钥，然后用会话密钥对实际数据进行解密。

4) 数据公正性

PKI 中支持的数据公正性是指数据认证。也就是说，公证人要证明的是数据的正确性，这种公正取决于数据验证的方式，与公证服务和一般社会公证人提供的服务是有所不同的。在 PKI 中，被验证的数据是基于对原数据 Hash 变换后数字摘要的数字签名、公钥在数学上的正确性和私钥的合法性。

5) 不可抵赖性

不可抵赖性保证参与双方不能否认自己曾经做过的事情。在 PKI 系统中，不可抵赖性来源于数字签名。由于用户进行数字签名的时候. 签名私钥只能被签名者自己掌握，系统中的其他实体不能做出这样的签名，因此，在私钥安全的假设下签名者就不能否认自己做出的签名。保护签名私钥的安全性是不可抵赖问题的基础。当法律许可时，该“不可否认性”可以作为法律依据。正确使用时，PKI 的安全性应该高于目前使用的纸面图章系统。

6) 时间戳服务

时间戳也叫安全时间戳，是一个可信的时间权威，使用一段可以认证的数据来表示。

PKI 中权威时间源提供的时间并不需要一定是正确的时间，仅仅需要用户作为一个参照“时间”，以便完成基于 PKI 的事务处理。一般的 PKI 系统中会设置一个统一的 PKI 时间。当然也可以使用时间官方事件源所提供的时间，其实现方法是从网中这个时钟位置获得安全时间，要求实体在需要的时候向这些权威请求在数据上盖上时间戳。一份文档上的时间戳涉及对时间和文档内容的哈希值的签名，权威的签名提供了数据的真实性和完整性。一个 PKI 系统中是否需要实现时间戳服务，完全依照应用的需求来决定。

7) 数字签名

由于单一的、独一无二的私钥创建了签名，所以在被签名数据与私钥对应的实体之间可以建立一种联系，这种联系通过使用实体公钥验证签名来实现。如果签名验证正确，并且从诸如可信实体签名的公钥证书中知道了用于验证签名的公钥对应的实体，那么就可以用数字签名来证明被数字签名数据确实来自证书中标识的实体。

因此，PKI 的数字签名服务分为两部分：签名生成服务和签名验证服务。签名生成服务要求能够访问签名者的私钥，由于该私钥代表了签名者，所以是敏感信息，必须加以保护。如果被盗，别人就可以冒充签名者用该密钥签名。因此，签名服务通常是安全应用程序中能够安全访问签名私钥的那一部分。相反，签名验证服务要开放一些，公钥一旦被可信签名者签名，通常就被认为是公共信息。验证服务接收签名数据、签名、公钥或公钥证书，然后检查签名对所提供的数据是否有效，并返回验证成功与否的标识。

3. PKI 的体系结构

一个标准的 PKI 系统一般由认证机构、证书和证书库、密钥备份及恢复、密钥和证书的更新、证书历史档案、客户端软件、交叉认证等部分构成。PKI 完整逻辑模型如图 4-12 所示。

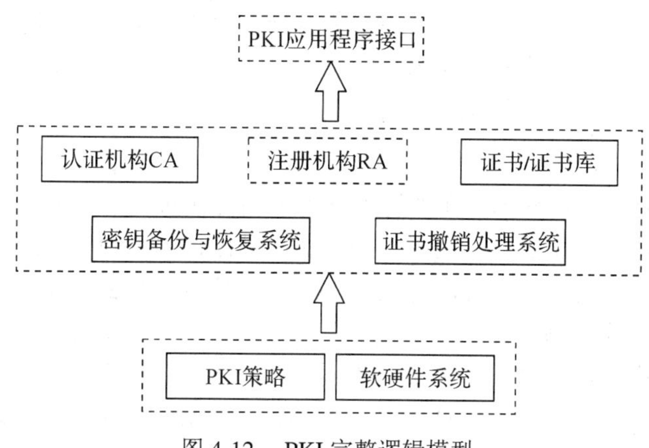

图 4-12 PKI 完整逻辑模型

1) 认证机构

CA 是 PKI 的核心执行机构，是 PKI 的主要组成部分，通常也称它为认证中心。从广义上讲，认证中心还应该包括证书申请注册机构(Registration Authority，RA)，它是数字证书的申请注册、证书签发和管理机构。

CA 的主要职责包括：

(1) 验证并标识证书申请者的身份。CA 要对证书申请者的信用度、申请证书的目的、身份的真实可靠性等问题进行审查，确保证书与身份绑定的正确性。

(2) 确保 CA 用于签名证书的非对称密钥的质量和安全性。为了防止被破译，CA 用于签名的私钥长度必须足够长并且私钥必须由硬件卡产生，私钥不出卡。

(3) 管理证书信息资料。管理证书序号和 CA 标识，确保证书主体标识的唯一性，防止证书主体名字的重复。在证书使用中确定并检查证书的有效期，保证不使用过期或已作废的证书，确保网上交易的安全性。发布和维护作废证书列表 CRL，因某种原因证书要作废，就必须将其作为“黑名单”发布在证书作废列表中，以供交易时在线查询，防止交易风险。对已签发证书的使用全过程进行监视跟踪，作全程日志记录，以备发生交易争端时提供公正依据，参与仲裁。

由此可见，CA 是保证电子商务、电子政务、网上银行、网上证券等交易的权威性、可信任性和公正性的第三方机构。

2) 证书和证书库

证书是数字证书或电子证书的简称，它符合 X.509 标准，是网上实体身份的证明。证书是由具备权威性、可信任性和公正性的第三方机构签发的，因此，它是权威性的电子文档。

证书库是 CA 颁发证书和撤销证书的集中存放地，它像网上的“白页”一样，是网上的公共信息库，可供公众进行开放式查询。一般来说，查询的目的有两个：其一是想得到与之通信实体的公钥；其二是要验证通信对方的证书是否已进入“黑名单”。证书库支持分布式存放，即可以采用数据库镜像技术，将 CA 签发的证书中与本组织有关的证书和证书作废列表存放到本地，以提高证书的查询效率，减少向总目录查询的瓶颈。

3) 密钥备份及恢复

密钥备份及恢复是密钥管理的主要内容，若用户由于某些原因将解密数据的密钥丢失，则其已被加密的密文就无法解开。为避免这种情况的发生，PKI 提供了密钥备份与密钥恢复机制：当用户证书生成时，加密密钥即被 CA 备份存储；当需要恢复时，用户只需向 CA 提出申请，CA 就会为用户自动进行恢复。

4) 密钥和证书的更新

证书是有有效期的，这种规定在理论上是基于当前非对称算法和密钥长度的可破译性分析；在实际应用中是由于长期使用同一个密钥有被破译的危险。因此，为了保证安全，证书和密钥必须有一定的更换频度。为此，PKI 对已发的证书必须有一个更换措施，这个过程称为“密钥更新或证书更新”。

证书更新一般由 PKI 系统自动完成，不需要用户干预。即在用户使用证书的过程中，PKI 也会自动到目录服务器中检查证书的有效期，在有效期结束之前，PKI/CA 会自动启动更新程序，生成一个新证书来代替旧证书。

5) 证书历史档案

从以上密钥更新的过程不难看出，经过一段时间后，每一个用户都会形成多个旧证书和至少一个当前新证书。这一系列旧证书和相应的私钥就组成了用户密钥和证书的历史档案。

记录整个密钥历史是非常重要的。例如，某用户几年前用自己的公钥加密的数据或者其他人用自己的公钥加密的数据无法用现在的私钥解密，那么该用户就必须从他的密钥历史档案中查找到几年前的私钥来解密数据。

6) 客户端软件

为方便客户操作，解决 PKI 的应用问题，在客户端装有客户端软件，以实现数字签名、加密传输数据等功能。此外，客户端软件还负责在认证过程中查询证书和相关证书的撤销信息以及进行证书路径处理、对特定文档提供时间戳请求等。

7) 交叉认证

交叉认证就是多个 PKI 域之间实现互操作。交叉认证实现的方法有多种：一种方法是桥接 CA，即用一个第三方 CA 作为桥，将多个 CA 连接起来，成为一个可信任的统一体；

另一种方法是多个 CA 的根 CA(RCA)互相签发根证书，这样当不同 PKI 域中的终端用户沿着不同的认证链检验认证到根时，就能达到互相信任的目的。

4. PKI 的相关标准

PKI 的标准可分为两个部分：一类用于定义 PKI，而另一类用于 PKI 的应用，下面主要介绍定义 PKI 的标准。

(1) ASN.1 基本编码规则的规范 X.209(1988)。ASN.1 是描述在网络上传输信息格式的标准方法。它分为两部分：第一部分(ISO 8824/ITU X.208)描述信息内的数据、数据类型及序列格式，也就是数据的语法；第二部分(ISO 8825/ITU X.209)描述如何将各部分数据组成消息，也就是数据的基本编码规则。这两个协议除了在 PKI 体系中被应用外，还被广泛应用于通信和计算机的其他领域。

(2) 目录服务系统标准 X.500(1993)。X.500 是一套已经被国际标准化组织接受的目录服务系统标准，它定义了一个机构如何在全局范围内共享其名字和与之相关的对象。X.500 是层次性的，其中的管理域(机构、分支、部门和工作组)可以提供这些域内的用户和资源信息。在 PKI 体系中，X.500 被用来唯一标识一个实体，该实体可以是机构、组织、个人或一台服务器。X.500 被认为是实现目录服务的最佳途径，但 X.500 的实现需要较大的投资，并且比其他方式速度慢，但其优势是具有信息模型、多功能和开放性。

(3) LDAP 轻量级目录访问协议 LDAP V3。LDAP 规范(RFCl487)简化了笨重的 X.500 目录访问协议，并且在功能性、数据表示、编码和传输方面都进行了相应的修改，1997 年，LDAP 第 3 版成为互联网标准。目前，IDAP V3 已经在 PKI 体系中被广泛应用于证书信息发布、CA 政策以及与信息发布相关的各个方面。

(4) 数字证书标准 X.509(1993)。X.509 是由国际电信联盟(ITU-T)制定的数字证书标准。在 X.500 确保用户名称唯一性的基础上，X.509 为 X.500 用户名称提供了通信实体的鉴别机制并规定了实体鉴别过程中广泛适用的证书语法和数据接口。X.509 的最初版本公布于 1988 年，由用户公开密钥和用户标识符组成，此外，还包括版本号、证书序列号、CA 标识符、签名算法标识、签发者名称和证书有效期等信息。

(5) OCSP 在线证书状态协议。OCSP(Online Certificate Status Protocol)是 IETF 颁布的用于检查数字证书在某一交易时刻是否仍然有效的标准。该标准提供给 PKI 用户一条方便快捷的数字证书状态查询通道，使 PKI 体系能够更有效、更安全地在各个领域中被广泛应用。

(6) PKCS 系列标准。PKCS 是南美 RSA 数据安全公司及其合作伙伴制定的一组公钥密码学标准，其中包括证书申请、证书更新、证书作废表发布、扩展证书内容以及数字签名、数字信封的格式等方面的一系列相关协议。

5. PKI 的应用

PKI 提供的安全服务恰好能满足电子商务、电子政务、网上银行、网上证券等金融业交易的安全需求，是确保这些活动顺利进行必备的安全措施。下面列举 PKI 在这些方面的应用情况。

1) 电子商务应用

电子商务的参与方一般包括买方、卖方、银行和作为中介的电子交易市场。买方通过自己的浏览器上网，登录到电子交易市场的 Web 服务器并寻找卖方。当买方登录服务器时，互相之间需要验证对方的证书以确认其身份，这称为双向认证。

在双方身份被互相确认以后，建立起安全通道，并进行讨价还价，之后向商场提交订单。订单里有两种信息：一部分是订货信息，包括商品名称和价格；另一部分是提交银行的支付信息，包括金额和支付账号。买方对这两种信息进行“双重数字签名”，分别用商场和银行的证书公钥加密上述信息。当商场收到这些交易信息后，留下订货单信息，而将支付信息转发给银行。商场只能用自己专有的私钥解开订货单信息并验证签名。同理，银行只能用自己的私钥解开加密的支付信息、验证签名并进行划账。银行在完成划账以后，通知起中介作用的电子交易市场、物流中心和买方，并进行商品配送。整个交易过程都是在 PKI 所提供的安全服务之下进行，实现了安全、可靠、保密和不可否认性。

2) 电子政务应用

电子政务包含的主要内容有网上信息发布、办公自动化、网上办公、信息资源共享等。按应用模式也可分为 G2C、G2B、G2G，PKI 在其中的应用主要是解决身份认证、数据完整性、数据保密性和不可抵赖性等问题。

例如，一个保密文件发给谁或者哪一级公务员有权查阅某个保密文件等，这些都需要进行身份认证，与身份认证相关的还有访问控制，即权限控制。认证通过证书进行，而访问控制通过属性证书或访问控制列表(ACL)完成。有些文件在网络传输中要加密以保证数据的保密性；有些文件在网上传输时要求不能被丢失和篡改；特别是一些保密文件的收发必须要有数字签名等。只有 PKI 提供的安全服务才能满足电子政务中的这些安全需求。

3) 网上银行

网上银行是指银行借助于互联网技术向客户提供信息服务和金融交易服务。银行通过互联网向客户提供信息查询、对账、网上支付、资金划转、信贷业务、投资理财等金融服务。网上银行的应用模式有 B2C 个人业务和 B2B 对公业务两种。

网上银行的交易方式是点对点的，即客户对银行。客户浏览器端装有客户证书，银行服务器端装有服务器证书。当客户上网访问银行服务器时，银行端首先要验证客户端证书，检查客户的真实身份，确认是否为银行的真实客户；同时服务器还要到 CA 的目录服务器，通过 LDAP 协议查询该客户证书的有效期和是否进入“黑名单”；认证通过后，客户端还要验证银行服务器端的证书。双向认证通过以后，建立起安全通道，客户端提交交易信息，经过客户的数字签名并加密后传送到银行服务器，由银行后台信息系统进行划账，并将结果进行数字签名返回给客户端。这样就做到了支付信息的保密性和完整性以及交易双方的不可否认性。

4) 网上证券

网上证券广义地讲是证券业的电子商务，它包括网上证券信息服务、网上股票交易和网上银证转账等。一般来说，在网上证券应用中，股民为客户端，装有个人证书，券商服务器端装有 Web 证书。在线交易时，券商服务器只需要认证股民证书，验证是否为合法股民，是单向认证过程，认证通过后，建立起安全通道。股民在网上的交易提交同样要进行数字签名，网上信息要加密传输，券商服务器收到交易请求并解密，进行资金划账并做数字签名，将结果返回给客户端。

4.3.2　认证机构CA

CA是在PKI基础之上产生和确定数字证书的第三方可信机构(Trusted Third Party)，是数字证书认证中心的简称，是发放、管理、废除数字证书的机构。CA的作用是检查证书持有者身份的合法性，并签发证书(在证书上签字)，以防证书被伪造或篡改，以及对证书和密钥进行管理。CA具有权威性、可信赖性及公正性。CA为每个使用公钥的用户发放一个数字证书，其作用是证明证书中列出的用户合法拥有证书中列出的公钥。经过CA数字签名，攻击者不能伪造和篡改证书，CA负责吊销证书、发布证书吊销列表(CRL)，负责产生、分配和管理网上实体所需的数字证书。

作为第三方而不是简单的上级，就必须能让信任者有追究自己责任的能力。CA通过证书证实他人的公钥信息，证书上有CA的签名。用户如果因为信任证书而导致了损失，证书可以作为有效的证据用于追究CA的法律责任。正是因为CA愿意给出承担责任的承诺，所以也被称为可信第三方。在很多情况下，CA与用户是相互独立的实体，CA作为服务提供方，有可能因为服务质量问题(例如，发布的公钥数据有错误)而给用户带来损失。

1. CA的组成和功能

1) CA认证体系的组成

CA认证体系包括如下几个部分：

一是CA，负责产生和确定用户实体的数字证书。

二是审核授权部门RA，审查证书申请者的资格，决定是否同意给申请者发放证书，同时承担资格审核错误引起的一切后果。

三是证书操作部门CP(Certification Processor)，为已授权用户制作、发放和管理证书，并承担运营错误产生的一切后果，包括失密和为没有授权的人发放证书等，可由RA或第三方担任。

四是密钥管理部门KM，负责产生实体加密密钥对，提供解密私钥托管服务。

五是证书存储池(Dir)，包括网上所有的证书目录。

在CA认证体系中，各组成部分彼此之间的认证关系如下：

(1) 用户与RA之间：用户将自己身份信息提交RA，请求RA审核；RA审核后，安全地将该信息转发给CA。

(2) RA与CA之间：RA以安全可靠的方式把用户身份识别信息传送给CA。CA以安全可行的方式将用户数字证书传送给RA或直接传送给用户。

(3) 用户与Dir之间：用户可以在Dir中查询、撤销证书列表和数字证书。

(4) Dir与CA之间：CA将自己产生的数字证书直接传送给目录Dir，登记在目录中，在目录中登记数字证书要求用户鉴别和访问控制。

(5) 用户与KM之间：KM接受用户委托，代表用户生成加密密钥对；用户所持证书的加密密钥必须委托KM生成；用户可以申请解密私钥恢复服务；KM为用户提供解密私钥恢复服务。用户解密私钥必须统一在KM托管。

(6) CA与KM之间：二者之间用通信证书来保证安全性。通信证书是CA与KM、上级或下级CA进行通信时使用的计算机设备证书，这些专用设备必须安装CA发布的专用通信证书、KM或上级下级认证机构专用通信计算机设备所持有的通信密钥证书和认证机构的根证书。

2) CA的职责

CA至少担负以下几项具体的职责：

(1) 验证并标识公开密钥信息提交认证的实体的身份；

(2) 确保用于产生数字证书的非对称密钥对的质量；

(3) 保证认证过程和用于签名公开密钥信息的私有密钥的安全；

(4) 确保两个不同的实体未被赋予相同的身份，以便把它们区别开来；

(5) 管理包含于公开密钥信息中的证书材料信息，例如数字证书序列号、认证机构标识等；

(6) 维护并发布撤销证书列表；指定并检查证书的有效期；

(7) 通知在公开密钥信息中标识的实体数字证书已经发布；

(8) 记录数字证书产生过程的所有步骤。

3) CA的功能

CA的主要功能包括：

(1) 签发数字证书；

(2) 管理下级审核注册机构；

(3) 接受下级审核注册机构的业务申请；

(4) 维护和管理所有证书目录服务；

(5) 向密钥管理中心申请密钥；

(6) 实体鉴别密钥器的管理等。

2. CA自身证书的管理

CA自身证书的管理功能主要包括以下内容：

(1) 自身证书的查询。PKI CA具有报表功能，它能够在CA中产生一个用户清单，用户可以使用这一工具对所有CA的证书和状态进行查询。

(2) CRL查询。通过特定的应用程序和工具包，可以访问CRL。

(3) 查询操作日志。PKI 安装了审计跟踪文件，提供了一个非常广泛的存档和审计能力，用于记录涉及认证的所有日常交易，包括管理员注册和注销以及用户初始化等。每个审计记录是自动创建的，管理员可以查询所有审计记录，但不能修改。

(4) 统计报表输出。PKI 提供了创建报表的灵活方法，包括固定格式和自定义格式的报表。这些报表内容可以是统计各类用户表单，或有关用户密钥恢复的信息等。

3. CA对用户证书的管理

如果用户想得到一份证书，他首先需要向CA提出申请。CA对申请者的身份进行认证后，由用户或CA生成一对密钥，私钥由用户妥善保存，CA将公钥与申请者的相关信息绑定并签名，形成证书发给申请者。如果用户想验证CA签发的另一个证书，可以用CA的公钥对此证书上的签名进行验证，一旦验证通过，该证书就认为是有效的。CA除了签发证书，还负责证书和密钥的管理。

4. 密钥管理和KMC

密钥管理是数据加密技术中的重要一环，密钥管理的目的是确保密钥的安全性。一个好的密钥管理系统应该做到：密钥难以被窃取；在一定条件下窃取了密钥也没有用，密钥有使用范围和时间的限制；密钥的分配和更换过程对用户透明，用户不一定要亲自掌管密钥。 密钥管理中心(Key Management Center，KMC)向CA服务提供相关密钥服务，如密钥生成、密钥存储、密钥备份、密钥恢复、密钥更新和密钥销毁等，如图4-13所示。

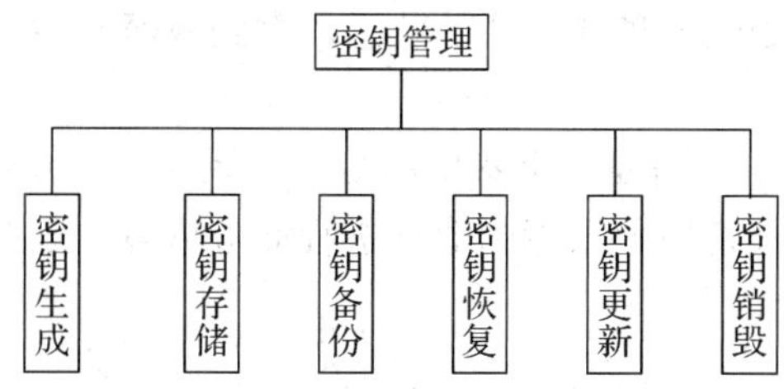

图4-13 密钥管理中心组成

1) 密钥生成

KMC 职能是为用户产生加密密钥对、提供解密私钥的托管服务，加密密钥对是在独立设备中产生的，支持在线生成和离线密钥池方式。

(1) 认证机构将证书序列号、法人实体的验证签名公钥、法人相关信息提交给KMC，请求KMC代法人产生加密密钥对。密钥生成请求信息包括：法人永久性ID；实体鉴别密码器m；证书服务编号；密钥长度。

(2) KMC在收到认证机构提交的密钥对产生请求后立即产生加密密钥对。

(3) KMC 向 CA 中心返回处理结果，包括加密公钥、经加密的解密私钥、KMC 对密钥对的签名。

密钥对的产生有两种方式：签名密钥使用者自己产生，只有使用者自己知道密钥，不会泄漏给第三者。在CA中心产生加密密钥，在实体的保护下将密钥交给使用者，并将产生密钥有关的数据及密钥本身销毁。

当用户证书生成后，用户信息通过 RA 上传到 KMC，与加密密钥一起存到当前库进行托管保存，以便以后进行查询和恢复操作。所有的托管密钥都必须以分割和加密的方式保存在密钥数据库服务器中。

2) 密钥存储

双证书绑定同一个用户，其私钥保存硬件介质，签名证书私钥是用户自己产生的。信任方可以相信，证书中包含的公钥验证的信息确系证书所绑定的实体签名，保证信息的完整性和不可抵赖性。

加密证书私钥由KMC产生，在该机构数据库中备份了用户私钥，实现用户密钥托管。用户和KMC都拥有用户加密证书所对应的私钥。

用户本地存储私钥，口令加密保存；当需要使用私钥时，输入口令对话框，读取相应私钥进行相应的操作。用户公钥明文和用户信息存储在一个数据表中，私钥经过加密、采用根CA公钥进行加密，存储于另一表中；其读取应输入相应管理员口令，公钥与私钥可以通过ID进行联系。

3) 密钥传输

用户提交申请信息，同时在用户端产生签名公钥与私钥，公钥经过加密上传 CA 中心，经审核后产生双证书；使用该用户的签名公钥进行加密返回用户，返回方式以使用网站挂起或用户邮箱进行发送。

4) 密钥备份

(1) 冷备(Cold Standby)：定期对生产系统数据库进行备份，并将备份数据存储在磁盘等介质上。备份数据平时处于一种非激活的状态，直到故障发生，导致生产系统数据库不可用才激活。

(2) 热备(Warm Standby)：需要一个备用的数据库系统。与冷备相似，只不过当生产系统数据库发生故障时，通过备用数据库的数据进行业务恢复。因此，热备的恢复时间比冷备大大缩短。

5) 密钥和证书的更新

证书更新的过程和证书签发非常相似，因为用户只是更新证书，在申请证书时已经通过审核，在证书更新时不再需要审核过程。

(1) CA 根据实际需要对新旧证书的有效期限制定自己的策略。前后证书的期限可以重叠或不重叠。若允许有效期重叠，可以避免 CA 可能在同一失效期限，必须重新签发大量证书的问题。

(2) 已逾期证书需从目录服务中删除。CA 提供不可否认服务，需将旧证书保存一段时间，以备将来有争议时，验证签名、解决争议之用。

6) 查询

OCSP 是一个简单的请求/响应协议，使得客户端应用程序可以测定所需验证证书体系的状态。一个 OCSP 客户端发送一个证书状态查询给一个 OCSP 响应器，等待响应器返回一个响应。

协议对 OCSP 客户端和 OCSP 响应器之间需要交换的数据进行描述。OCSP 请求包含协议版本、服务请求、目标证书标识和可选的扩展项等。 OCSP 响应器对收到的请求返回一个响应；OCSP 响应器返回出错信息时，该响应不用签名；响应器返回确定的回复，该响应必须进行数字签名。每一张被请求证书的回复中包含证书状态值，如正常、撤销、未知。“正常”状态表示证书没有被撤销，“撤销”状态表示证书已被撤销，“未知”状态表示响应器不能判断请求的证书状态。

7) 注销

当有一些特殊状况时，CA 必须停用某些证书，注销此证书。例如，使用者在证书有效期未满之前，自觉其密钥不安全，或是 CA 对此使用者已丧失管辖权等状况，必须注销此证书。

证书注销主要是改变用户证书在 CA 数据库中的状态，将证书正常有效的状态改变为撤销的状态，同时从证书发布表中将该证书项删除，在证书撤销列表(CRL)中增加该证书项即完成了该证书的撤销。

下载根证书用户发送个人信息，产生签名公钥、私钥。私钥经过用户口令加密后在本地保存，公钥经过 CA 根证书加密后，对用户信息审核，审核未通过信息保存到数据失败列表，审核通过信息发送到 KMC。离线产生加密公私钥对，进行公私钥存储：公钥与用户信息明文存储，私钥加密存储；查找通过口令和 ID 进行备份：用户签名公钥、用户信息以及用户的加密公钥一起存储，加密密钥通过根证书加密以后备份于另一数据表中，加密密钥使用用户个人公钥加密后返回给用户。网站上挂起、发送用户邮箱，用户使用硬件自己在中心取得吊销证书、查询证书状态、更改数据表、生成吊销列表、密钥恢复、读取备份、恢复密钥原系统，查询功能基本完成。对证书不了解的用户，注销时，向 CA 中心发送签名密钥，由根证书公钥自动完成加密操作，用户查询其他用户公钥并下载时，使用户在中心存储的加密公钥进行加密，防止公钥在传输过程中被篡改。证书注销流程如图 4-14 所示。

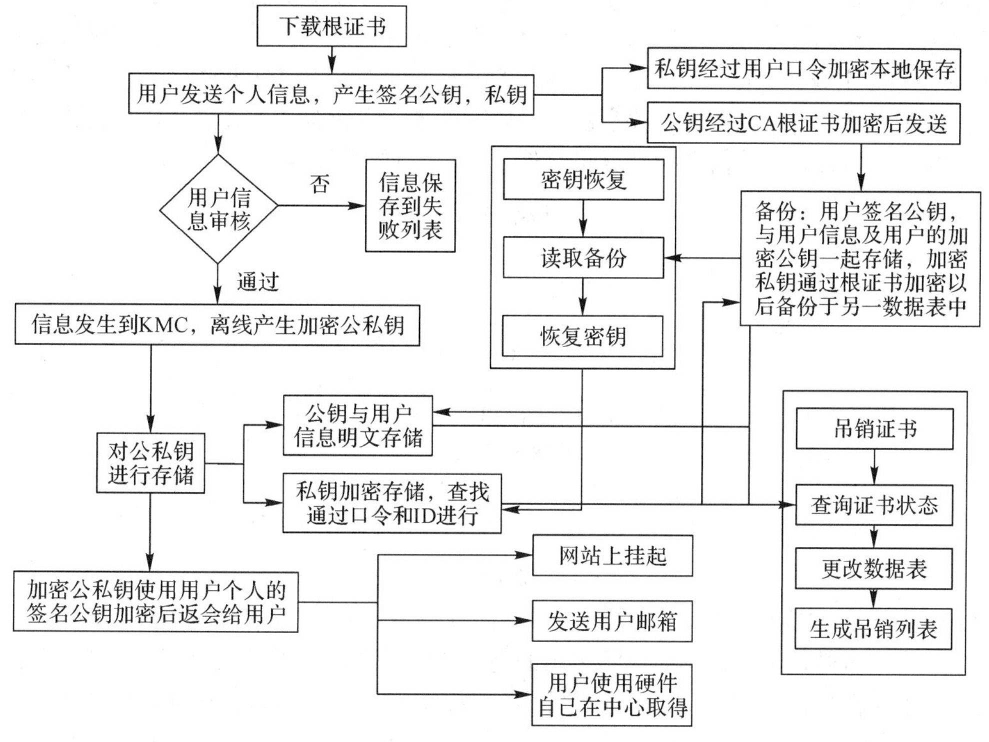

图 4-14　证书注销的流程

5. 时间戳服务

时间戳是一个具有法律效力的电子凭证，是各种类型电子文件在时间、权属及内容完整性方面的证明。时间戳能证明用户在什么时间拥有一个什么样的电子文件。

时间戳主要用在商业秘密保护、工作文档的责任认定、著作权保护、原创作品、软件代码、发明专利、学术论文、试验数据、电子单据等方面。时间戳颁发必须由可信第三方时间戳服务机构提供可信赖的且不可抵赖的时间戳服务，其产生的时间戳具有法律效力。联合信任时间戳服务中心(Time Stamp Authority，TSA)是指由国家授时中心与联合信任共同建设的权威第三方时间戳服务机构。

时间戳服务是 TSA 通过我国法定时间源和现代密码技术结合而提供的一种第三方服务，时间戳证明数据电文产生的时间及内容完整性，解决了数据电文的内容和时间易被人为篡改、证据效力低、当事人举证困难的问题，按照《中华人民共和国电子签名法》规定，加盖时间戳的数据电文可以作为有效法律证据，达到“不可否认”或“抗抵赖”的目的。

4.3.3　数字证书

1. 数字证书的概念

在使用公钥体制的环境中，如何保证验证者得到的公钥是真实的？一个切实可行的办法是使用数字证书。《现代汉语词典》解释，证书是由机关、学校、团体等颁发的证明资格或权力等文件。我们在生活中证明一个人真实身份的办法是查验由公安机关为其颁发的身份证。数字证书也称公钥证书，是一个经证书授权中心数字签名的包含公开密钥拥有者信息以及公开密钥的文件。可信机构在详细核实用户身份后，利用自己的私钥对核实的内容 m 进行签名生成 S，(m，S)即为证书持有者的数字证书。数字证书还有一个重要的特征就是只在特定的时间段内有效。数字证书本质上就是一个包含了主体名、主体公钥、序列号、签发机构和有效期等信息的计算机文件，如图 4-15 所示。

数字证书
主体名：peng
公钥：peng的公钥
序列号：2047106
签发机构：Alipay.com CA
……
有效起始日期：2018年9月1日
有效终止日期：2019年9月1日
某某CA认证中心
该CA的数字签名

图 4-15　数字证书示意图

证书中 m 的内容一般包含持有者、持有者公钥、签发者、签发者使用的签名算法标识、证书序列号和有效期限等，目前广泛采用的是 X.509 标准，如图 4-16 所示。X.509 公钥证书的含义非常简单，即证明持有者公钥的真实性。在许多应用领域，比如电子政务、电子商务，需要的信息远不止身份信息，尤其是当交易双方以前彼此没有过任何关系的时候。在这种情况下，关于一个人的权限或者属性信息远比其身份信息更为重要。为了使附加信息能够保存在证书中，X.509 v4 引入了公钥证书扩展项，这种证书扩展项可以保存任何类型的附加数据，以满足应用的需求。

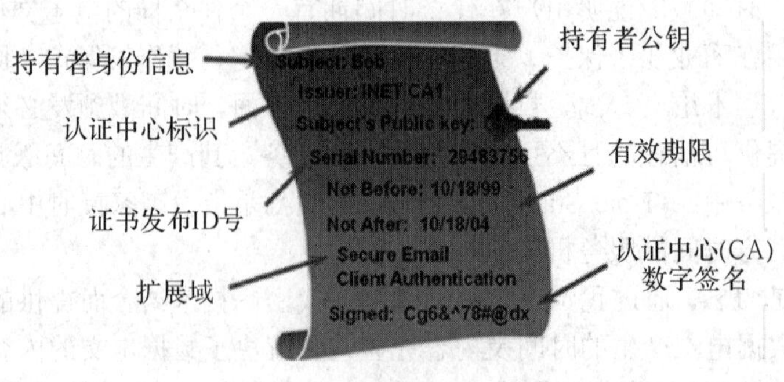

图 4-16　证书中 m 的内容

2. 数字证书的生成原理

主体将其身份信息和公钥以安全的方式提交给 CA 认证中心，CA 用自己的私钥对主体的公钥和身份 ID 的混合体进行签名，将签名信息附在公钥和身份 ID 等信息后，这样就生成了一张证书，它主要由公钥、身份 ID 和 CA 的签名三部分组成。数字证书生成原理如图 4-17 所示。

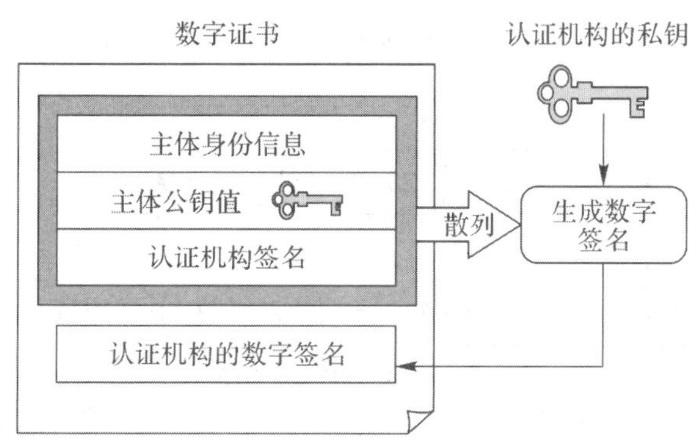

图 4-17　数字证书生成原理

3. 数字证书的生成和验证

数字证书的生成过程一般包含两个步骤，如图 4-18 所示。

(1) 密钥对的生成。用户可以使用某种软件随机生成一对公钥和私钥。

(2) 注册机构 RA 验证。

首先 RA 要验证用户的身份信息是否合法并有资格申请证书，如果用户已经在该 CA 申请过证书了，则不允许重复申请。其次必须检查用户持有证书请求中公钥所对应的私钥，这样可表明该公钥确实是用户的。

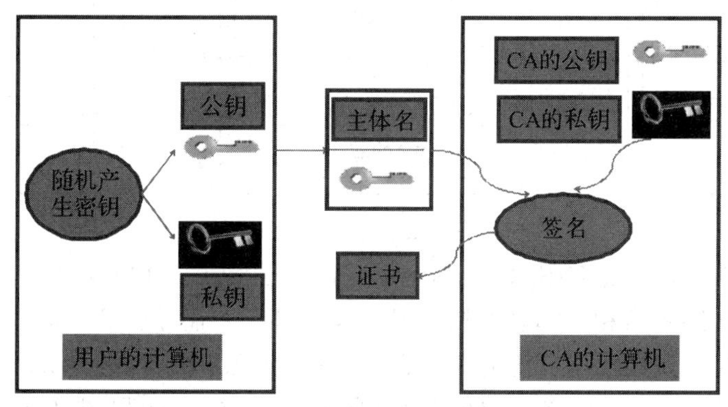

图 4-18　数字证书生成过程

数字证书在验证过程中必须做到两点：

一是验证该数字证书是否真实有效。数字证书必须是真实的，没有被篡改或伪造。

二是检查颁发该证书的 CA 是否可以信任。颁发证书的机构必须是某个可以信任的权威机构。

大型公钥基础设施往往包含多个 CA，当一个 CA 相信其他的公钥证书时，也就信任该 CA 签发的所有证书。多数 PKI 中的 CA 是按照层次结构组织在一起的，如图 4-19 所示，在一个 PKI 中，只有一个根 CA，通过这种方式，用户总可以通过根 CA 找到一条连接任意一个 CA 的信任路径。如果验证者收到某主体的数字证书，发现该证书和其自身的证书是同一 CA 颁发的，则验证者可以信任该主体的证书，因为验证者信任自己的 CA，而且已经知道自己 CA 的公钥，可以用该公钥去验证该主体的证书。如果验证者的数字证书是另一个 CA 颁发的，则可以通过该证书的证书链来解决。

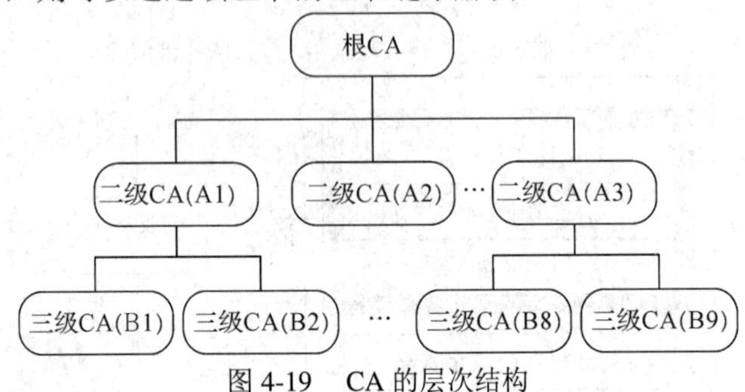

图 4-19　CA 的层次结构

如果所有级别的证书验证都通过，就可以断定某主体的证书确实是从根 CA 一级一级认证下来的，从而是可信的。这是因为：

(1) 用户的证书验证通过就表明该证书是真实可信的，前提是颁发该证书的 CA 可信。

(2) 一个 CA 的证书验证通过就表明该 CA 是合法可信的，前提是它的上级 CA 可信。

因此，在根 CA 可信的前提下，所有 CA 和用户的证书验证通过就意味着所有 CA 是合法可信的，并且用户的证书也是真实可信的，证书路径如图 4-20 所示。

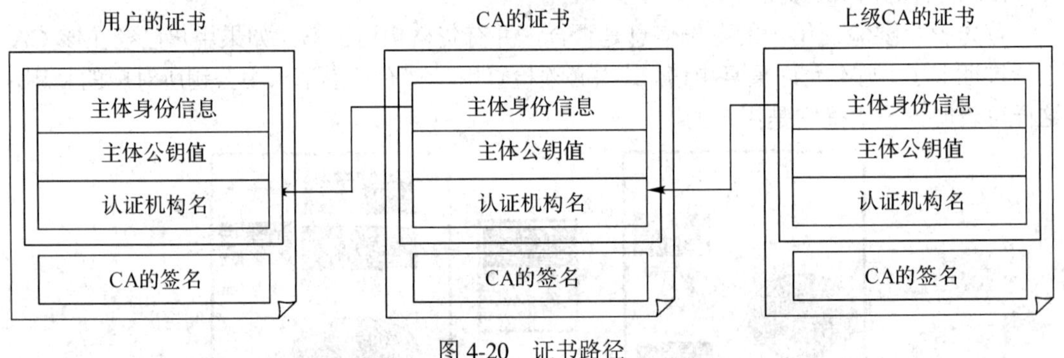

图 4-20　证书路径

根 CA 证书是一种自签名(Self-signed Certificate)证书，即根 CA 对自己的证书签名，因此这个证书的颁发者名和主体名都指向根 CA。如果认证两方在不同的国家，他们的证书连根 CA 都不相同，这就需要使用交叉证书(Cross-certification)进行认证，即根 CA 之间互相给对方颁发证书。如果两个证书的根 CA 不相同，并且它们的根 CA 之间也没有进行任何形式的交叉认证，即这两个根 CA 之间没有任何联系，在这种情况下双方是无法认证对方证书的有效性的，这时只能由用户主观选择是否信任对方的证书。

4. 数字证书的类型

基于数字证书的应用角度分类，数字证书可以分为以下几种：

1) 服务器证书

服务器证书被安装于服务器设备上，用来证明服务器的身份和进行通信加密。服务器证书可以用来防止欺诈钓鱼站点。在服务器上安装服务器证书后，客户端浏览器可以与服务器证书建立 SSL 连接，在 SSL 连接上传输的任何数据都会被加密。同时，浏览器会自动验证服务器证书是否有效，验证所访问的站点是否是假冒站点，服务器证书保护的站点多被用来进行密码登录、订单处理和网上银行交易等。

SSL 证书主要用于服务器(应用)的数据传输链路加密和身份认证，绑定网站域名，不同的产品对于不同价值的数据要求不同的身份认证。

最新的高端 SSL 证书产品是扩展验证(EV)SSL 证书。在 IE7.0、FireFox3.0、Opera 9.5 等新一代高安全浏览器下，使用扩展验证 VeriSign(EV)SSL 证书的网站浏览器地址栏会自动呈现绿色，从而清晰地告诉用户正在访问的网站是经过严格认证的。

SSL 证书还有企业型 SSL 证书(OVSSL)及域名型 SSL 证书(DVSSL)。

2) 电子邮件证书

电子邮件证书可以用来证明电子邮件发件人的真实性。它并不证明数字证书上面 CN 一项所标识的证书所有者姓名的真实性，它只证明邮件地址的真实性。

收到具有有效电子签名的电子邮件，我们除了能相信邮件确实由指定邮箱发出外，还可以确信该邮件从被发出后没有被篡改过。

另外，使用接收的邮件证书，我们还可以向接收方发送加密邮件。该加密邮件可以在非安全网络传输，只有接收方的持有者才可能打开该邮件。

3) 个人证书

客户端证书主要被用来进行身份验证和电子签名。安全的客户端证书被存储于专用的 USB Key 中。存储于 Key 中的证书不能被导出或复制，且 Key 使用时需要输入 Key 的保护密码。使用该证书需要物理上获得其存储介质 USB Key，且需要知道 Key 的保护密码，这也被称为双因子认证。这种认证手段是目前在 Internet 最安全的身份认证手段之一。

数字证书在广义上可分为个人数字证书、单位数字证书、单位员工数字证书、服务器证书、VPN 证书、WAP 证书、代码签名证书和表单签名证书。

4.4 安全认证协议

一般的网络协议都没有考虑安全性需求，这就带来了互联网的许多攻击行为，如窃取信息、篡改信息、假冒等。为保证网络传输和应用的安全，出现许多运行在基础网络协议上的安全协议以增强网络协议的安全。下面介绍几种常用网络安全协议。

4.4.1 安全套接层协议 SSL

安全套接层协议(Secure Sockets Layer， SSL)是由网景(Netscape)公司于 1994 年推出的一套基于 Web 应用的 Internet 安全协议，该协议基于 TCP/IP 协议，提供浏览器和服务器之间的鉴别和安全通信。SSL 协议分为两层：SSL 握手协议和 SSL 记录协议，如图 4-21 所示。SSL 握手协议用于通信双方的身份认证和密钥协商，SSL 记录协议用于加密传输数据和对数据完整性的保证。

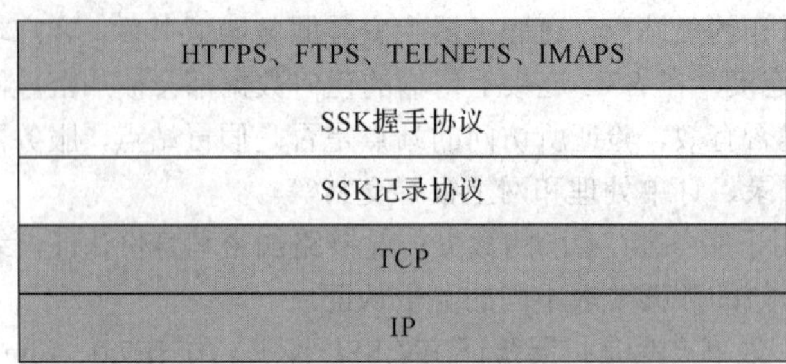

图 4-21　SSL 在 TCP/IP 协议栈中所处层次

SSL 协议提供的基本的安全服务为：

(1) 身份认证：在浏览器和服务器进行通信之前，必须先验证对方的身份。SSL 利用数字证书和可信的第三方 CA，让客户机和服务器相互识别对方的身份并进行密钥交换。

(2) 秘密性：SSL 客户机和服务器之间通过密码算法和密钥的协商，建立起一个安全通道，以后在安全通道中传输的所有信息都将经过加密处理。

(3) 完整性：SSL 利用密码算法和散列函数，通过对传输信息提取散列值的方法来保证传输信息的完整性。

SSL 协议的工作过程分为两步，第一步是 SSL 握手协议，客户端和服务器通过数字证书相互认证对方的身份，并利用数字证书来进行对称密钥和求消息鉴别码 MAC 的密钥分配。第二步是 SSL 记录协议，用第一步产生的对称密钥加密通信双方传输的所有数据，并用求 MAC 的密钥对传输的信息求消息鉴别码。这样就实现了身份认证、机密性和完整性三项安全服务，但 SSL 不能实现不可否认性。

SSL 协议的优点是：

(1) SSL 设置简单、成本低，银行和商家无须大规模系统改造；

(2) 凡构建于 TCP/IP 协议簇上的 C/S 模式需进行安全通信时都可使用，持卡人想进行电子商务交易时，无须在自己的计算机上安装专门软件，只要浏览器支持即可；

(3) SSL 在应用层协议通信前就已完成加密算法、通信密钥的协商及服务器认证工作，此后应用层协议所传送的所有数据都会被加密，从而保证通信的安全性。

其缺点是：

(1) SSL 除了传输过程外不能提供任何安全保证；

(2) 不能提供交易的不可否认性；

(3) 客户认证是可选的，所以无法保证购买者就是该信用卡的合法拥有者；

(4) SSL 不是专为信用卡交易而设计的，在多方参与的电子交易中，SSL 协议并不能协调各方的安全传输和信任关系。

4.4.2　安全电子交易协议 SET

SET 协议是指为了实现更加完善的即时电子支付应运而生的。SET (Secure Electronic Transaction) 协议，又称为安全电子交易协议，是由 Master Card 和 Visa 联合 Netscape、Microsoft 等公司，于 1997 年 6 月 1 日推出的一种新的电子支付模型。SET 协议是 B2C 上基于信用卡支付模式而设计的，它保证了开放网络上使用信用卡进行在线购物的安全。

SET 主要是为了解决用户、商家和银行之间通过信用卡的交易而设计的，它具有保证交易数据的完整性、交易的不可抵赖性等种种优点，因此成为目前公认的信用卡网上交易的国际标准。

SET 协议的主要目标包括以下几方面：

(1) 保证信息在 Internet 上安全传输，SET 能确保网络上传输信息的机密性及完整性。

(2) 解决多方身份认证的问题，SET 提供对交易各方(包括持卡人、商家、收单银行)的身份认证。

(3) 保证电子商务各方参与者信息的隔离，客户的资料加密或打包后经过商家到达银行，但商家看不到客户的账号和口令信息，保证了客户账户的安全和个人隐私。

(4) 保证网上交易的实时性，使所有的支付过程都是在线的。

(5) 规范协议和消息格式，使不同厂家基于 SET 协议开发的软件具有兼容性和互操作性，允许在任何软、硬件平台上运行，这些规范保证了 SET 协议能够被广泛应用。

(6) 实现可推广性。

SET 系统的主要参与者包括用户、商家、银行和 CA 等，如图 4-22 所示。

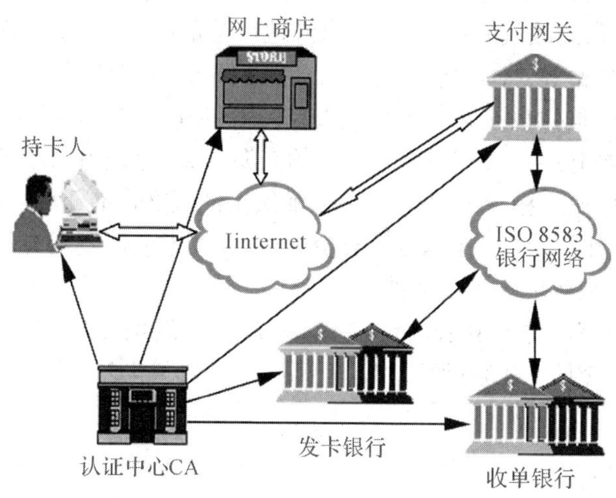

图 4-22 SET 系统的参与者

SET 协议的工作流程如下：① 初始请求；② 初始应答；③ 购物请求；④ 商家发出支付授权请求；⑤ 支付网关发出支付授权请求；⑥ 发卡银行对支付授权请求应答；⑦ 支付网关向商家发送支付授权应答；⑧ 商家向持卡人发送购物应答；⑨ 持卡人接收并处理商家订单确认信息；⑩ 商家发货并结算。

SET 协议的特点有：

(1) 交易参与者的身份认证采用数字证书的方式来完成，同时交易参与者用其私钥对有关信息进行签名也验证了他是该证书的拥有者。

(2) 交易的不可否认性采用数字签名的方法实现，由于数字签名是由发送方的私钥产生的，而发送方私钥只有其本人知道，因此发送方不能对其发送过的交易信息进行抵赖。

(3) 用报文摘要算法(散列函数)来保证数据的完整性，从而确保交易数据没有遭到过篡改。

(4) 由于公钥加密算法的运算速度慢，SET 协议中普遍使用数字信封技术，用对称加密算法来加密交易数据，然后用接收方的公钥加密对称密钥，形成数字信封。

从上面的交易流程可以看出，SET 交易过程十分复杂，在完成一次 SET 协议交易过程中，需验证数字证书 9 次，验证数字签名 6 次，传递证书 7 次，签名 5 次，进行 4 次对称加密和非对称加密。通常完成一个 SET 协议交易过程大约要花费 1.5～2 分钟甚至更长时间。由于各地网络设施良莠不齐，因此，完成一个 SET 协议的交易过程可能需要耗费更长的时间。

4.4.3 互联网安全协议 IPSec

互联网安全协议(Internet Protocol Security，IPSec)是一个协议包，通过对 IP 协议的分组进行加密和认证来保护 IP 协议的网络传输协议族。

IPSec 是伴随着 IPv6 方案逐渐开发和实施的 Internet 安全性解决方案，力图在网络层对 Internet 的安全问题做出圆满的解决，是 IPv6 安全性方案的重要协议体系，对 Internet 未来的安全性起着至关重要的作用。所以，对于以 Internet 为物理基础的电子商务应用来说，在 IPSec 出现后，电子商务的安全子系统可以直接构建在 IPSec 体系结构之上。IPSec 对 IP 协议的安全性作的改进有：① 数据来源地址验证；② 无连接数据的完整性验证；③ 保证数据内容的机密性；④ 抗重放保护；⑤ 数据流机密性保证。

IPSec 可在三个不同的安全领域使用：虚拟专用网络(VPN)、应用级安全以及路由安全。

IPSec 协议的功能包括：① 认证 IP 报文的来源；② 保证 IP 数据包的完整性；③ 确保 IP 报文的内容在传输过程中未被读取；④ 确保认证报文没有重复；⑤实现不可否认性。发送方用私钥产生一个数字签名随消息一起发送，接收方使用发送方的公钥来验证签名。通过数字签名的方式来实现不可否认性。

IPSec 由一系列协议组成，IPSec 组件包括认证头协议(AH)和封装安全负载协议(ESP)、安全关联(SA)、密钥交换(IKE)及加密和认证算法等，如图 4-23 所示。

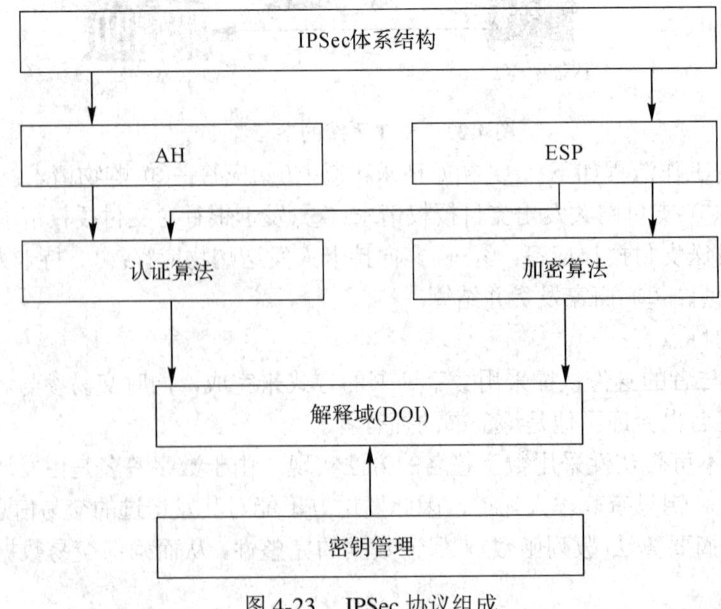

图 4-23 IPSec 协议组成

AH(Authentication Header)认证头协议提供数据源认证、数据完整性和重放保护。数据完整性由消息认证码MAC生成校验码实现，数据源认证由被认证的数据中共享的密钥实现，重放保护由AH中的序列号实现；ESP(Encapsulation Security Payload)封装安全负载协议除了数据源认证验证、数据完整性和重放保护外，还提供机密性。除非使用隧道，否则ESP通常只保护数据，而不保护IP报头。当ESP用于认证时，将使用AH算法，ESP和AH能够组合或嵌套；DOI(Domain of Interpretation)解释域将所有的IPSec协议捆绑在一起，是IPSec安全参数的主要数据库；密钥管理由网际密钥交换协议(Internet Key Exchange，IKE)和安全关联(Security Association，SA)实现。

IPSec的工作模式有传输模式和隧道模式两种，传输模式为上层协议(如TCP协议)提供保护，传输模式使用原始明文IP头，并且只加密数据；隧道模式为整个IP包提供安全保护，隧道模式通常使用在至少有一端是安全网关的架构中，例如，装有IPSec的路由器或防火墙，如图4-24所示。

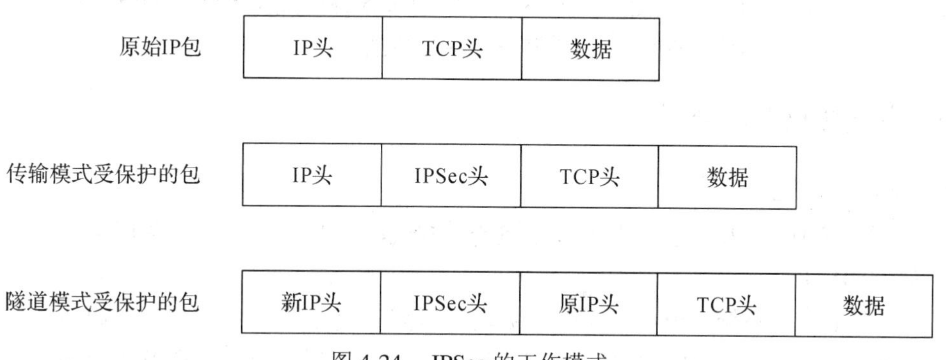

图4-24　IPSec的工作模式

4.4.4　安全超文本传输协议S-HTTP

安全超文本传输协议(Secure Hypertext Transfer Protocol，S-HTTP)是一个安全通信通道，它基于HTTP开发，用于在客户计算机和服务器之间交换信息。它使用安全套接字层(SSL)进行信息交换，简单来说它是HTTP的安全版，是使用TLS/SSL加密的HTTP协议。

HTTP协议采用明文传输信息，存在信息窃听、信息篡改和信息劫持的风险，而协议TLS/SSL具有身份验证、信息加密和完整性校验的功能，可以避免此类问题发生。SSL是介于TCP和HTTP之间的一层安全协议，不影响原有的TCP协议和HTTP协议，所以使用S-HTTP基本上不需要对HTTP页面进行太多的改造。

S-HTTP可提供通信保密、身份识别、可信赖的信息传输服务及数字签名等安全服务。S-HTTP用于签名的非对称算法有RSA和DSA等，用于对称加解密算法有DES和RC2等。其工作原理是通过在S-HTTP上的信息首部的特殊头标志来建立安全通信，其主要应用功能是与SSL结合保护Internet通信，也可与SET、SSL结合保护Web事物。

S-HTTP和HTTP的区别在于：

(1) S-HTTP是加密传输协议，HTTP是明文传输协议；

(2) S-HTTP标准端口为443，HTTP标准端口为80；

(3) S-HTTP 基于传输层，HTTP 基于应用层。

4.4.5 安全电子邮件协议 S/MIME

安全电子邮件协议(Secure/Multi-purpose Intemet Mail Extensions，S/MIME)是由 RSA 公司提出的电子邮件安全传输标准，它是一个用于发送安全报文的 IETF 标准。目前大多数电子邮件产品都包含对 S/MIME 的内部支持。

S/MIME 采用 PKI 数字签名技术支持消息和附件的加密安全服务。S/MIME 采用单向散列算法，如 SHA-1、MD5 等，也采用公钥机制的加密体系。S/MIME 的证书格式采用 X.509 标准。其认证机制依赖于层次结构的证书认证机构，所有下一级组织和个人证书均由上一级组织认证，而最上级的组织(根证书)间相互认证，整个信任关系是树状结构。另外 S/MIME 将信件内容加密签名后作为特殊附件传送。与传统 PEM 不同，因其内部采用 MIME 的消息格式，所以不仅能发送文本，还可携带各种附加文档，如包含国际字符集、HTML、音频、语音邮件、图像等不同类型的数据内容。

4.4.6 安全协议对比分析

1. SSL 与 IPSec

(1) SSL 保护在传输层上通信数据的安全，IPSec 除此之外还保护 IP 层上的数据包的安全，如 UDP 包。

(2) 对一个在用系统，SSL 不需改动协议栈但需改变应用层，而 IPSec 却相反。

(3) SSL 可单向认证(仅认证服务器)，但 IPSec 要求双方认证。当涉及应用层中间节点时，IPSec 只能提供链接保护，而 SSL 提供端到端保护。

(4) IPSec 受 NAT 影响较严重，而 SSL 可穿过 NAT 而毫无影响。

(5) IPSec 是端到端一次握手，开销小；而 SSL/TLS 每次通信都握手，开销大。

2. SSL 与 SET

(1) SET 仅适于信用卡支付，而 SSL 是面向连接的网络安全协议。SET 允许各方的报文交换非实时，SET 报文能在银行内部网或其他网上传输，而 SSL 上的卡支付系统只能与 Web 浏览器捆在一起。

(2) SSL 只占电子商务体系中的一部分(传输部分)，而 SET 位于应用层。SSL 对网络上其他各层也有涉及，它规范了整个商务活动的流程。

(3) SET 的安全性远比 SSL 高。SET 完全确保信息在网上传输时的机密性、可鉴别性、完整性和不可抵赖性。SSL 也提供信息机密性、完整性和一定程度的身份鉴别功能，但 SSL 不能提供完备的防抵赖功能。因此从网上安全支付来看，SET 比 SSL 针对性更强、更安全。

(4) SET 协议交易过程复杂庞大，比 SSL 处理速度慢，因此 SET 中服务器的负载较重，而基于 SSL 网上支付的系统负载要轻得多。

(5) SET 比 SSL 贵，对参与各方有软件要求，所以 SET 很少用到。而 SSL 因其使用范围广、所需费用少、实现方便，所以普及率较高。但随着网上交易安全性需求的不断提高，SET 必将是未来的发展方向。

3. SSL 与 S/MIME

S/MIME 是应用层专门保护 E-mail 的加密协议。而 SMTP/SSL 保护 E-mail 效果不是很好，因 SMTP/SSL 仅提供使用 SMTP 的链路的安全，而从邮件服务器到本地的路径是用 POP/MAN 协议，这无法用 SMTP/SSL 保护。相反，S/MIME 加密整个邮件的内容后用 MIME 数据发送，这种发送可以是任一种方式。S/MIME 摆脱了安全链路的限制，只需收发邮件的两个终端支持 S/MIME 即可。

4. SSL 与 S-HTTP

S-HTTP 是应用层加密协议，它能感知到应用层数据的结构，把消息当成对象进行签名或加密传输。它不像 SSL 完全把消息当作流来处理。SSL 主动把数据流分帧处理。因此 S-HTTP 可提供基于消息的抗抵赖性证明，而 SSL 则不能。所以 S-HTTP 比 SSL 更灵活，功能更强，但它实现较难，使用则更难。正因如此现在使用基于 SSL 的 HTTPS 要比 S-HTTP 更普遍。

综上，每种网络安全协议都有各自的优缺点，实际应用中要根据不同情况选择恰当协议并注意加强协议间的互通与互补，以进一步提高网络的安全性。另外，现在的网络安全协议虽已实现了安全服务，但无论哪种安全协议建立的安全系统都不可能抵抗所有攻击，要充分利用密码技术的新成果，在分析现有安全协议的基础上不断探索安全协议的应用模式和领域。

实训一　用 PGP 软件加解密邮件

1. 实训目的

(1) 掌握邮件客户端软件的安装与配置。

(2) 会使用 PGP 软件对邮件加解密。

2. 实训内容

(1) 开启 POP3/SMTP 服务。

(2) Foxmail 软件的配置。

(3) PGP 邮件的加密和解密。

(4) PGP 邮件的签名与校验。

3. 实训条件

(1) Windows 7 操作系统。

(2) PGP Desktop 10.2.0。

(3) Foxmail 6.5。

4. 实训步骤

1) 准备工作

Alice 用户和 Bob 用户分别参考第 3 章实训二的步骤完成 PGP 软件的安装配置以及公钥的导入和导出操作。

2) 开启邮件账号的 POP3/SMTP 服务

在 Foxmail 软件新建邮件账号之前，需要开启该邮件账号的 POP3/SMTP 服务。下面以用户 Alice 的邮件账号(2025467381@qq.com)为例来介绍开启过程。

步骤 1：打开 https://mail.qq.com/页面，输入 QQ 邮箱账号和密码进入 QQ 邮箱，如图 4-25 所示。

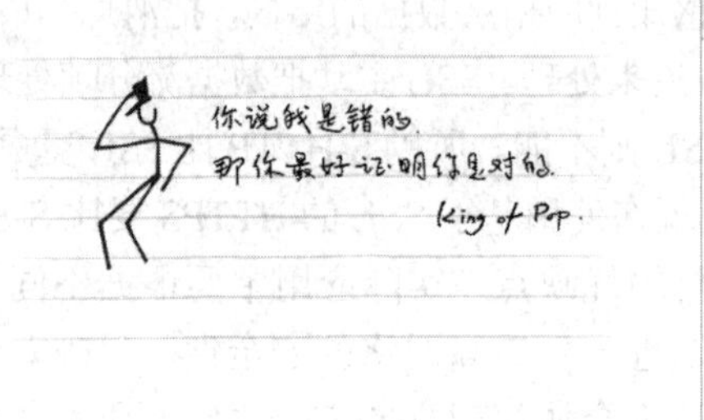

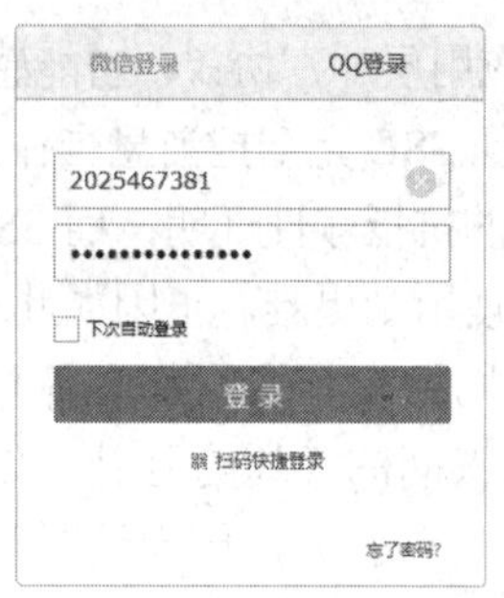

图 4-25　QQ 邮箱登录页面

步骤 2：登录邮箱成功后，进入邮箱首页并找到“设置”链接，如图 4-26 所示。

图 4-26　QQ 邮箱首页

步骤 3：点击“设置”链接，进入邮箱设置页面并找到“账户”链接，如图 4-27 所示。

图 4-27　邮箱设置页面

步骤 4：单击“账户”链接，进入邮箱账户设置页面并下拉页面找到“开启服务”选项，如图 4-28 所示。

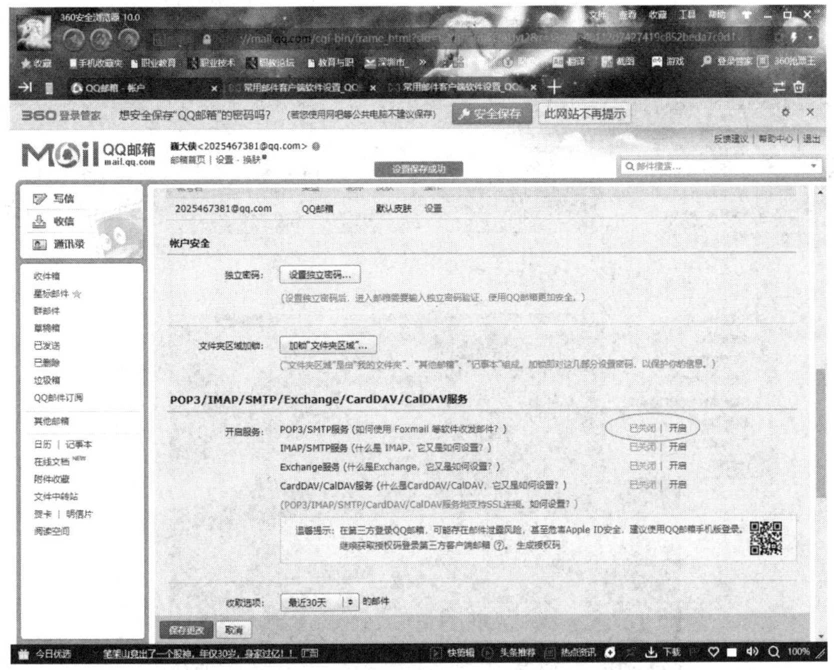

图 4-28　邮箱账户设置页面

步骤 5：单击“开启服务”栏中的“POP3/SMTP 服务”的“开启”链接，进入“验证密保”对话框，如图 4-29 所示。

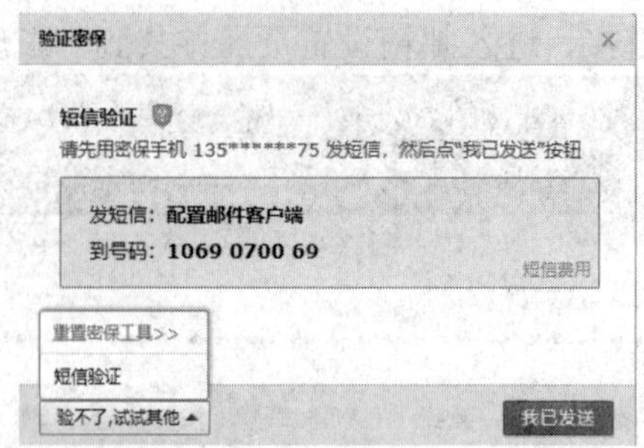

图 4-29　“验证密保”对话框

步骤 6：按照提示发送短信，发送后单击“我已发送”，进入“成功开启 POP3/SMTP 服务”对话框并显示授权码，授权码在 Foxmail 配置步骤中使用，应妥善保存，如图 4-30 所示。

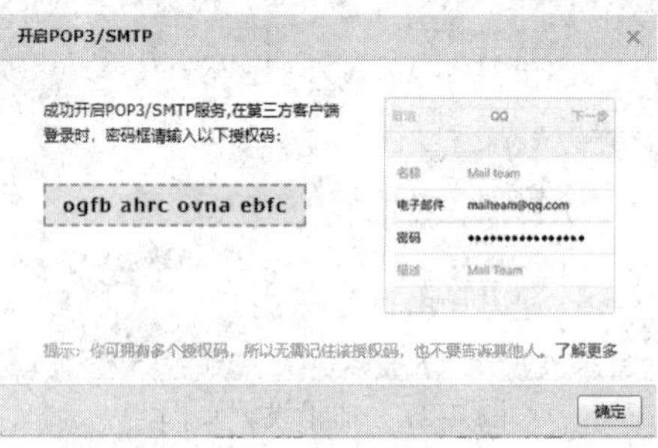

图 4-30　“开启 POP3/SMTP 服务”对话框

3）配置 Foxmail

步骤 1：打开 Foxmail 软件，打开“邮箱”主菜单，选择“新建邮箱账户”，如图 4-31 所示。

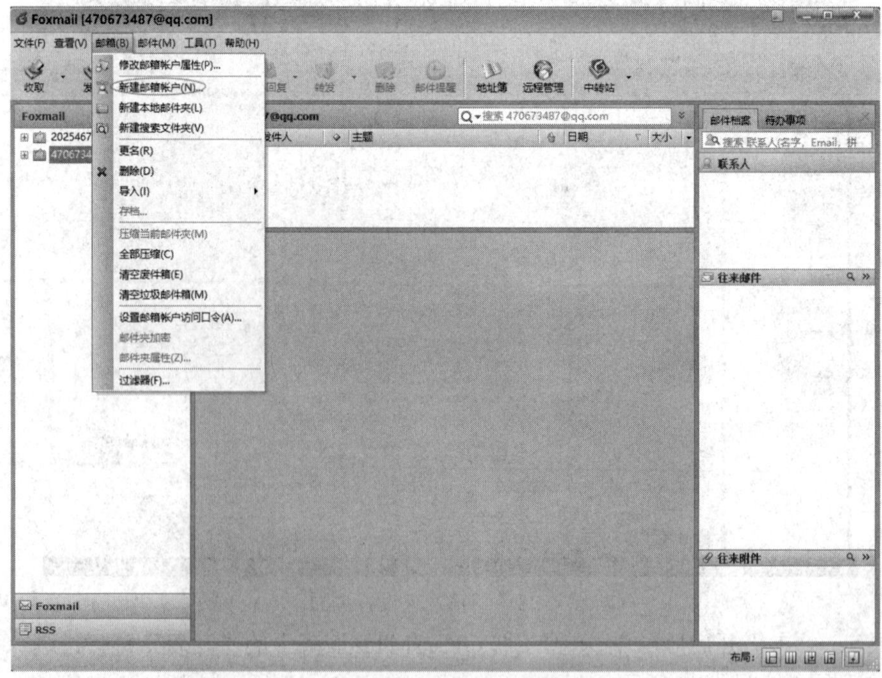

图 4-31　Foxmail 主界面

步骤 2：单击“新建邮箱账户”菜单，弹出“建立新的用户账户”对话框，输入“电子邮件地址”、“密码”(开启 POP3/SMTP 服务时获得的授权码，并非邮箱密码)、“账户显示名称”以及“邮件中采用的名称”等信息，如图 4-32 所示。

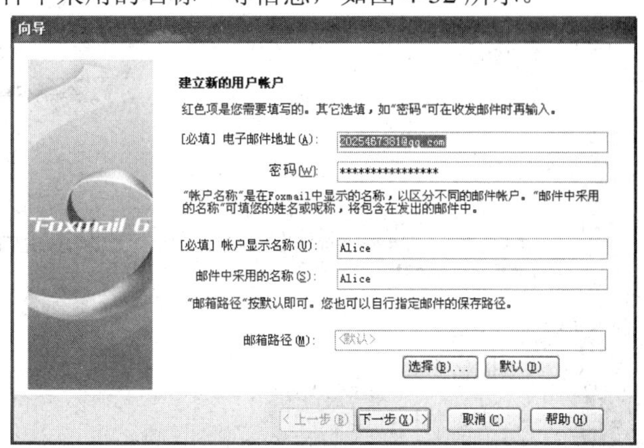

图 4-32　“建立新的用户账户”对话框

步骤 3：单击“下一步”按钮，弹出“指定邮件服务器”对话框，“接收服务器类型”选择 POP3，如图 4-33 所示。

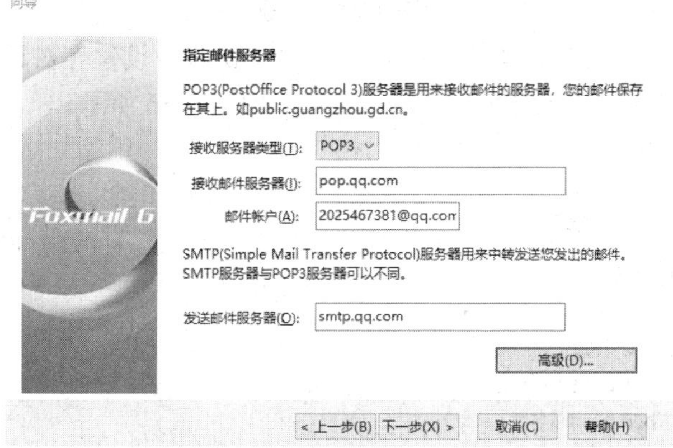

图 4-33　“指定邮件服务器”对话框

步骤 4：单击“高级”按钮，弹出“高级设置”对话框，勾选收取服务器和发送服务器中的“使用 SSL 来连接服务器”，并把发送服务器的端口改成“465”，如图 4-34 所示。

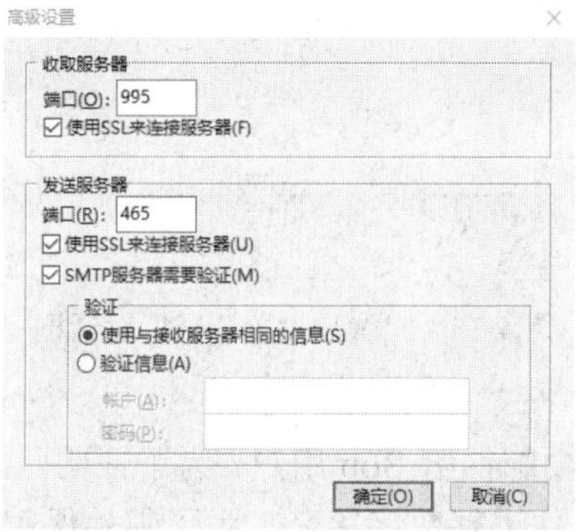

图 4-34　“高级设置”对话框

步骤 5：单击“确定”按钮，返回“指定邮件服务器”对话框。单击“下一步”按钮，弹出“账户建立完成”对话框，如图 4-35 所示。

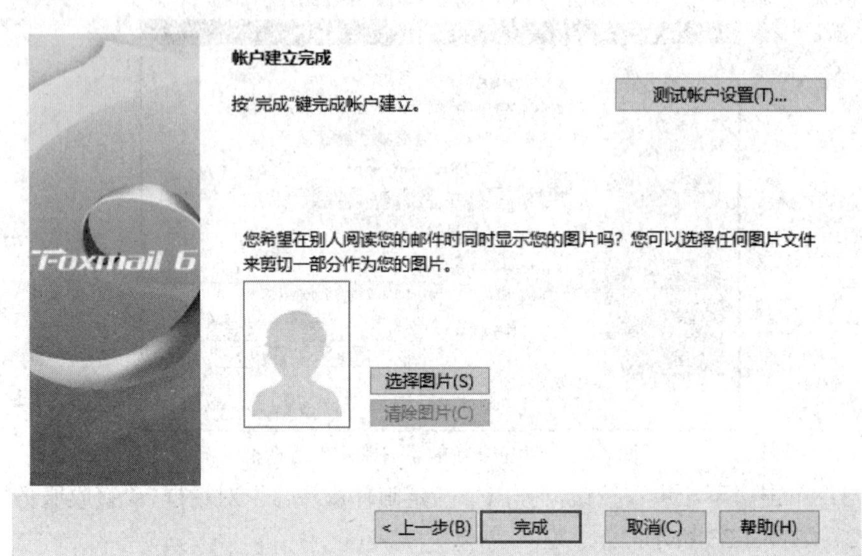

图 4-35　“账户建立完成”对话框

步骤 6：单击“测试账户设置”按钮，弹出“测试账户设置”对话框，当所有的测试项通过后，单击“关闭”按钮结束邮箱账户配置，如图 4-36 所示。

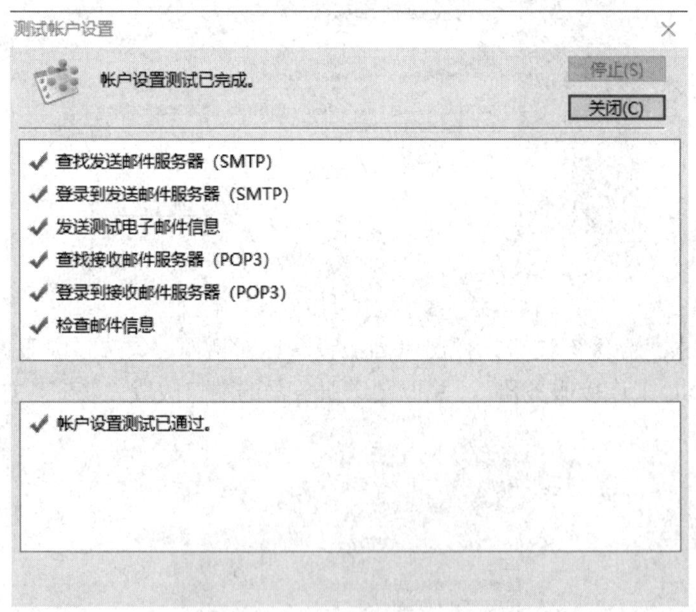

图 4-36　“账户设置测试”对话框

4) 电子邮件的签名

Alice 用户要发送一封重要邮件给 Bob 用户，为了证明此邮件是 Alice 发送的，需要使用 Alice 的私钥对所发送的邮件进行数字签名，为了邮件保密需要，使用 Bob 的公钥对签名邮件进行加密。

步骤1：在Alice用户的主机中，打开Foxmail程序，选中Alice邮箱账户，单击“撰写”按钮，准备给Bob用户(2448401431@qq.com)发送一封新邮件，并选中邮件内容后右键执行复制命令，如图4-37所示。

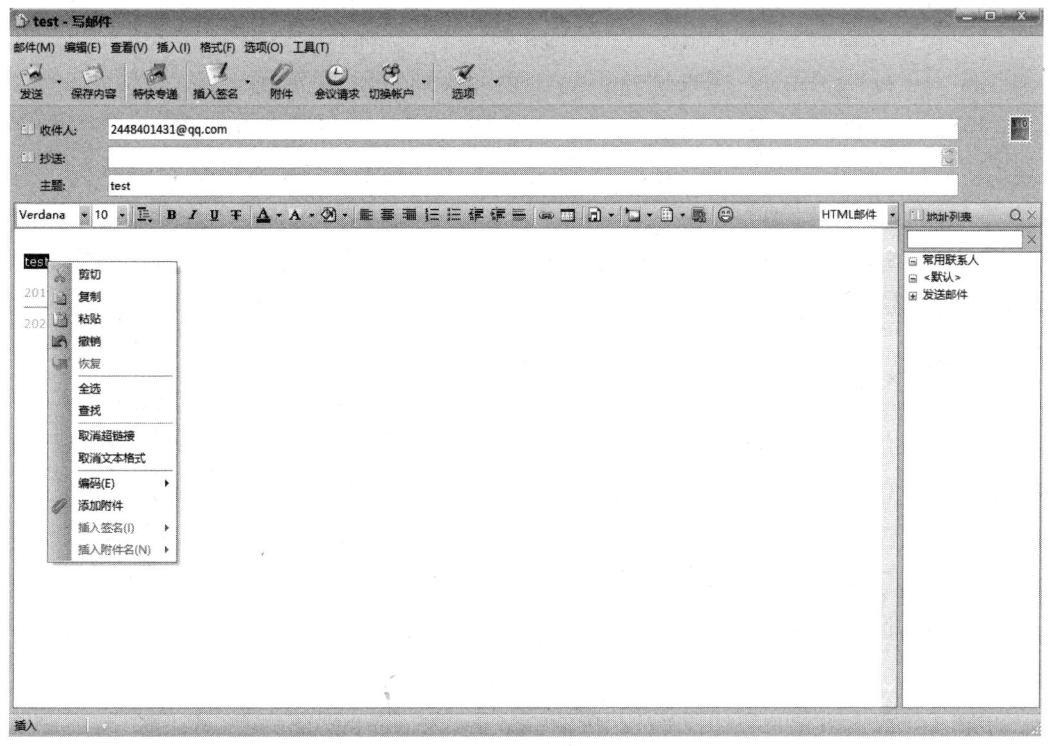

图4-37 “撰写邮件给Bob”的界面

步骤2：右键单击任务栏中的PGP程序托盘图标，在弹出的如图4-38所示的快捷菜单中选择“Clipboard”→“Encrypt&Sign”命令，打开“密钥选择”对话框。

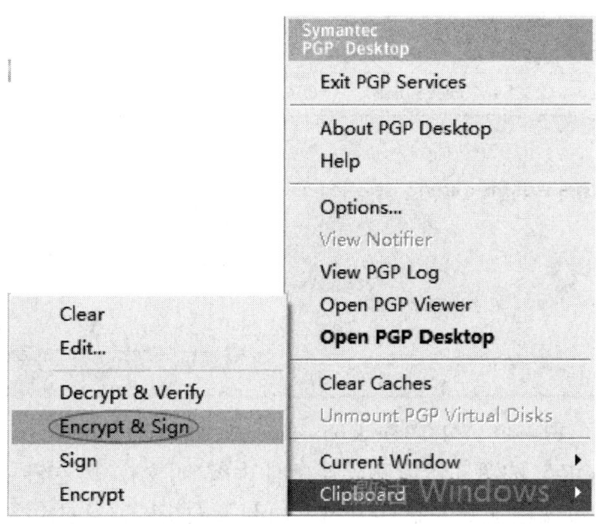

图4-38 PGP程序快捷菜单

步骤 3：双击“Drag users from this lists to the Recipients list”列表框中的 Bob 密钥，即“Recipients”列表框中仅有 Bob 密钥，如图 4-39 所示，表示将使用 Bob 的公钥来加密邮件内容。

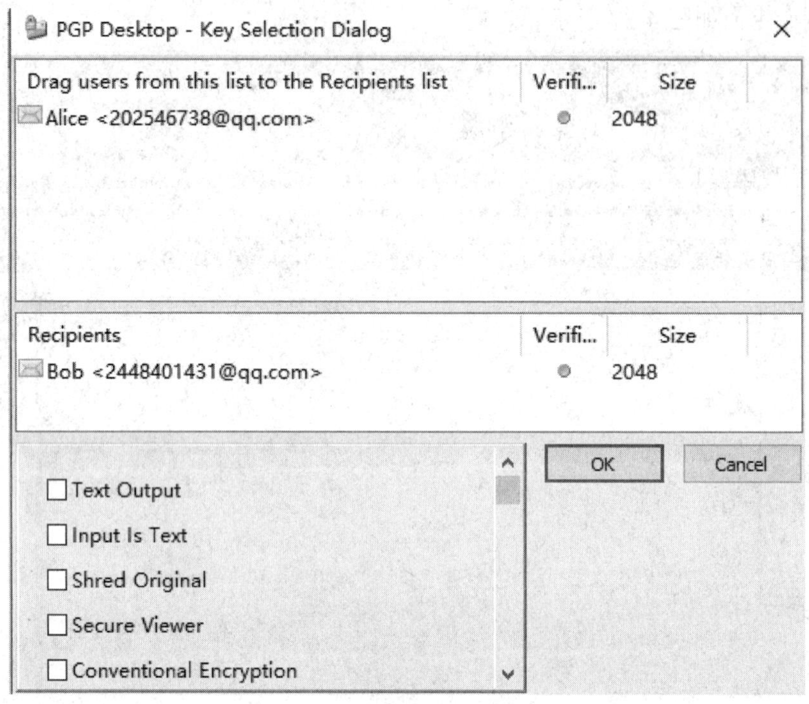

图 4-39　“密钥选择”对话框

步骤 4：单击“OK”按钮，弹出“PGP Desktop→Enter Passphrase”对话框，默认已选择 Alice 的密钥(私钥)作为签名密钥，因为当前选择密钥的口令已缓存，所以不必再次输入 Alice 的私钥保护口令，如图 4-40 所示。

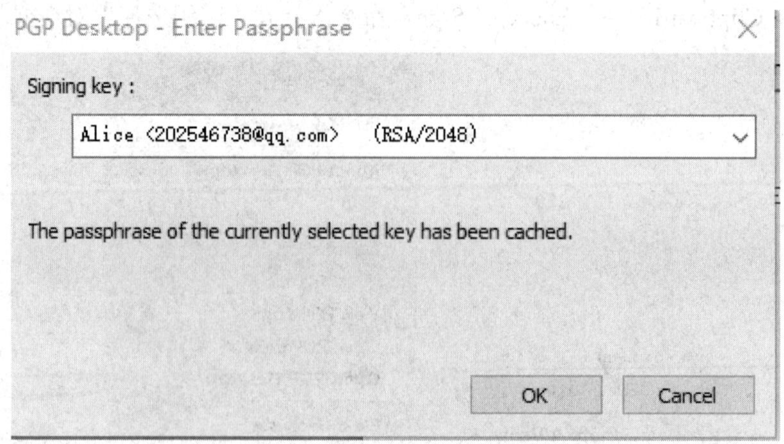

图 4-40　“PGP Desktop→Enter Passphrase”对话框

步骤 5：单击“OK”按钮，然后删除原邮件内容(明文)，再右键单击选择“粘贴”命令，此时，窗口中已包含被加密的邮件内容，如图 4-41 所示。该密文是先用 Alice 的私钥进行签名，再用 Bob 的公钥进行加密而生成的。

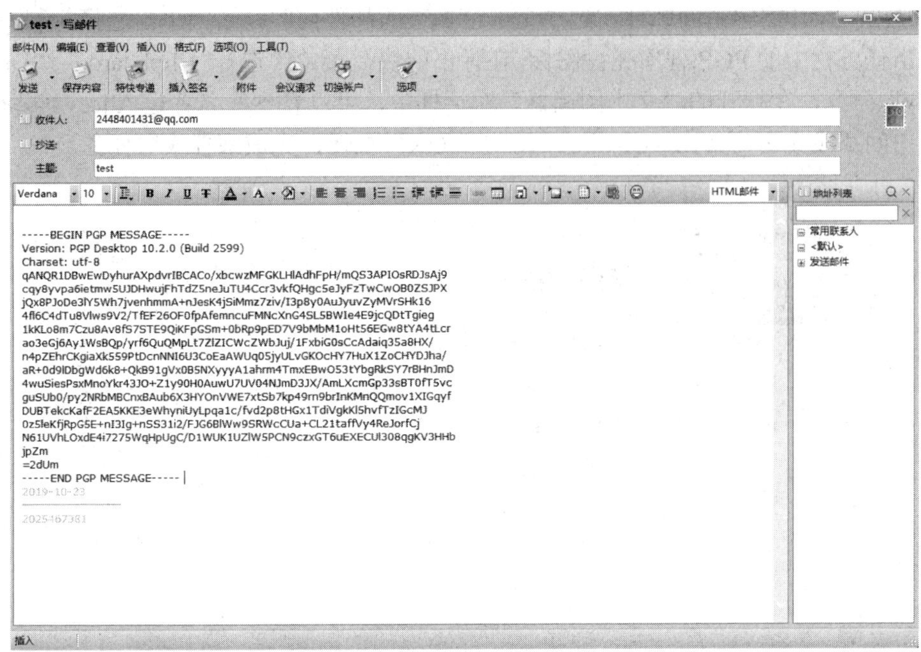

图 4-41　加密并签名后的邮件发送窗口

步骤 6：单击“发送”按钮，将加密后的邮件发送给 Bob 用户。

5) 电子邮件的解密和签名验证

步骤 1：Bob 用户完成开启邮件账号的 POP3/SMTP 服务和 Foxmail 配置的相关步骤。

步骤 2：在 Bob 用户的主机中，用 Foxmail 程序接收 Alice 用户发送过来的加密和签名邮件，如图 4-42 所示。

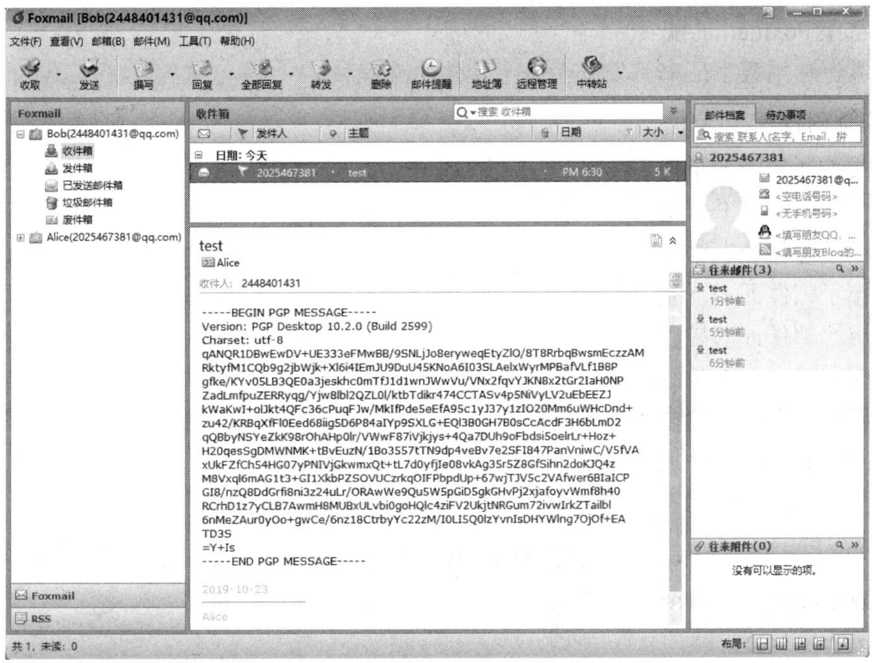

图 4-42　“Bob 收取加密和签名邮件”界面

步骤 3：打开需解密的邮件，选中全部已加密的邮件内容，右键单击选择复制命令。右键单击任务栏中的 PGP 程序托盘图标，在弹出的快捷菜单中选择“Clipboard”→“Decrypt & Verify”命令，在打开的“文本阅读器”对话框中，可以看到签名者是 Alice，解密后的明文为中间那段文字，如图 4-43 所示，单击”OK”按钮，完成邮件收取任务。

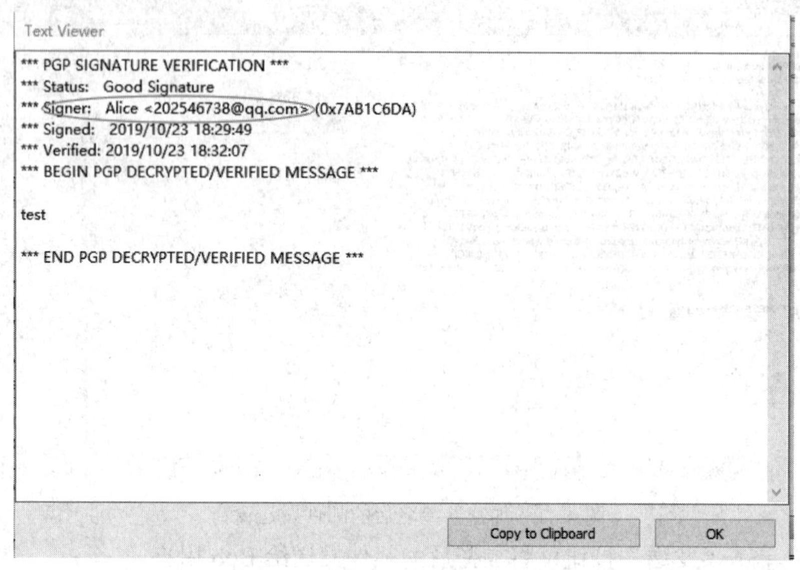

图 4-43　“文本阅读器”对话框

实训二　数字证书签发电子邮件

1. 实训目的

(1) 掌握电子邮件证书的申请与颁发。

(2) 掌握 Foxmail 的配置。

(3) 掌握使用数字证书签发安全电子邮件的流程。

2. 实训内容

(1) 安装证书服务组件。

(2) 电子邮件证书申请。

(3) 电子邮件证书颁发。

(4) 电子邮件证书下载。

(5) 电子邮件证书导出。

(6) 配置 Foxmail 邮箱账户。

(7) 发送数字签名的电子邮件。

(8) 发送数字签名并加密的电子邮件。

3. 实训条件

(1) VMware Workstation 并安装 Windows 2003 Server、IIS 管理器。

(2) Windows 2003 Server 镜像文件。

(3) Foxmail 6.5。

4. 实训步骤

1) 安装证书服务组件

步骤 1：开启虚拟机并启动 Windows 2003 Server，进入“虚拟机设置”，在“硬件”选项卡中选择“CD/VCD(IDE)”选项，在右侧“设备状态”栏勾选“已连接”，“连接”栏选择“使用 ISO 映像文件”，并通过“浏览”按钮选择相应的 Windows 2003 Server 镜像文件，如图 4-44 所示。

图 4-44　“虚拟机设置”界面

步骤 2：单击“开始→所有程序→控制面板”，选择“添加/删除程序”，选择“添加/删除 Windows 组件”，选取“证书服务”，如图 4-45 所示。

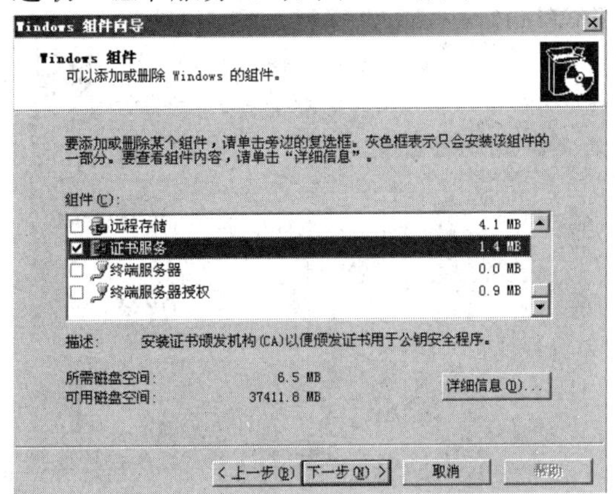

图 4-45　选择添加证书服务组件界面

步骤 3：单击“下一步”按钮，弹出“CA 类型”对话框，按默认选择，如图 4-46 所示。

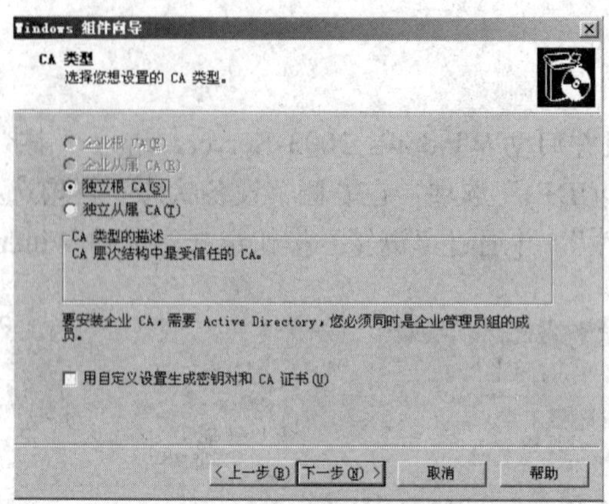

图 4-46　“CA 类型”对话框

步骤 4：单击“下一步”按钮，弹出“CA 识别信息”对话框，输入“此 CA 的公用名称”等相关信息，如图 4-47 所示。

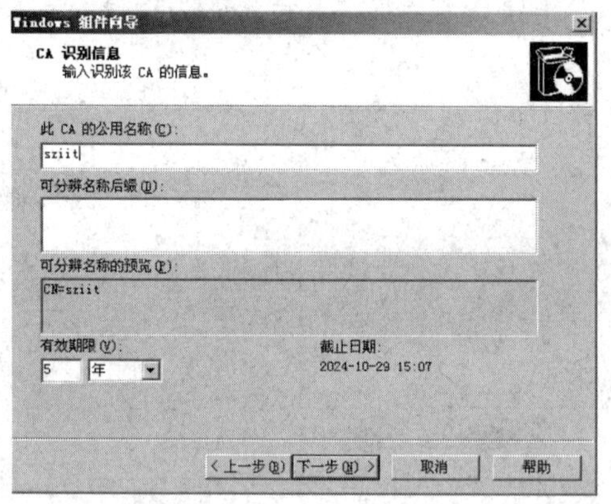

图 4-47　“CA 识别信息”对话框

步骤 5：单击“下一步”按钮，弹出“证书数据库设置”对话框，按默认配置，如图 4-48 所示。

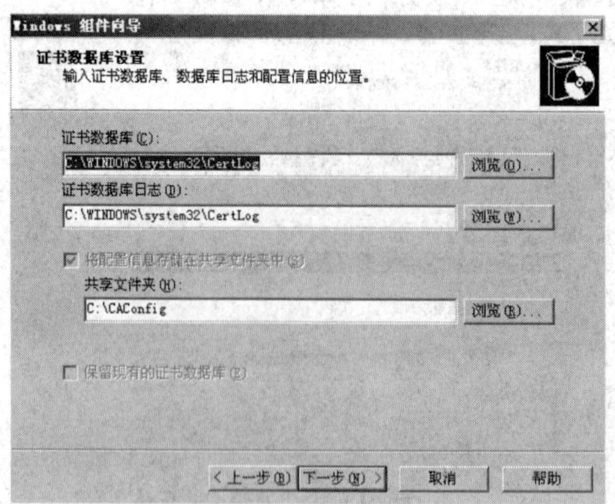

图 4-48　“证书数据库设置”对话框

步骤 6：单击“下一步”按钮，提示“插入光盘”，因为在步骤 1 已经进行了映像文件的设置，所以直接单击“确定”按钮，弹出“查找文件”对话框，如图 4-49 所示。

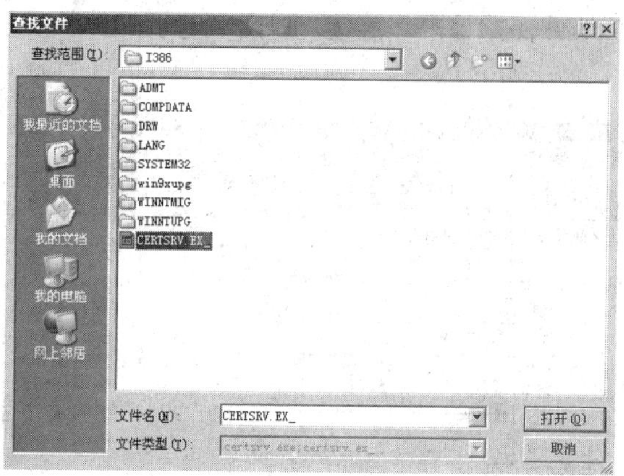

图 4-49 “查找文件”对话框

步骤 7：选择相应的文件，弹出“完成 Windows 组件向导”对话框，单击“完成”按钮完成证书服务组件的安装。

2) 电子邮件证书申请

查看“Internet 信息服务(IIS)管理器”中的默认网站开启状态，若为“停止”状态，则需开启。

步骤 1：打开浏览器，输入 http://127.0.0.1/certsrv/，如图 4-50 所示。

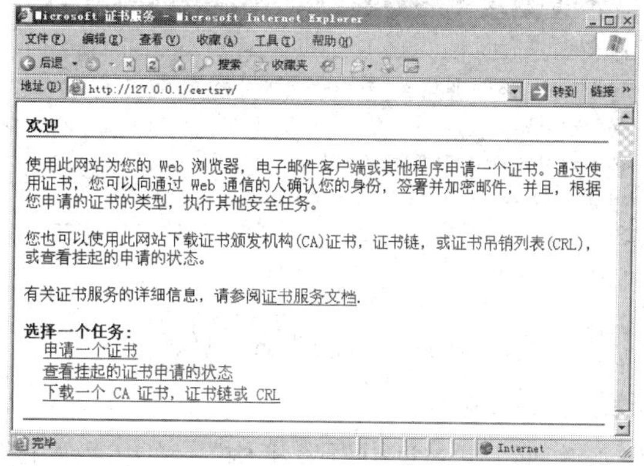

图 4-50 申请证书首页

步骤 2：单击“申请一个证书”链接，弹出“证书类型选择”页面，如图 4-51 所示。

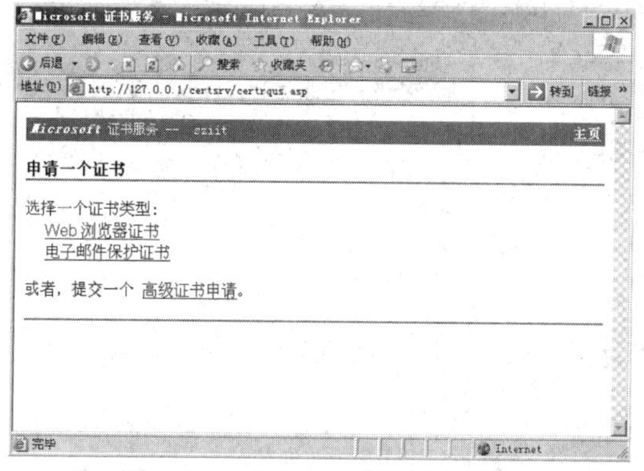

图 4-51 “证书类型选择”页面

步骤 3：单击“电子邮件保护证书”链接，弹出“电子邮件保护证书”页面，如图 4-52 所示。

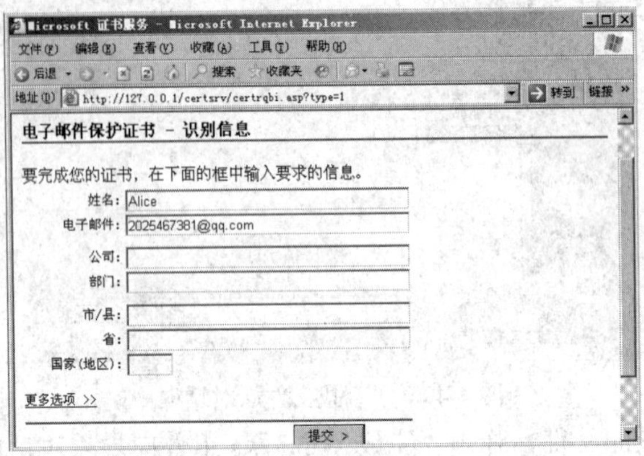

图 4-52 “电子邮件保护证书”页面

步骤 4：填写“姓名”和“电子邮件”信息，单击“提交”按钮，弹出“证书挂起”页面，如图 4-53 所示。

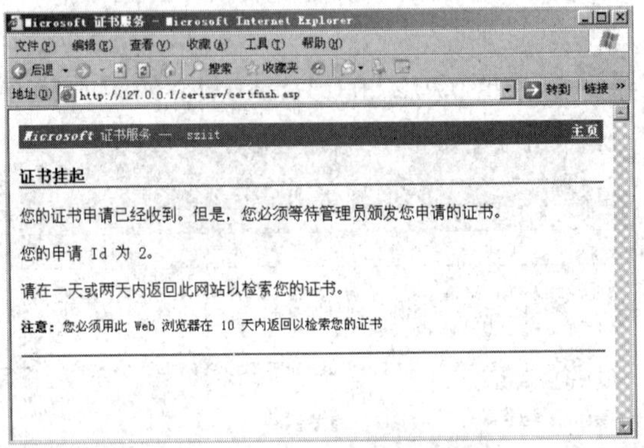

图 4-53 “证书挂起”页面

3) 电子邮件证书颁发

步骤 1：单击“开始→管理工具→证书颁发机构”，弹出“证书颁发机构”界面，选择“挂起的申请”，单击右键，弹出菜单，如图 4-54 所示。

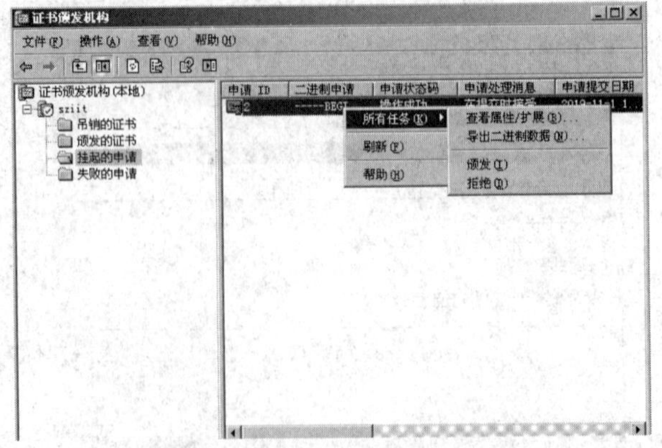

图 4-54 “证书颁发机构”界面

步骤 2：单击“所有任务→颁发”菜单，在“颁发的证书”中可看到刚才申请的证书，如图 4-55 所示。

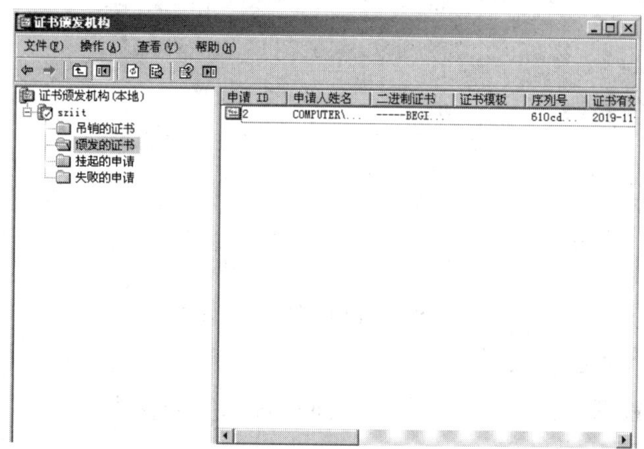

图 4-55　查看颁发的证书

4) 电子邮件证书下载

步骤 1：打开浏览器，输入 http://127.0.0.1/certsrv/，弹出“申请证书首页”页面，单击“查看挂起的证书申请的状态”链接，进入“查看挂起的证书申请的状态”页面，如图 4-56 所示。

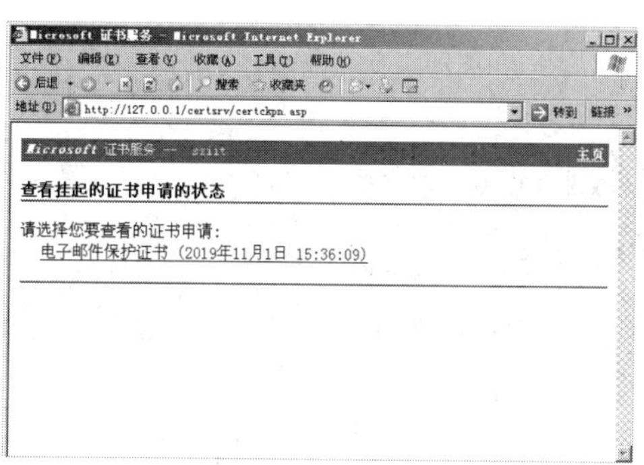

图 4-56　“查看挂起的证书申请的状态”页面

步骤 2：单击“电子邮件保护证书”链接，进入“证书已颁发”页面，如图 4-57 所示。

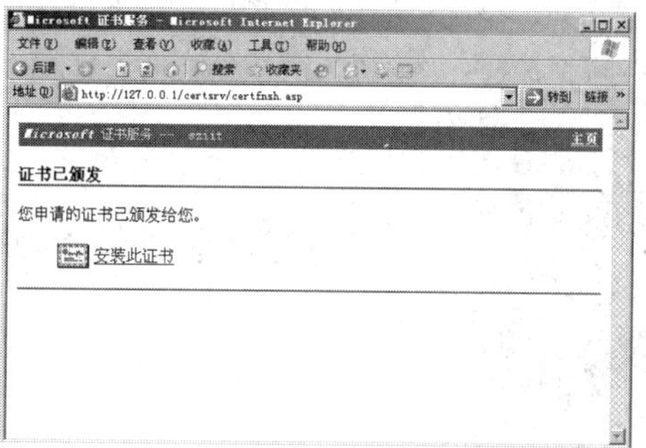

图 4-57　“证书已颁发”页面

步骤 3：单击“安装此证书”链接，弹出“潜在的脚本冲突”对话框，单击“是”按钮，弹出“证书已安装”页面，如图 4-58 所示。

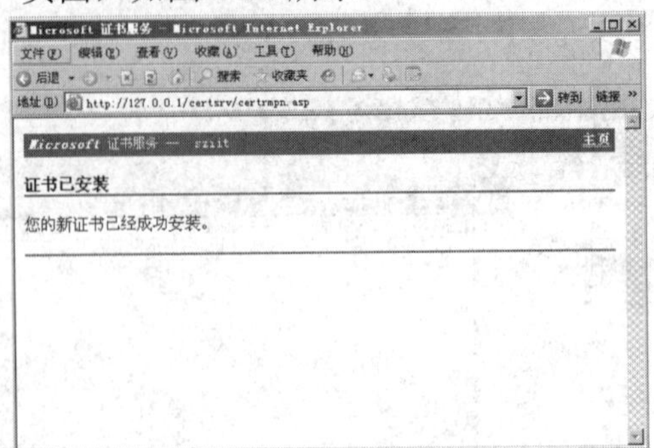

图 4-58　“证书已安装”页面

5) 电子邮件证书导出

步骤 1：打开 IE 浏览器，选择“工具→Internet 选项→内容→证书”，弹出“证书”对话框，如图 4-59 所示。

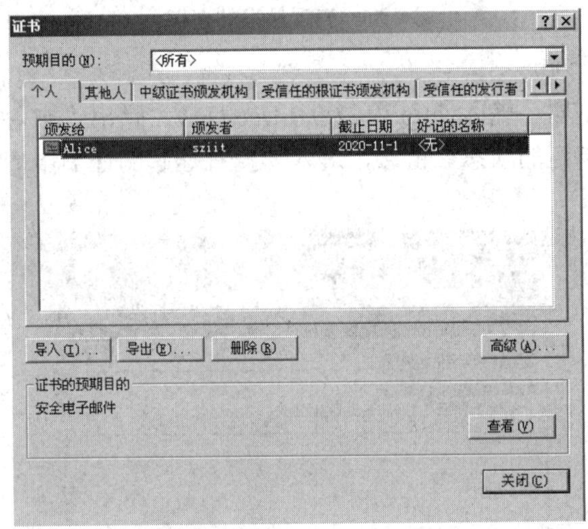

图 4-59　“证书”对话框

步骤 2：选择一个数字证书，单击“导出”按钮，弹出“证书导出向导”对话框，如图 4-60 所示。

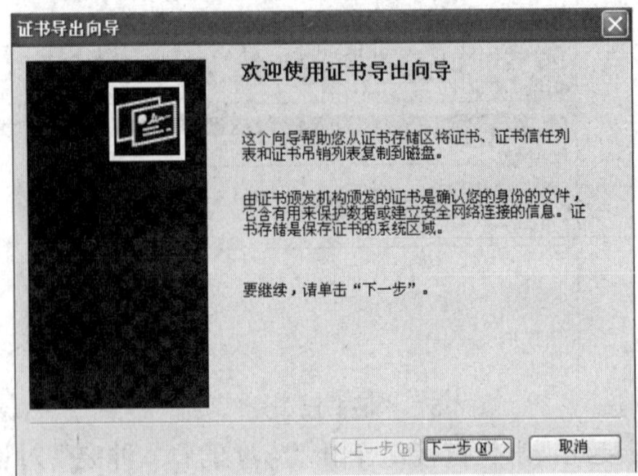

图 4-60　“证书导出向导”对话框

步骤3：单击“下一步”按钮，弹出“导出私钥”页面，如图4-61所示。

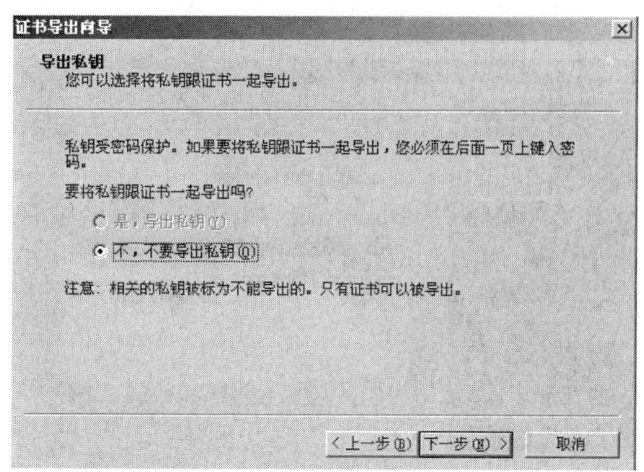

图4-61　“导出私钥”页面

步骤4：单击“下一步”按钮，弹出“导出文件格式”页面，采用默认选项，如图4-62所示。

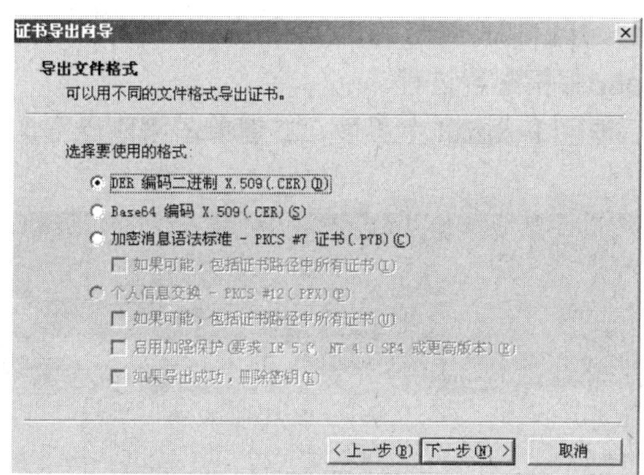

图4-62　“导出文件格式”页面

步骤5：单击“下一步”按钮，弹出“要导出的文件” 页面，选择导出数字证书文件的文件名和存放路径，如图4-63所示。

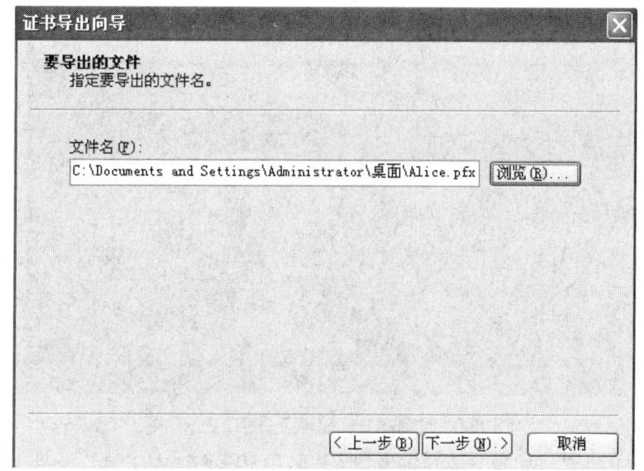

图4-63　“要导出的文件”页面

步骤 6：单击“下一步”按钮，弹出“正在完成证书导出向导”页面，如图 4-64 所示。单击“完成”按钮，完成证书的导出操作。

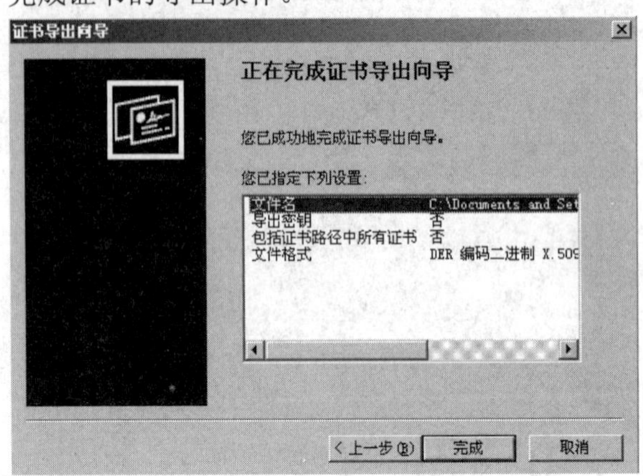

图 4-64 “正在完成证书导出向导”对话框

6) 配置 Foxmail 邮箱账户

步骤 1： 参考实训一开启邮件账号的 POP3/SMTP 服务和 Foxmail 配置，完成 Alice 用户(2025467381@qq.com)邮箱配置过程。

步骤 2：配置完成后返回 Foxmail 主界面，右键单击刚刚建立的账户，弹出下拉菜单，如图 4-65 所示。

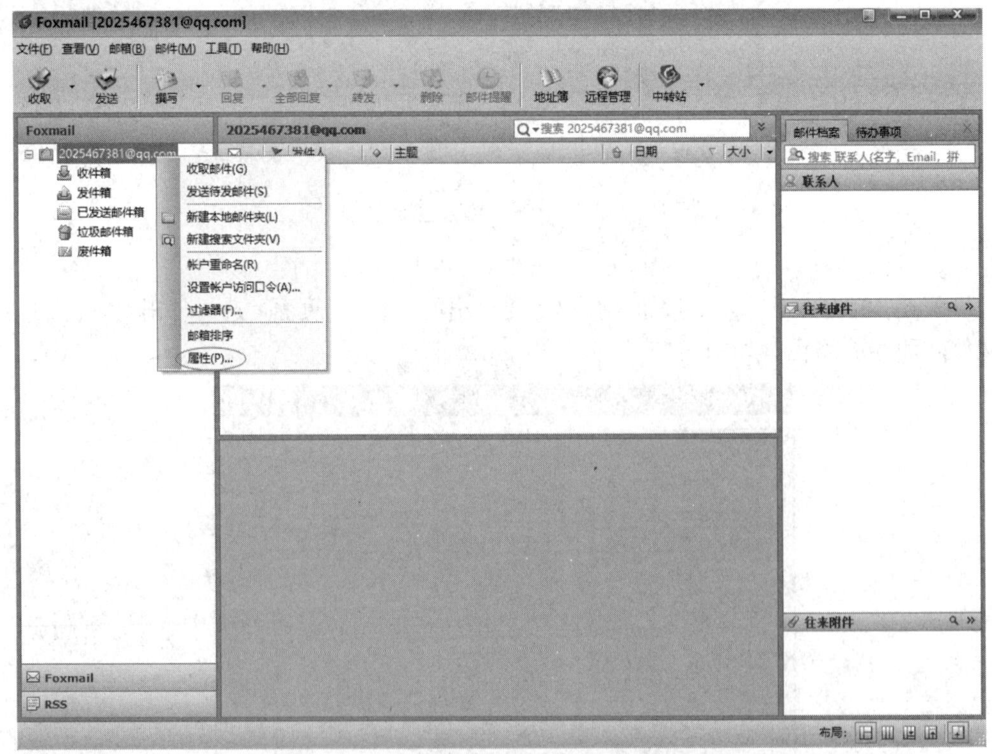

图 4-65 邮箱账户的右键下拉菜单

步骤 3：单击“属性”选项，弹出“邮箱账户设置”对话框，选择“安全”选项，单击“选择”按钮，弹出“数字证书选择”对话框，选择与该邮箱地址相匹配的电子邮件证书，如图 4-66 所示。单击“确定”按钮，完成数字证书的配置。

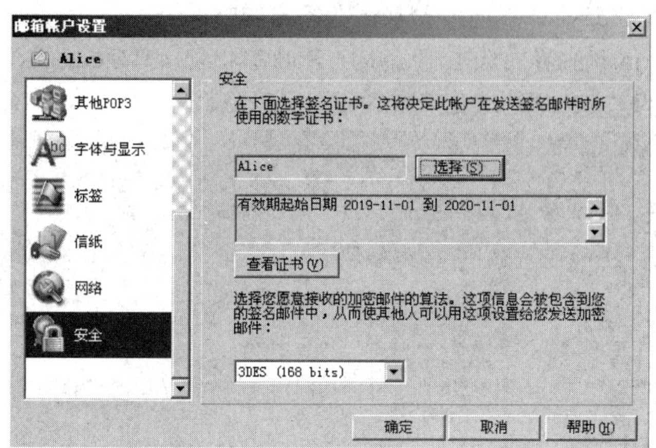

图 4-66　“邮箱账户设置”对话框

7) 发送数字签名的电子邮件

如需要对方给自己发送加密邮件，首先要给对方发送一封数字签名的邮件，把自己的公钥传递给对方。下面步骤介绍的是 Alice 用户向 Bob 用户发送一封数字签名邮件。

步骤 1：在 Foxmail 主界面选中要发送邮件的邮箱账户 Alice(2025467381@qq.com)，然后单击“撰写”按钮，弹出“写邮件”对话框，分别输入收件人、主题和邮件内容，打开“选项”栏，勾选“数字签名”选项，如图 4-67 所示。

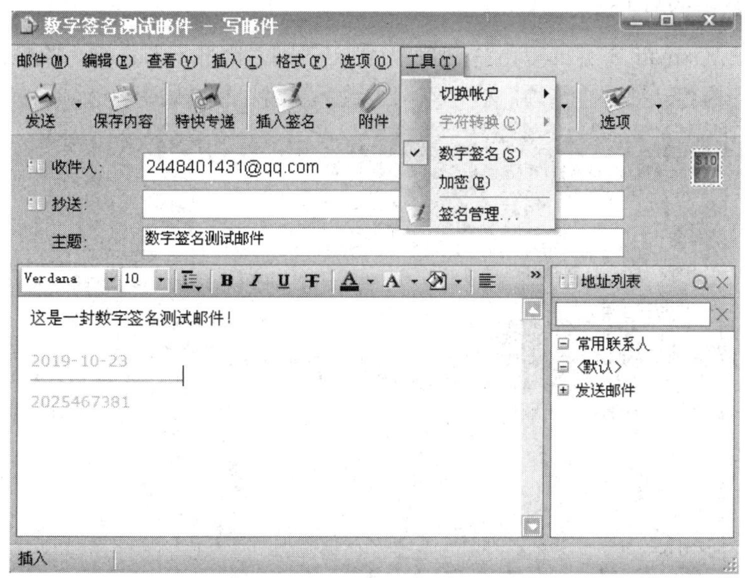

图 4-67　“写邮件”对话框

步骤 2：单击“发送”，数字签名的电子邮件发送完成。

8) 发送数字签名并加密的电子邮件

Bob 用户收取 Alice 用户发送来的数字签名邮件，收取邮件的同时也获取了 Alice 用户的公钥，因此 Bob 用户可以给 Alice 用户发送用 Alice 公钥加密的邮件，如果 Bob 用户也完成了数字证书的配置过程，则可以向 Alice 用户发送一份加密并签名的邮件。下面的步骤完成 Bob 用户向 Alice 用户发送一份加密并签名的邮件。

步骤 1：在 Foxmail 主界面选中邮箱账户 Bob(2448401431@qq.com)，单击“收取”后展开邮箱账户，打开“收件箱”，选中收到的数字签名邮件，如图 4-68 所示。

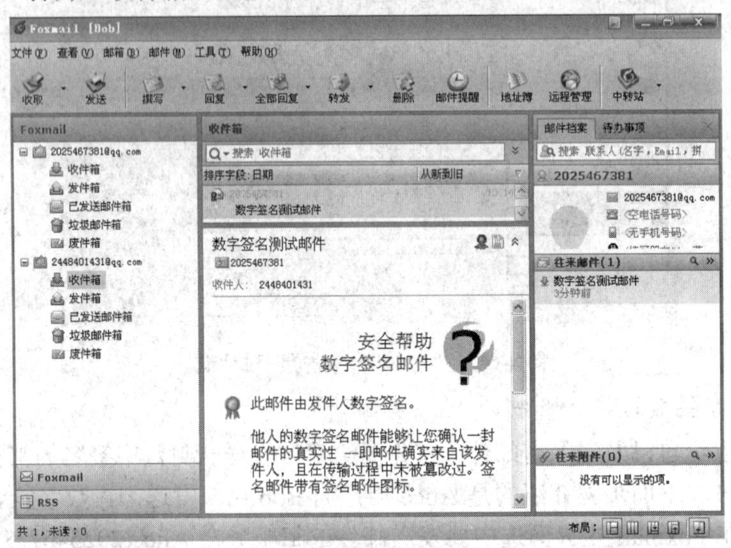

图 4-68　“Bob 收取邮件”对话框

步骤 2：阅读并下拉邮件，并单击“继续”按钮，弹出安全警告，单击“打开邮件”后即可看到邮件内容。

步骤 3：在 Foxmail 主界面单击“回复”，弹出“回复邮件”对话框，收件人和主题默认输入，输入邮件内容，打开“选项”栏，勾选“数字签名”和“加密”选项，如图 4-69 所示。

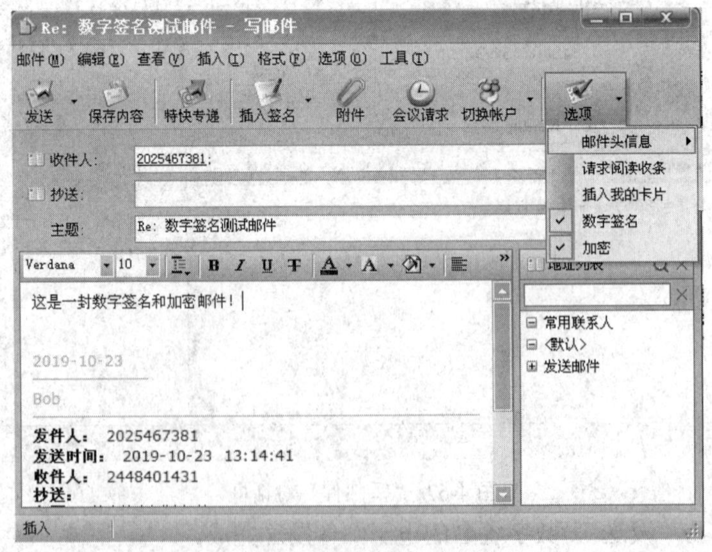

图 4-69　“回复邮件”对话框

步骤 4：单击“发送”，带数字签名和加密的电子邮件发送完成。Alice 用户收到回复邮件后，采用相同的过程打开邮件。这之后，Alice 用户和 Bob 用户均可互相发送加密、签名或者既加密又签名的邮件。

实训三 Web 服务器的安全配置

1. 实训目的

(1) 掌握 SSL 证书的申请与颁发。

(2) 掌握 Web 服务器配置与证书安装配置。

2. 实训内容

(1) 安装证书服务组件。

(2) SSL 证书申请。

(3) SSL 证书颁发。

(4) SSL 证书下载。

(5) 在 Web 服务器上安装证书。

(6) 开启 SSL 通道。

(7) 客户端访问验证。

3. 实训条件

(1) VMware Workstation 并安装 Windows 2003 Server、IIS 管理器。

(2) Windows 2003 Serve 镜像文件。

4. 实训步骤

为了更好理解 SSL 证书的配置过程，本实验采用 Windows 2003 Server 操作系统，也可以采用更新版本的 Windows Server 系统，过程更简易，但不便理解。

1) 安装证书服务组件

参考实训二“安装证书服务组件”。

2) SSL 证书申请

步骤 1：单击“开始→管理工具→Internet 信息服务(IIS)管理器”，弹出“Internet 信息服务(IIS)管理器”界面，如图 4-70 所示。

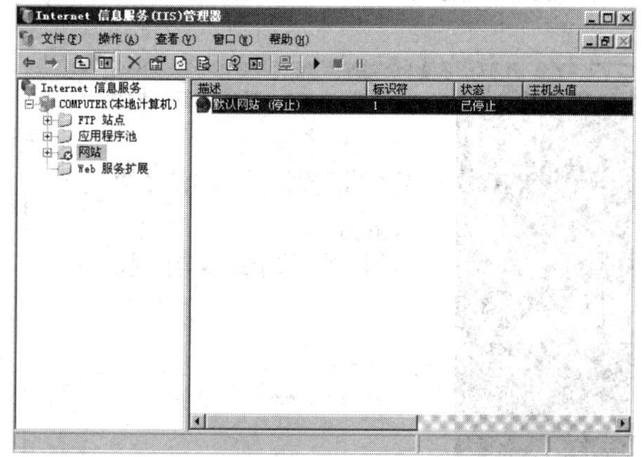

图 4-70 “Internet 信息服务(IIS)管理器”界面

步骤 2：若“默认网站”是“停止”状态，则右键单击将其启动。展开左侧“网站”，右键单击“默认网站”，如图 4-71 所示。

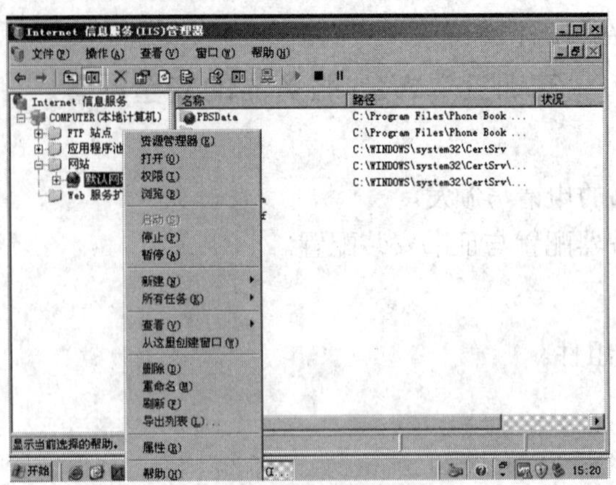

图 4-71　“默认网站”右键菜单

步骤 3：单击“属性”菜单，弹出“默认网站属性”对话框，选择“目录安全性”选项卡，如图 4-72 所示。

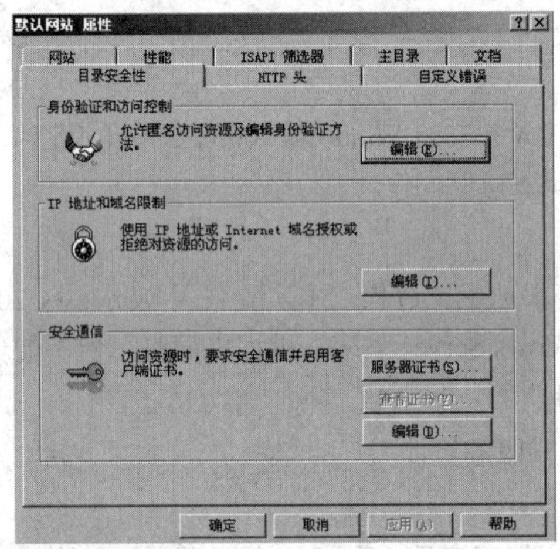

图 4-72　“目录安全性”选项卡

步骤 4：单击“服务器证书”按钮，弹出“欢迎使用 Web 服务器证书向导”对话框，如图 4-73 所示。

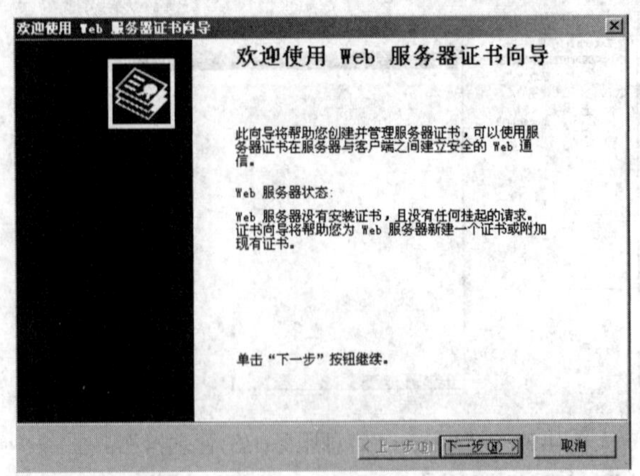

图 4-73　“欢迎使用 Web 服务器证书向导”对话框

步骤 5：单击“下一步”按钮，弹出“服务器证书”对话框，选择“新建证书”，如图

4-74 所示。

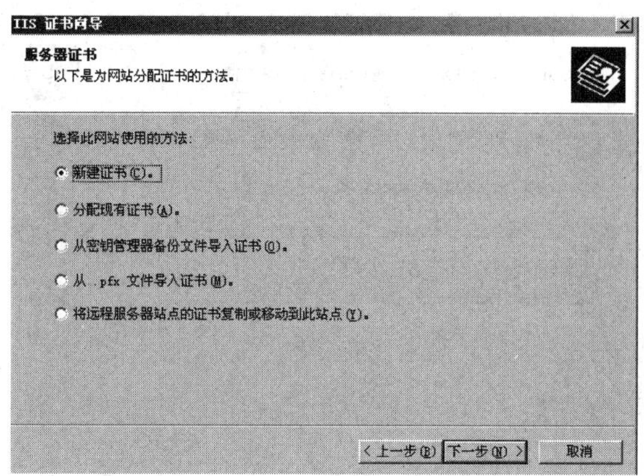

图 4-74 “服务器证书”对话框

步骤 6：单击“下一步”按钮，弹出“延迟或立即请求”对话框，选择“现在准备证书请求，但稍后发送”，如图 4-75 所示。

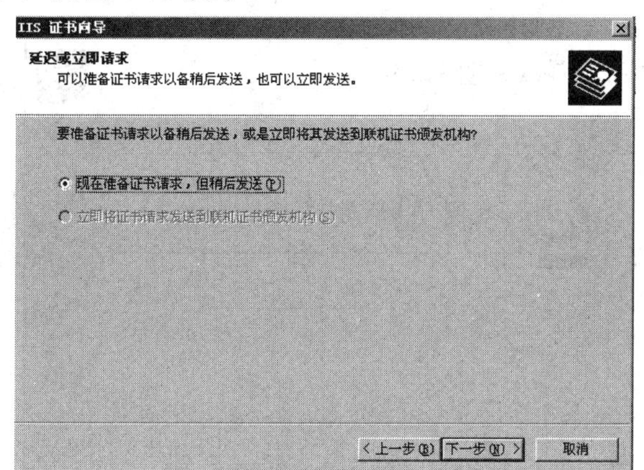

图 4-75 “延迟或立即请求”对话框

步骤 7：单击“下一步”按钮，弹出“名称和安全性设置”对话框，采用默认名称，如图 4-76 所示。

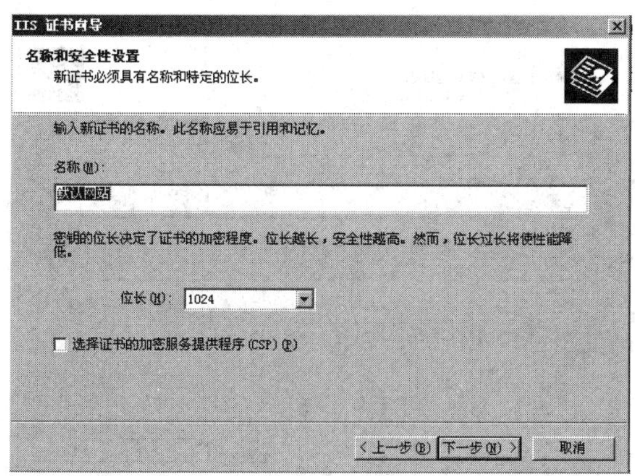

图 4-76 “名称和安全性设置”对话框

步骤 8：单击“下一步”按钮，弹出“单位信息”对话框，填写单位和部门等信息，如图 4-77 所示。

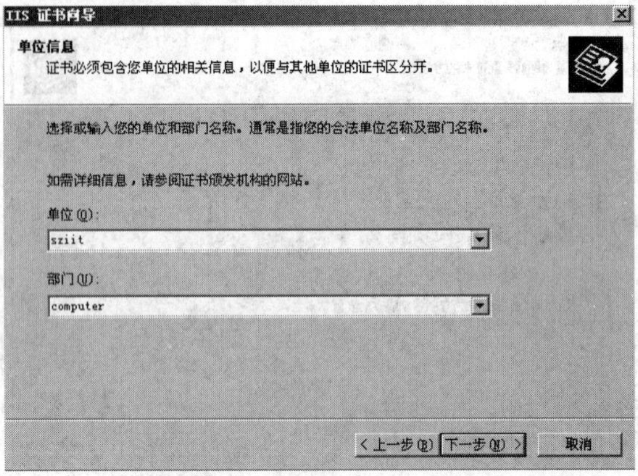

图 4-77 “单位信息”对话框

步骤 9：单击“下一步”按钮，弹出“站点公用名称”对话框，按要求填写“公用名称”，如图 4-78 所示。

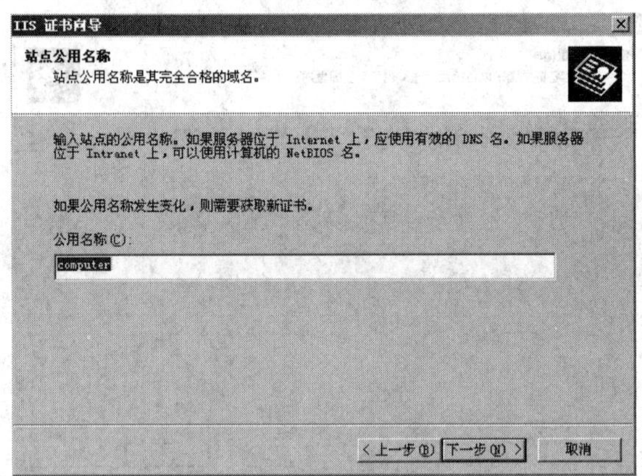

图 4-78 “站点公用名称”对话框

步骤 10：单击“下一步”按钮，弹出“地理信息”对话框，填写相关信息，如图 4-79 所示。

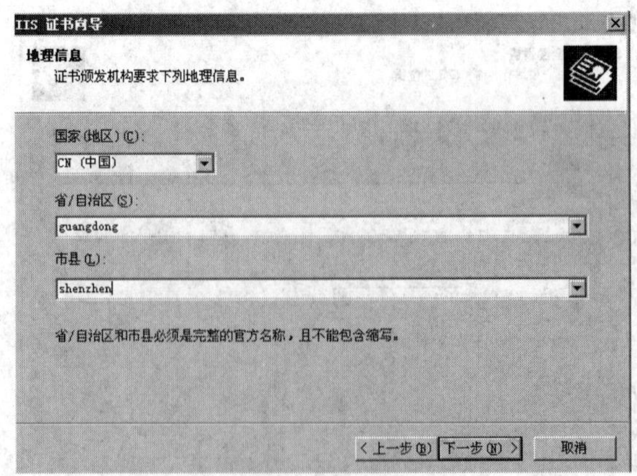

图 4-79 “地理信息”对话框

步骤 11：单击“下一步”按钮，弹出“证书请求文件名”对话框，单击“浏览”按钮选择存储文件夹及文件名，如图 4-80 所示。

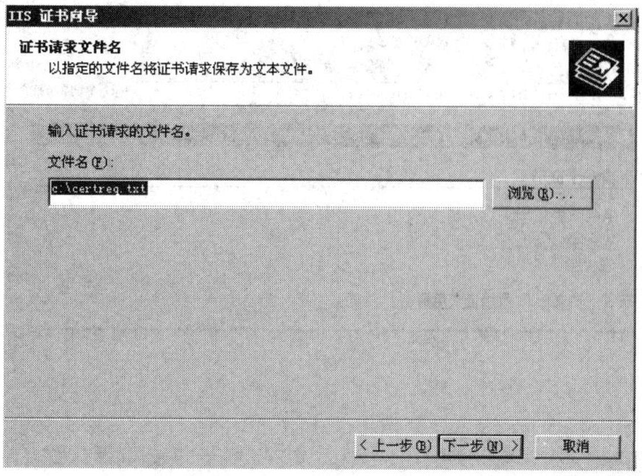

IIS 证书向导
证书请求文件名
以指定的文件名将证书请求保存为文本文件。
输入证书请求的文件名。
文件名(F):
c:\certreq.txt
浏览(R)...
< 上一步(B)　下一步(N) >　取消

图 4-80　“证书请求文件名”对话框

步骤 12：单击“下一步”按钮，弹出“请求文件摘要”对话框，确认相关请求信息，如图 4-81 所示。

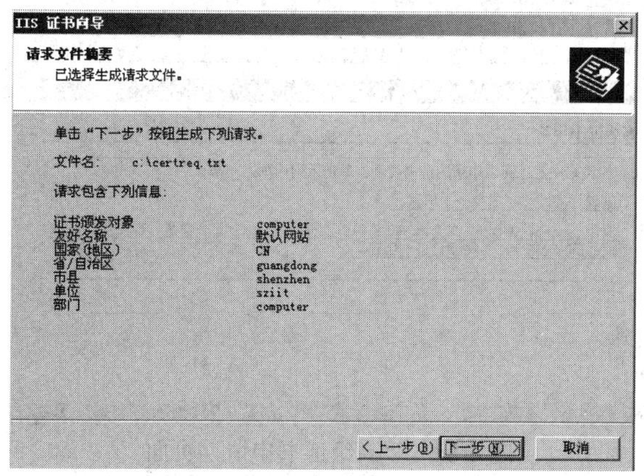

图 4-81　“请求文件摘要”对话框

步骤 13：单击“下一步”按钮，弹出“完成 Web 服务器证书向导”对话框，单击“完成”按钮。

步骤 14：打开浏览器，输入 http://127.0.0.1/certsrv/，如图 4-82 所示。

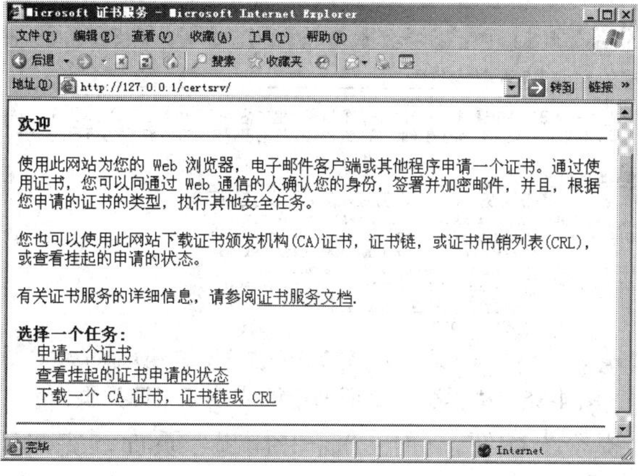

图 4-82　申请证书首页

步骤 15：单击“申请一个证书”链接，弹出“证书类型选择”页面，如图 4-83 所示。

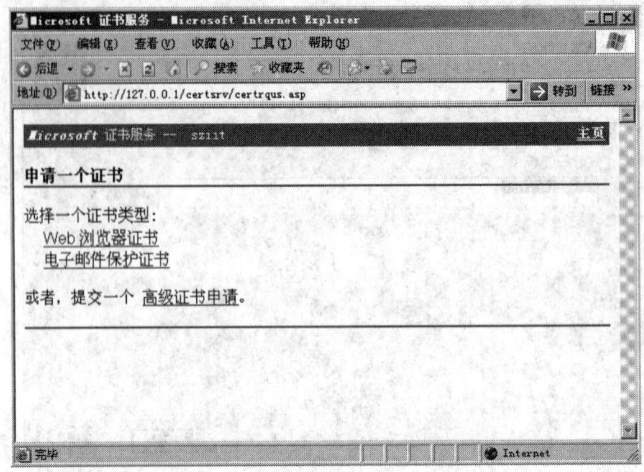

图 4-83 “证书类型选择”页面

步骤 16：单击“Web 浏览器证书”链接，弹出“高级证书申请”页面，如图 4-84 所示。

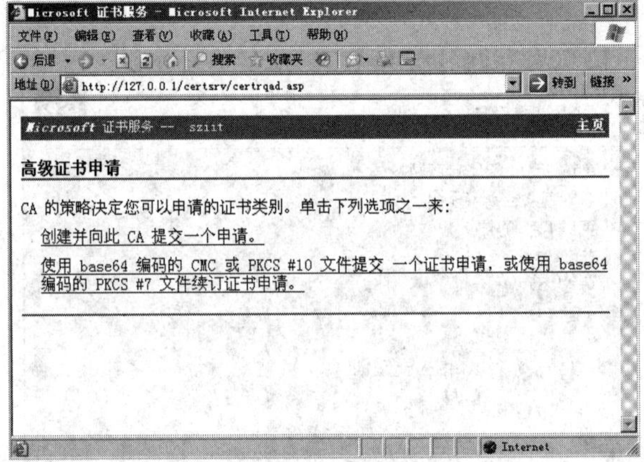

图 4-84 “高级证书申请”页面

步骤 17：单击第二个链接，弹出“提交一个证书申请或续订申请”页面，把前面得到的证书申请文件的内容复制到文本框，如图 4-85 所示。

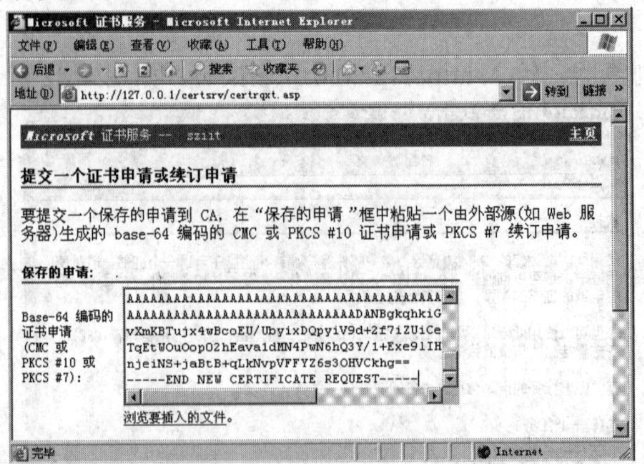

图 4-85 “提交一个证书申请或续订申请”页面

步骤 18：单击“提交”按钮，弹出“证书挂起”页面，完成证书申请，如图 4-86 所示。

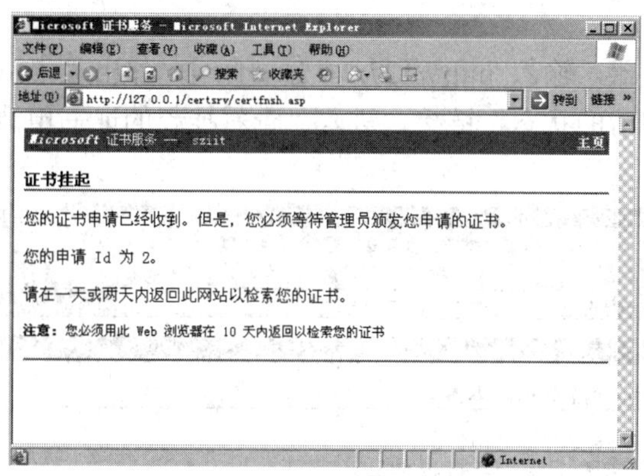

图 4-86　“证书挂起”页面

3) SSL 证书颁发

步骤 1：单击“开始→管理工具→证书颁发机构”，弹出“证书颁发机构”界面，选择“挂起的申请”，右键单击，弹出菜单，如图 4-87 所示。

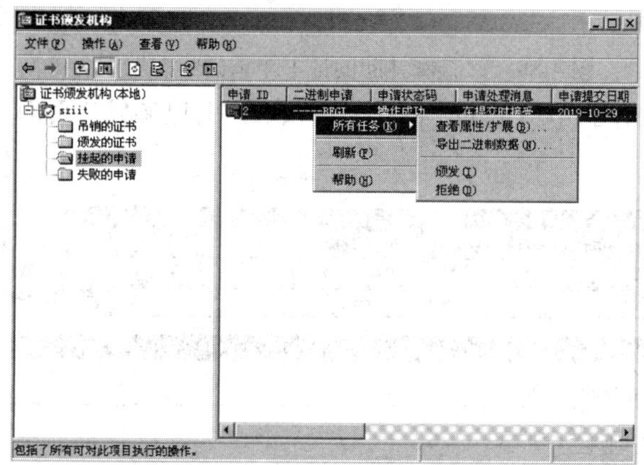

图 4-87　“证书颁发机构”界面

步骤 2：单击“所有任务→颁发”菜单，在“颁发的证书”中可看到刚才申请的证书，如图 4-88 所示。

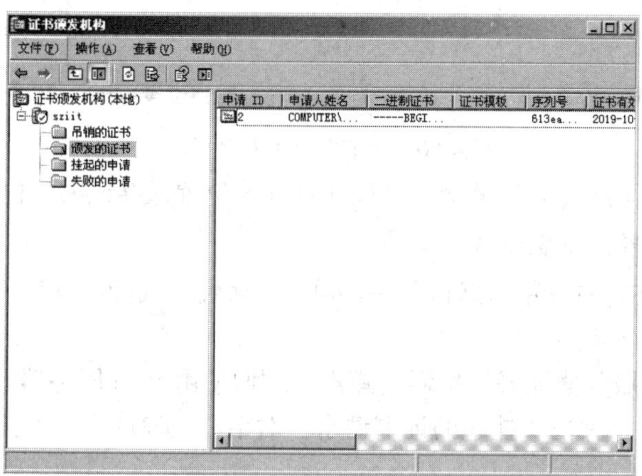

图 4-88　查看颁发的证书

4) SSL 证书下载

步骤 1：打开浏览器，输入 http://127.0.0.1/certsrv/，弹出“申请证书首页”页面，单击“查看挂起的证书申请的状态”链接，进入“查看挂起的证书申请的状态”页面，如图 4-89 所示。

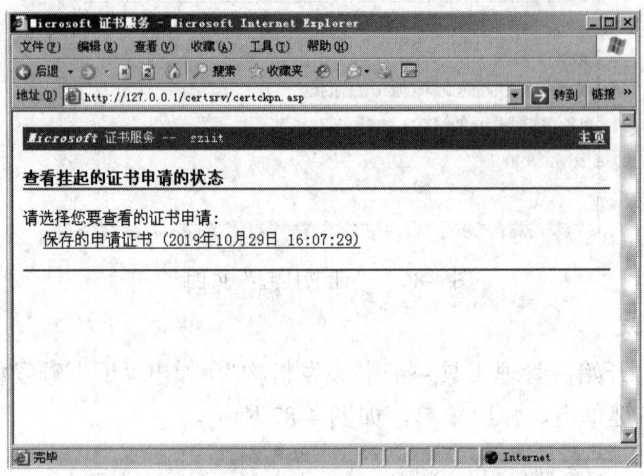

图 4-89　“查看挂起的证书申请的状态”页面

步骤 2：单击“保存的申请证书”链接，进入“证书已颁发”页面，勾选“DER 编码”，如图 4-90 所示。

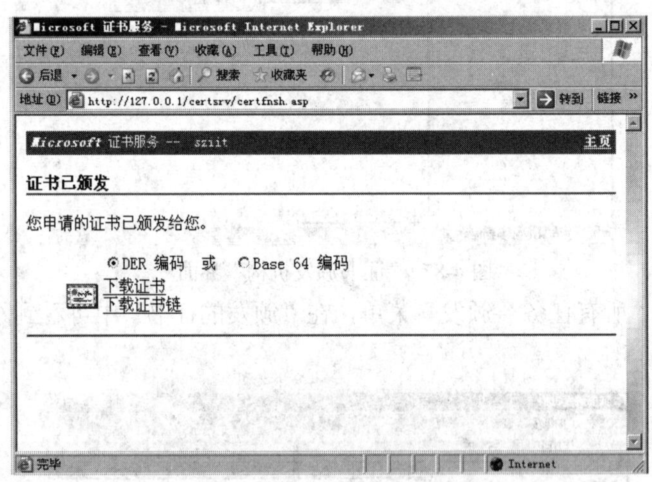

图 4-90　“证书已颁发”页面

步骤 3：单击“下载证书”链接，选取文件存放位置保存证书文件。

5) 在 Web 服务器上安装证书

步骤 1：打开 IIS，右键单击默认网站，单击“属性”，进入“默认网站属性”对话框，选择“目录安全性”选项卡。

步骤 2：单击“服务器证书”按钮，弹出“欢迎使用 Web 服务器证书向导”对话框，单击“下一步”按钮，弹出“挂起的证书请求”对话框，勾选“处理挂起的请求并安装证书”，如图 4-91 所示。

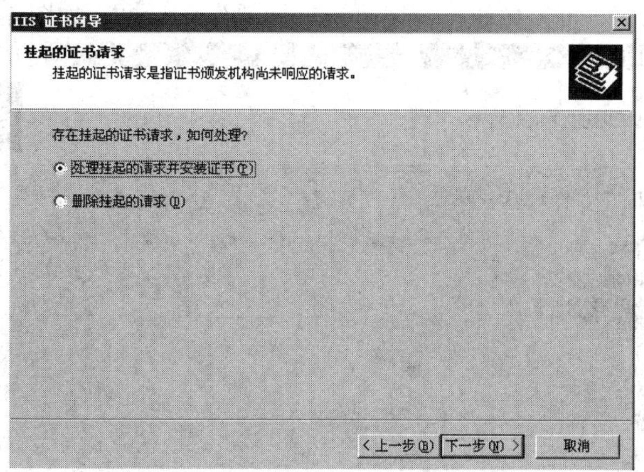

图 4-91　“挂起的证书请求”对话框

步骤 3：单击“下一步”按钮，弹出“处理挂起的请求”对话框，选择前面保存的证书文件，如图 4-92 所示。

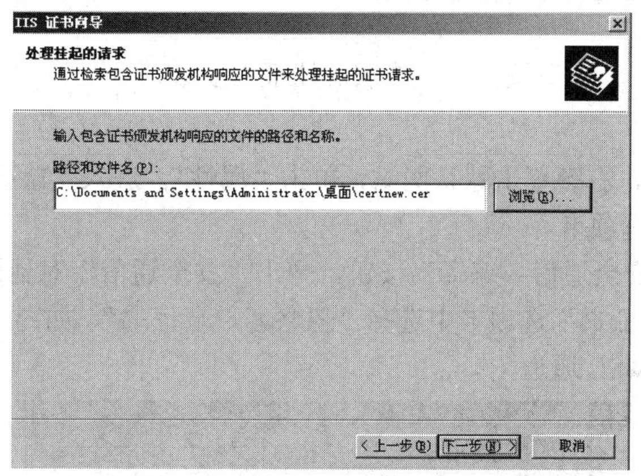

图 4-92　“处理挂起的请求”对话框

步骤 4：单击“下一步”按钮，弹出“SSL 端口”对话框，采用默认设置，如图 4-93 所示。

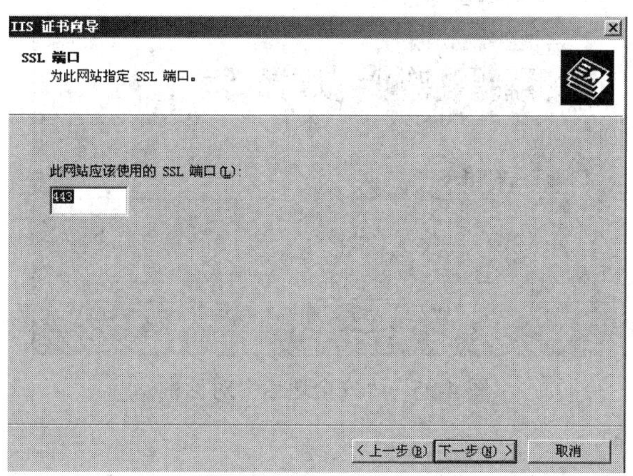

图 4-93　“SSL 端口”对话框

步骤 5：单击“下一步”按钮，弹出“证书摘要”对话框，如图 4-94 所示。

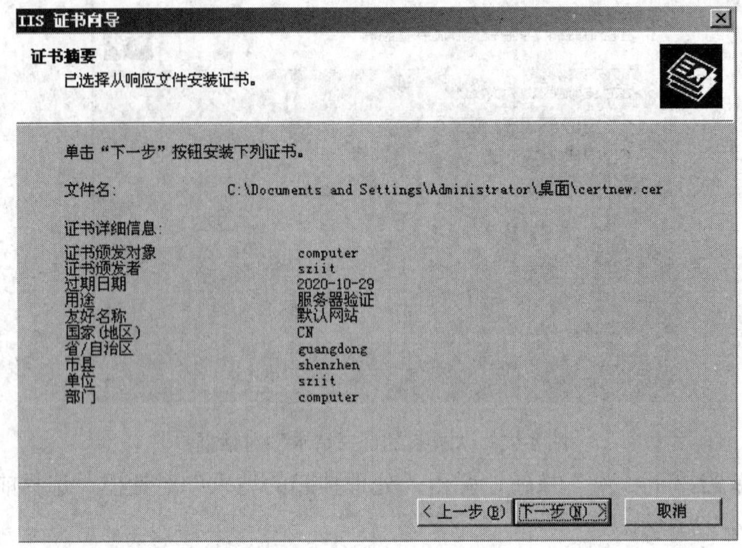

图 4-94　“证书摘要”对话框

步骤 6：单击“下一步”按钮，完成服务器证书安装。

6) 开启 SSL 通道

步骤 1：打开 IIS，右键单击默认网站，单击“属性”，进入“默认网站属性”对话框，选择“目录安全性”选项卡。

步骤 2：单击“安全通信→编辑”按钮，弹出“安全通信”对话框，勾选“要求安全通道(SSL)”，“客户端证书”选项卡中选择“忽略客户端证书”，如图 4-95 所示，单击“确定”按钮，完成开启 SSL 通道。

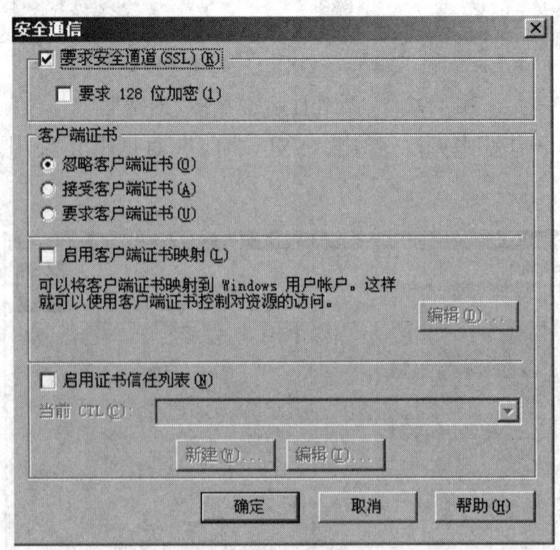

图 4-95　“安全通信”对话框

7) 客户端访问验证

步骤 1：打开浏览器，输入 https://127.0.0.1，如图 4-96 所示。

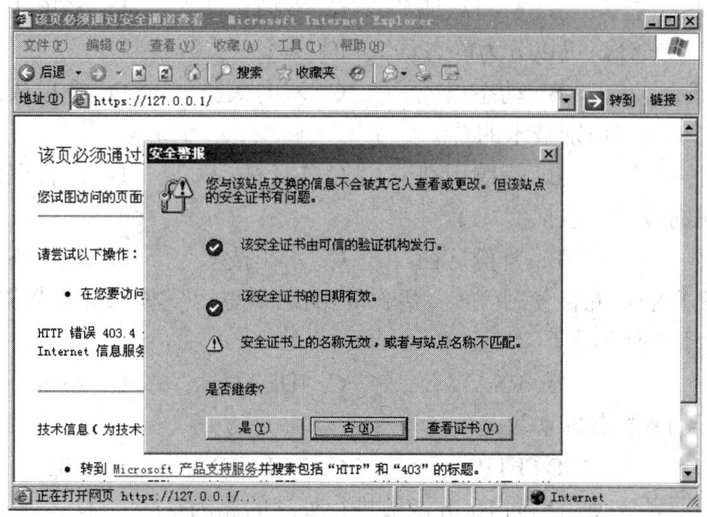

图 4-96　“客户端访问验证”页面

步骤 2：单击“是”按钮，弹出“默认网站首页”页面，如图 4-97 所示。

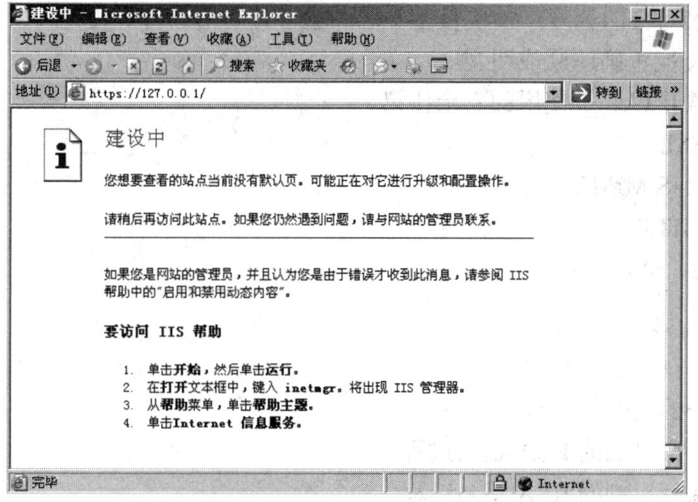

图 4-97　“默认网站首页”页面

习　　题

一、选择题

1. 认证通常分为两种：身份认证和(　　)。

A. 第三方认证　　B. 消息认证　　C. 访问认证　　D. ID 认证

2. 从是否使用硬件分，身份认证可分为硬件认证和(　　)。

A. 消息认证　　B. 身份认证　　C. 软件认证　　D. 口令认证

3. 从认证需要验证的条件分，身份认证可分为单项认证和(　　)。

A. 消息认证　B. 身份认证　C. 双向认证　D. 多项认证

4. 从认证信息来分，可以分为静态认证和(　　)。

A. 消息认证　B. 动态认证　C. 双向认证　D. 多项认证

5. 下列不属于生物识别技术的是(　　)。

A. 虹膜识别　B. 指纹识别　C. U盾技术　D. 声音识别

6. 认证使用的技术不包括(　　)。

A. 消息认证　B. 身份认证　C. 水印技术　D. 数字签名

7. PGP加密算法是混合使用(　　)算法和IDEA算法，它能够提供数据加密和数字签名服务，主要用于邮件加密。

A. DES　B. RSA　C. IDEA　D. AES

8. 主要用于加密机制的协议是(　　)。

A. HTTP　B. FTP　C. TELNET　D. SSL

9. 数字签名要预先使用单向Hash函数进行处理的原因是(　　)。

A. 多一道加密工序使密文更难破译

B. 提高密文的计算速度

C. 缩小签名密文的长度，加快数字签名和验证签名的运算速度

D. 保证密文能正确还原成明文

10. (　　)属于Web中使用的安全协议。

A. PEM、SSL

B. S-HTTP、S/MIME

C. SSL、S-HTTP

D. S/MIME、SSL

二、简答题

1. 消息认证的目的是什么？
2. 简述无保密机制的RSA签名过程。
3. 简述有保密机制的RSA签名过程。
4. 简述电子商务系统所面临的安全问题。
5. 简述PGP工作原理。
6. 简述PKI的体系结构。
7. 简述数字证书的类型。

第 5 章　网络安全技术

本章主要介绍网络攻击的概念和网络攻击的一般流程，重点阐述了网络攻击方法与技术、网络安全防御技术，最后介绍了无线局域网安全技术。通过本章的学习，读者应该达到以下目标：

(1) 理解网络攻击的概念，掌握网络攻击的方法与技术；

(2) 理解网络安全技术，掌握防火墙技术、入侵检测技术和虚拟专用网技术；

(3) 理解无线局域网的概念、协议及标准，掌握无线局域网的安全防范措施。

5.1　网络攻击技术

网络攻击是对网络安全威胁的具体表现。互联网已经成为全球的信息基础设施，然而互联网自身所具有的开放性和共享性特点对信息的安全问题提出了严峻挑战。由于系统脆弱性的客观存在，操作系统、数据库系统和应用系统不可避免的安全漏洞，网络协议自身也存在设计缺陷等，这些都为黑客采用非正常手段入侵提供了可乘之机。

5.1.1　网络攻击技术概述

网络攻击是指针对计算机信息系统、基础设施、计算机网络或个人计算机设备的任何类型的进攻动作。破坏、揭露、修改、使软件或服务失去功能、在没有得到授权的情况下偷取或访问任何计算机的数据，都会被视为对计算机和计算机网络的攻击。

网络信息系统所面临的威胁来自多方面，而且会随着时间的变化而变化。从宏观上看，可以将威胁分为人为威胁和自然威胁。自然威胁主要来自各种自然灾害、恶劣的场地环境、电磁干扰和网络设备的自然老化等。这些威胁虽然是无目的的，但会对网络通信系统造成损害，危及通信安全。而人为威胁是对网络信息系统的人为攻击，通过寻找系统的弱点，以非授权方式达到破坏、欺骗和窃取数据信息等目的。两者比较，精心设计的人为攻击有难防备、种类多、数量大等特征。

1. 网络攻击分类

从对信息的破坏性上看，攻击类型可以分为主动攻击和被动攻击。

1) 主动攻击

主动攻击可分为篡改、伪造消息数据和拒绝服务。这类攻击会导致某些数据流的篡改和虚假数据流的产生。

篡改消息是指一个合法消息的某些部分被改变、删除，消息被延迟或改变顺序，通常用以产生一个未授权的效果。如修改传输消息中的数据，将“允许甲执行操作”改为“允许乙执行操作”。

伪造消息数据指的是某个实体(人或系统)发出含有其他实体身份信息的数据信息，假扮成其他实体，从而以欺骗方式获取一些合法用户的权利和特权。

拒绝服务即常说的DoS(Deny of Service)，会导致通信设备正常使用或管理被无条件地中断。DoS 通常是对整个网络实施破坏，以达到降低性能、中断服务的目的。这种攻击也可能有一个特定的目标，如到某一特定目的地(如安全审计服务)的所有数据包都被阻止。

2) 被动攻击

被动攻击中攻击者不对数据信息做任何修改。截取/窃听是指在未经用户同意和认可的情况下攻击者获得信息或相关数据，通常包括窃听、流量分析、破解弱加密的数据流等攻击方式。

流量分析攻击方式适用于一些特殊场合，例如敏感信息都是保密的，攻击者虽然从截获的消息中无法得到消息的真实内容，但攻击者还能通过观察这些数据报的模式，分析确定出通信双方的位置、通信的次数及消息的长度，获知相关的敏感信息，这种攻击方式称为流量分析。

窃听是最常用的手段。目前应用最广泛的局域网上的数据传送是基于广播方式进行的，这就使一台主机有可能收到本子网上传送的所有信息。而计算机的网卡工作在杂收模式时，它就可以将网络上传送的所有信息传送到上层，以供进一步分析。如果没有采取加密措施，通过协议分析，可以完全掌握通信的全部内容。窃听还可以用无限截获方式得到信息，通过高灵敏接收装置接收网络站点辐射的电磁波或网络连接设备辐射的电磁波，对电磁信号进行分析恢复原数据信号从而获得网络信息。尽管有时数据信息不能通过电磁信号全部恢复，但可能得到极有价值的情报。

2. 网络攻击趋势

在最近几年里，网络攻击技术和攻击工具有了新的发展趋势，使借助 Internet 运行业务的机构面临着前所未有的风险。

1) 安全威胁的不对称性在增加

Internet 上的安全是相互依赖的，每个 Internet 系统遭受攻击的可能性取决于连接到全球 Internet 上其他系统的安全状态。攻击技术水平的进步，攻击者比较容易利用那些不安全的系统，对受害者发动破坏性的攻击。部署自动化程度和攻击工具管理技巧的提高，使威胁的不对称性增加。

2) 攻击工具越来越复杂

攻击工具开发者正在利用更先进的技术武装攻击工具。与以前相比，攻击工具的特征更难发现，更难利用特征进行检测。攻击工具具有三个特点：反侦破，攻击者采用隐蔽攻击工具特性的技术，这使安全专家分析新攻击工具和了解新攻击行为所耗费的时间增多；动态行为，早期的攻击工具是以单一确定的顺序执行攻击步骤，今天的自动攻击工具可以根据随机选择、预先定义的决策路径或通过入侵者直接管理，来变化它们的模式和行为；攻击工具的成熟性，与早期的攻击工具不同，攻击工具可以通过升级或更换工具的一部分，发动迅速变化的攻击，且在每一次攻击中会出现多种不同形态的攻击工具。此外，攻击工具越来越普遍地被开发为可在多种操作系统平台上执行。许多常见攻击工具使用 IRC 或 HTTP(超文本传输协议)等协议，从入侵者那里向受攻击的计算机发送数据或命令，使得人们将攻击特性与正常、合法的网络传输流区别开变得越来越困难。

3) 安全漏洞被利用的速度越来越快

安全漏洞是危害网络安全的主要因素，安全漏洞没有厂商和操作系统平台的区别，它是在所有的操作系统和应用软件中普遍存在的。新发现的各种操作系统与网络安全漏洞每年都要增加一倍，网络安全管理员需要不断用最近的补丁修补相应的漏洞，但攻击者经常抢在厂商发布漏洞补丁之前，发现这些未修补的漏洞同时发起攻击。

4) 防火墙渗透率越来越高

防火墙目前是企业和个人防范网络入侵的主要防护措施。一直以来，攻击者都在研究攻击和躲避防火墙的技术和手段。攻击防火墙的方法，大概分为两类。第一类攻击防火墙的方法是探测在目标网络上安装的是何种防火墙系统，找出防火墙系统允许哪些服务开放，是基于防火墙的探测攻击；第二类攻击防火墙的方法是采取地址欺骗、TCP 序列号攻击等手法绕过防火墙的认证机制，达到攻击防火墙和内部网络的目的。

5) 自动化和攻击速度提高

攻击工具的自动化水平不断提高。自动攻击一般涉及扫描、渗透控制、传播攻击及攻击工具协调管理四个阶段，每个阶段都出现了威胁可能受害者的新变化。

(1) 在扫描阶段，攻击者采用新出现的扫描技术(隐藏扫描、告诉扫描、智能扫描、指纹识别等)推动扫描工具的发展，使得攻击者利用更先进的扫描模式来改善扫描效果，提高扫描速度。一个新的发展趋势是漏洞数据同扫描代码分离出来并标准化，使得攻击者能自行对扫描工具进行更新。

(2) 在渗透控制阶段，传统的植入方式，如邮件附件植入、文件捆绑植入已经不再有效，因为普遍安装了杀毒软件和防火墙。随之出现的先进的隐藏远程植入方式，如基于数字水印远程植入方式、基于动态链接库(DLL)和远程线程插入的植入技术，能够躲避防病毒软件的检测，将受控端程序植入到目的计算机中。

(3) 在传播攻击阶段，以前需要依靠人工启动工具发起的攻击，现在发展到由攻击工具本身主动发起新的攻击。

(4) 在攻击工具协调管理阶段，随着分布式攻击工具的出现，攻击者可以很容易地控制和协调分布在 Internet 上的大量已经部署的攻击工具。目前，分布式攻击工具能够更有效地发动拒绝服务攻击，扫描潜在的受害者，危害存在安全隐患的系统。

6) 对网络基础设施威胁增大

网络基础设施攻击是大面积影响 Internet 关键组成部分的攻击。由于用户越来越多地依赖 Internet 完成日常业务，网络基础设施攻击引起人们越来越大的担心。对网络基础设施的攻击，主要手段有分布式拒绝服务攻击、蠕虫病毒攻击、Internet 域名系统 DNS 攻击和路由器攻击。

5.1.2　网络攻击的一般流程

进行网络攻击并不是件简单的事情，它是一项复杂及步骤性很强的工作。一般的攻击分为三个阶段，即攻击的准备阶段、攻击的实施阶段和攻击的善后阶段，如图 5-1 所示。

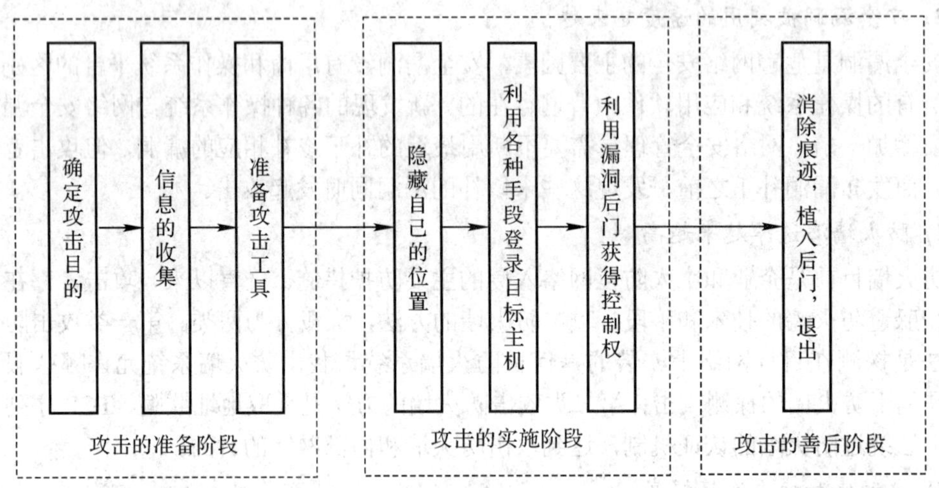

图 5-1　网络攻击的一般流程

1. 攻击的准备阶段

在攻击的准备阶段需做好三件事：确定攻击目的、收集目标信息以及准备攻击工具。只有确定了攻击目的，确定了攻击希望达到的效果，才能做下一步工作；收集目标信息除了获取目标主机及其所在网络的类型后，还需进一步获取有关信息，如目标机 IP 地址、操作系统类型和版本等，根据这些信息进行分析，可以得到被攻击系统中可能存在的漏洞；收集或编写适当的工具，并在操作系统分析的基础上，对工具进行评估，判断有哪些漏洞和区域没有覆盖到。

2. 攻击的实施阶段

攻击实施阶段的一般步骤如下：

(1) 隐藏自己的位置。攻击者利用隐藏 IP 地址等方式保护自己不被追踪。

(2) 利用收集到的信息获取账号和密码，登录主机。攻击者要想入侵一台主机，仅仅知道它的 IP 地址、操作系统信息是不够的，还必须要有该主机的一个账号和密码，否则连登录都无法进行。攻击者先设法盗取账户文件，进行破解或弱口令猜测，获取某用户的账户和密码，再寻找合适时机以此身份进入主机。

(3) 利用漏洞或者其他方法获得控制权并窃取网络资源和特权。攻击者用 FTP、Telnet 等工具且利用系统漏洞进入目标主机系统获得控制权后，就可以做任何他们想做的事情了。

3. 攻击的善后阶段

为了自身的隐蔽性，高水平的攻击者会抹掉在日志中留下的痕迹。最简单的方法就是删除日志，这样做虽然避免了自己的信息被系统管理员追踪到，但是也明确无误地告诉了对方系统被入侵了，所以最常见的方法是对日志文件中有关自己的那一部分进行修改。清除完日志后，需要植入后门程序，因为一旦系统被攻破，攻击者希望日后能够不止一次地进入该系统。为了下次攻击的方便，攻击者都会留下一个后门。充当后门的工具种类非常多，如传统的木马程序。为了能够将受害主机作为跳板去攻击其他目标，攻击者还会在其上安装各种工具，包括嗅探器、扫描器、代理等。

5.1.3　网络攻击的方法

1. 信息收集

信息收集是指为了有效实施攻击，在攻击前或攻击过程中对目标主机进行的所有探测活动。信息收集也被称为踩点(foot printing)。

信息收集的主要目的是获取目标的如下信息：目标主机域名，IP 地址，操作系统类型、开放了哪些端口、端口运行的应用程序、应用程序有没有漏洞，域名服务器、邮件交换主机和网关等关键系统的位置及软硬件信息。

为达到以上目的，攻击者通常采用以下网络信息收集的命令和工具。

1) ping

ping 命令是入侵者常用的网络命令，该命令主要用于测试网络的连通性，一般是直接在系统内核中实现的，而不是一个用户进程。

ping 命令给目标 IP 地址发送一个数据包，检查网络是否畅通。如果畅通，对方就要返回一个同样大小的数据包，根据返回的数据包可以确定目标主机的存在、初步判断目标主机的操作系统等。例如，使用“ping 192.168.0.1”命令，如果返回结果是“Reply from 192.168.0.1：bytes=32 time=1ms TTL=128”，目标主机有响应，说明 192.168.0.1 这台主机是活动的。如果返回的结果是“Request timed out.”，则目标主机不是活动的，即目标主机不在线或安装有防火墙，这样的主机是不容易入侵的。

不同的操作系统对于 ping 的 TTL 返回值是不同的，如表 5-1 所示。

表 5-1　操作系统类型与 TTL 返回值对应表

操作系统	默认 TTL 返回值
UNIX	255
Linux	64
Windows 95/98	32
Windows 2000/2003/XP/2008/7/10	128

2) ARP

ARP(Address Resolution Protocol)，即地址解析协议，是根据 IP 地址解析物理地址的一个网络层 TCP/IP 协议。主机将包含目标 IP 地址信息的 ARP 请求广播到网络中的所有主机，并接收返回消息，以此确定目标 IP 地址的物理地址，收到返回消息后将该 IP 地址和物理地址存入本机 ARP 缓存中并保留一定时间，以便下次请求时直接查询 ARP 缓存以节约资源。图 5-2 显示 IP 地址、MAC 地址与类型。

```
管理员: C:\Windows\system32\cmd.exe
Microsoft Windows [版本 6.1.7601]
版权所有 (c) 2009 Microsoft Corporation。保留所有权利。

C:\Users\Administrator>arp -a

接口: 10.144.61.100 --- 0x13
  Internet 地址         物理地址              类型
  10.144.61.1           00-74-9c-c7-9c-b9     动态
  10.144.61.11          74-27-ea-ee-2e-8b     动态
  10.144.61.12          74-27-ea-ee-5d-53     动态
  10.144.61.13          c0-3f-d5-34-d2-b7     动态
  10.144.61.14          74-27-ea-ee-7b-04     动态
  10.144.61.15          c0-3f-d5-34-d2-92     动态
  10.144.61.16          c0-3f-d5-34-ce-28     动态
  10.144.61.17          74-27-ea-ef-a4-25     动态
  10.144.61.18          c0-3f-d5-34-d3-7c     动态
  10.144.61.19          74-27-ea-ef-e1-6e     动态
  10.144.61.20          c0-3f-d5-04-07-0e     动态
  10.144.61.21          74-27-ea-eb-d7-ed     动态
  10.144.61.22          c0-3f-d5-34-68-9d     动态
  10.144.61.23          74-27-ea-ef-a4-a9     动态
  10.144.61.24          c0-3f-d5-34-ce-56     动态
  10.144.61.25          c0-3f-d5-34-ce-5b     动态
  10.144.61.26          74-27-ea-ea-39-ae     动态
  10.144.61.27          74-27-ea-ef-a2-19     动态
```

图 5-2　ARP 查询命令结果

3) Tracert

Tracert(跟踪路由)是路由跟踪实用程序，用于确定 IP 数据包访问目标所采取的路径。Tracert 命令用 IP 生存时间 (TTL) 字段和 ICMP 错误消息来确定从一个主机到网络上其他主机的路由。图 5-3 显示本机到 www.baidu.com 的所有路由器列表。

```
管理员: C:\Windows\system32\cmd.exe
Microsoft Windows [版本 6.1.7601]
版权所有 (c) 2009 Microsoft Corporation。保留所有权利。

C:\Users\Administrator>tracert www.baidu.com

通过最多 30 个跃点跟踪
到 www.a.shifen.com [14.215.177.39] 的路由:

  1    <1 毫秒   <1 毫秒   <1 毫秒 10.144.61.1
  2    <1 毫秒    1 ms      1 ms  10.0.10.26
  3    <1 毫秒   <1 毫秒   <1 毫秒 10.0.10.202
  4     *        <1 毫秒   <1 毫秒 10.0.10.169
  5     1 ms      2 ms      2 ms  100.100.100.254
  6     4 ms      2 ms      3 ms  218.17.105.1
  7     2 ms      3 ms      3 ms  121.15.148.41
  8     5 ms     44 ms     42 ms  183.56.66.29
  9     *         5 ms      4 ms  125.176.37.59.broad.dg.gd.dynamic.163data.com.c
 [59.37.176.125]
 10     *         6 ms      *     202.105.106.37
 11    10 ms     14 ms     14 ms  113.96.5.46
 12    65 ms      6 ms      6 ms  86.96.135.219.broad.fs.gd.dynamic.163data.com.c
 [219.135.96.86]
 13     8 ms      9 ms      7 ms  14.29.117.234
 14     *         *         *     请求超时。
 15     6 ms      6 ms      6 ms  14.215.177.39

跟踪完成。
```

图 5-3　本机到百度的路由列表

4) Netstat

Netstat 是控制台命令，是一个监控 TCP/IP 网络的非常有用的工具，它可以显示路由表、实际的网络连接以及每一个网络接口设备的状态信息。一般用 netstat -an 来显示所有连接的端口并用数字表示。netstat -a 命令的运行结果如图 5-4 所示。

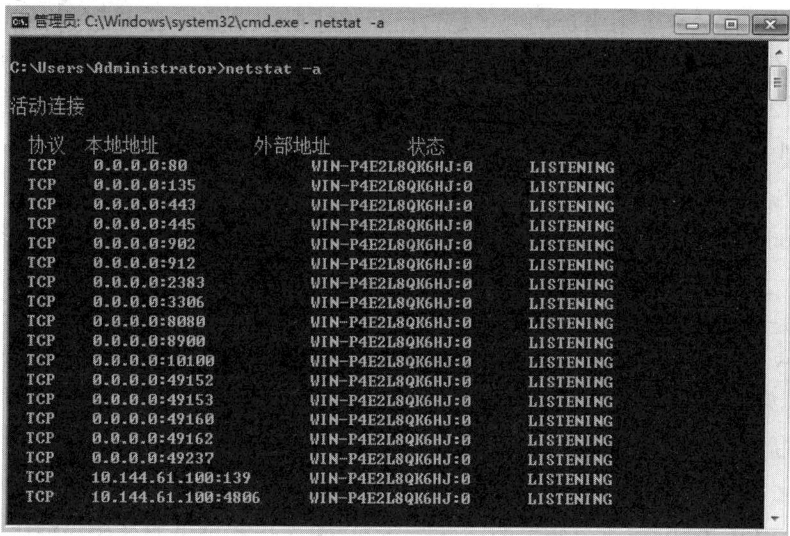

图 5-4　netstat -a 命令的运行结果

5) route

route 命令用来显示、人工添加和修改路由表项。

route print 用于显示路由表中的当前项目，如图 5-5 所示。

route add 可以将新路由项目添加到路由表。

route change 可以用来修改数据的传输路由。

route delete 可以从路由表中删除路由。

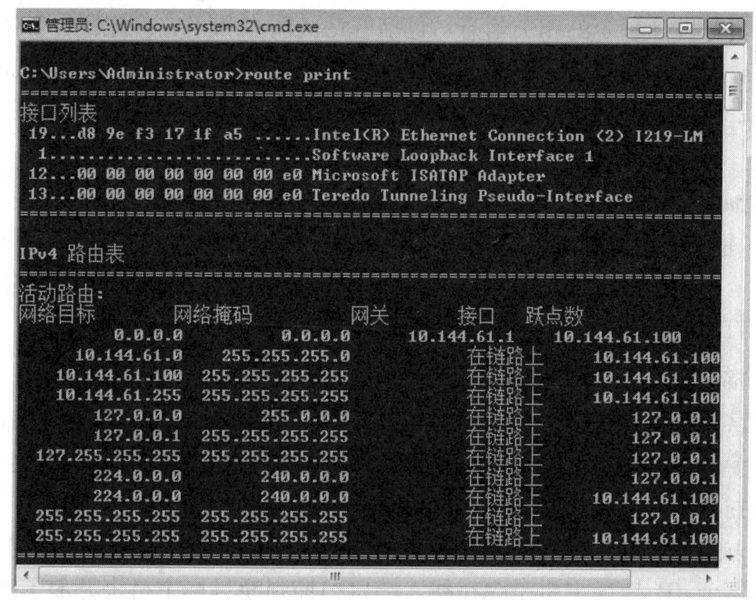

图 5-5　route print 命令的结果

6) whois

whois 是用来查询域名的 IP 以及所有者等信息的传输协议，使用 TCP 协议 43 端口。

简单说，whois 就是一个用来查询域名是否已经被注册，以及注册域名的详细信息的数据库(如域名所有人、域名注册商)。早期的 whois 查询多以命令列接口存在，但是现在出现了一些网页接口简化的线上查询工具，如国内提供 whois 查询服务的有万网、站长之家等，可以依次向不同的数据库查询。

7) DNS

DNS(Domain Name System，域名系统)是互联网的一项服务。它作为将域名和 IP 地址相互映射的一个分布式数据库，能够使人更方便地访问互联网。其中服务端程序是 bind，客户端程序是 nslookup，服务端口是 udp 53。

nslookup 可以指定查询的类型，可以查到 DNS 记录的生存时间，还可以指定使用哪个 DNS 服务器进行解释。在已安装 TCP/IP 协议的电脑上面均可以使用这个命令。该命令主要用来诊断域名系统基础结构的信息。

8) telnet

telnet 协议是 TCP/IP 协议族中的一员，是 Internet 远程登录服务的标准协议和主要方式。它为用户提供了在本地计算机上完成远程主机工作的能力。在终端使用者的电脑上使用 telnet 程序，连接到服务器。终端使用者可以在 telnet 程序中输入命令，这些命令会在服务器上运行，就像直接在服务器的控制台上输入一样，可以在本地就能控制服务器。要开始一个 telnet 会话，必须输入用户名和密码来登录服务器。telnet 是常用的远程控制 Web 服务器的方法。通过 telnet 可以得到目标系统服务的版本信息。

9) 搜索引擎

搜索引擎是一个非常有用的信息收集工具，Baidu、Google 具有很强的搜索能力，能够帮助攻击者获得目标系统的相关信息，包括网站的弱点和不完善配置。多数网站只要设置了目录列举功能，Google 就能搜索出 Index of 页面。打开 Index of 页面能够浏览一些隐藏在互联网背后的开放了目录浏览的网站服务器的目录，并下载本无法看到的密码、账户等有用文件。

10) SamSpade

SamSpade 是一款运行在 Windows 平台的集成工具箱软件，用于大量的网络探测、网络管理和与安全有关的任务，包括 ping、nslookup、whois、dig、traceroute、finger、DNS zone transfer、raw HTTP web browser、SMTP relay check、website search 等工具。

2. 网络扫描

网络扫描是进行信息收集的一种必要手段，它可以完成大量的重复性工作，为使用者收集与系统相关的必要信息。对于黑客来讲，网络扫描是攻击系统时的有力助手；而对于管理员，网络扫描同样具备检查漏洞、提高安全性的重要作用。

根据扫描方式的不同，网络扫描主要分为以下三种：地址扫描、端口扫描和漏洞扫描。地址扫描判断某个 IP 地址主机是否在线。端口扫描判断目标主机上开放了哪些端口，从而可以判断目标主机上开放了哪些服务，然后入侵者可以针对这些服务进行相应的攻击。漏洞扫描是指基于漏洞数据库，通过扫描等手段对指定的远程或者本地计算机系统的安全脆弱性进行检测，从而发现并利用漏洞进行渗透攻击。

1) 地址扫描

地址扫描的目的是确定在目标网络上的主机是否可达。这是网络攻击的初级阶段，其效果直接影响到后续的扫描。Ping 就是最原始的主机存活扫描技术，利用 icmp 的 echo 字段，发出的请求如果收到回应的话代表主机存活。下面介绍几种传统的扫描手段。

(1) ICMP Echo 扫描。ICMP Echo 扫描精度相对较高，通过简单地向目标主机发送 ICMP Echo Request 数据包，并等待回复 ICMP Echo Reply 包，如 Ping 命令。

(2) ICMP Sweep 扫描。ICMP Sweep 扫描进行扫射式的扫描，即并发性扫描，使用 ICMP Echo Request 一次探测多个目标主机。通常这种探测包会并行发送，以提高探测效率，适用于大范围的扫描。

(3) Broadcast ICMP 扫描。Broadcast ICMP 扫描即广播型 ICMP 扫描，利用一些主机在 ICMP 实现上的差异，设置 ICMP 请求包的目标地址为广播地址或网络地址，则可以探测广播域或整个网络范围内的主机，子网内所有存活主机都会给予回应，但这种情况只适合于 UNIX/Linux 系统。

(4) Non-Echo ICMP 扫描。在 ICMP 协议中不是只用到 ICMP ECHO 的 ICMP 查询信息类型，也用到 Non-ECHO ICMP 技术，该技术不仅能探测主机，也可以探测网络设备。可以利用的 ICMP 服务类型包括 Timestamp 和 Timestamp Reply、Information Request 和 Information Reply、Address Mask Request 和 Address Mask Reply。

为达到规避防火墙和入侵检测等设备的目的，ICMP 协议提供网络间传送错误信息的功能成为了主要的非常规扫描手段。其主要原理就是利用被探测主机产生的 ICMP 错误报文来进行复杂的主机探测。常用的规避技术大致分为 4 类。

(1) 异常的 IP 包头：向目标主机发送包头错误的 IP 包，目标主机或过滤设备会反馈 ICMP Parameter Problem Error 信息。常见的伪造错误字段为 Header Length 和 IP Options。不同厂家的路由器和操作系统对这些错误的处理方式不同，返回的结果也不同。

(2) 在 IP 头中设置无效的字段值：向目标主机发送的 IP 包中填充错误的字段值，目标主机或过滤设备会反馈 ICMP Destination Unreachable 信息。这种方法同样可以探测目标主机和网络设备。

(3) 通过超长包探测内部路由器：若构造的数据包长度超过目标系统所在路由器的 PMTU 且设置禁止分片标志，该路由器会反馈 Fragmentation Needed and Don’t Fragment Bit was Set 差错报文。

(4) 反向映射探测：用于探测被过滤设备或防火墙保护的网络和主机。构造可能的内部 IP 地址列表，并向这些地址发送数据包。当对方路由器接收到这些数据包时，会进行 IP 识别并路由，对不在其服务范围的 IP 包发送 ICMP Host Unreachable 或 ICMP Time Exceeded 错误报文，没有接收到相应错误报文的 IP 地址可被认为在该网络中。

2) 端口扫描

端口是由 TCP/IP 协议定义的逻辑端口，端口相当于两台计算机进程间的大门，目的是为了让两台计算机找到对方进程，所以必须给端口进行编号。端口范围为 0～65535，分为标准端口和非标准端口。标准端口范围为 0～1023，分配一些固定服务。非标准端口范围为 1024～65535，不分配固定服务，许多服务都可以使用，病毒、木马程序常常利用非标准端口从事服务活动。常见的端口扫描技术有以下五种。

(1) TCP connect 扫描。TCP connect 扫描也称全连接扫描，调用套接口函数 connect()连接目标端口，完成三次握手过程。如果能够成功建立连接，则表明端口开放，否则为关闭。

客户端与目标机连接成功：客户端向目标机发送 SYN 数据包，目标机返回 SYN/ACK 数据包表明端口开放，客户端向目标机返回 ACK 数据包表明连接已建立，最后客户端主动断开连接。

客户端与目标机连接失败：客户端向目标机发送 SYN 数据包，目标机返回 RST/ACK 数据包表明端口未开放。

TCP connect 扫描的优点：准确度高，扫描速度快，实现简单，对操作者的权限没有严格要求。

TCP connect 扫描的缺点：容易被防火墙和入侵检测系统发现，并且在目标主机的日志中记录大量的连接请求以及错误信息。

(2) TCP SYN 扫描。TCP SYN 扫描也称半开放扫描，客户端向目标主机的一个端口发送连接请求的 SYN 数据包，客户端在收到目标主机的 SYN/ACK 数据包后，不是发送 ACK 应答包而是发送 RST 包请求断开连接。这样，三次握手就没有完成，无法建立正常的 TCP 连接。

端口开放状态：客户端向目标主机发送 SYN 数据包，目标机返回 SYN/ACK 数据包表明端口开放，最后客户端向目标主机发送 RST 数据包断开连接。

端口关闭状态：客户端向目标主机发送 SYN 数据包，目标机返回 RST 数据包表明端口关闭。

TCP SYN 扫描的优点：TCP SYN 扫描不会被记录到系统日志中，比 TCP connect 扫描隐蔽，不易被发现。

TCP SYN 扫描的缺点：TCP SYN 扫描需要 root 权限，而且容易造成拒绝服务攻击。

(3) TCP NULL 扫描。TCP NULL 扫描也称反向扫描，其原理是将一个没有设置任何标志位的数据包发送给目标主机的一个端口，但在正常的通信中应该至少设置一个标志位。根据 FRC 793 的要求，在端口关闭的情况下，若目标主机收到一个没有设置标志位的数据包，那么应该丢弃该数据包，并发送一个 RST 数据包，否则不响应客户端。也就是说，如果目标主机该端口处于关闭状态，则响应一个 RST 数据包，若处于开放状态，则无响应。

TCP NULL 扫描要求所有的主机都符合 RFC 793 规定，但是 Windows 系统主机不遵从 RFC 793 标准，且只要收到没有设置任何标志位的数据包时，不管端口是处于开放状态还是关闭状态都响应一个 RST 数据包。但是基于 Unix 和 Linux 系统遵从 RFC 793 标准，因此，TCP NULL 扫描不能准确判断 Windows 系统上端口开放情况，但可用来判断目标主机的操作系统是否是 Windows 系统。

TCP NULL 扫描与前两种扫描的判断条件正好相反，在前两种扫描中，有响应数据包表示端口开放，在 TCP NULL 扫描中，收到响应数据包表示端口关闭。TCP NULL 扫描比前两种扫描隐蔽性高，但精确度相对较低。

(4) TCP FIN 扫描。TCP FIN 扫描与 TCP NULL 扫描有点类似，申请方主机向目标主机一个端口发送一个设置了 FIN 位的数据包，如果目标主机该端口处于关闭状态，则返回一个 RST 数据包；否则不响应。同样，TCP FIN 扫描不能准确判断 Windows 系统上端口的开放情况。

(5) TCP ACK 扫描。TCP ACK 扫描是利用标志位 ACK，而 ACK 标志在 TCP 协议中表示确认序号有效，它表示确认一个正常的 TCP 连接，但是 TCP ACK 扫描并没有进行正常的 TCP 连接。当发送一个带有 ACK 标志的 TCP 报文到目标主机的端口时，目标主机的端口不管是开放还是关闭，都返回含有 RST 标志的报文，因此无法通过 TCP ACK 扫描来确定端口状态，但是可以用于探测防火墙的规则集。它可以确定防火墙是否只是简单地分组过滤、只允许已建好的连接(设置 ACK 位)，还是一个基于状态的、可执行高级的分组的过滤防火墙。

3) 漏洞扫描

漏洞扫描是指基于漏洞数据库，通过扫描等手段对指定的远程或者本地计算机系统的安全脆弱性进行检测，发现可利用漏洞的一种安全检测(渗透攻击)行为。漏洞扫描器包括网络漏扫、主机漏扫等不同种类。

网络扫描可看作为一种漏洞信息收集，它根据不同漏洞的特性构造网络数据包，发给网络中的一个或多个目标主机，以判断某个特定的漏洞是否存在。

主机漏扫通常在目标系统上安装了一个代理或者服务，以便能够访问所有的文件与进程，以此来扫描计算机中的漏洞。

3. 网络监听

通过信息收集可以获得网络用户名、IP 地址范围、DNS 服务器以及邮件服务器等信息，通过网络扫描获得目标主机端口开关状态、运行服务类型以及操作系统类型等信息，通过网络监听截获网络上传输的信息，取得超级用户权限，获取用户账号和口令。

以太网的工作原理：将要发送的数据包发往连接在同一网段中的所有主机，在包头中包含应该接收数据包的主机的正确 MAC 地址，只有与数据包中目标地址相同的主机才能接收到数据包。当主机工作在监听模式时，无论数据包中的目标 MAC 地址是什么，主机都将接收。因此，网络监听只能监听同一网段的主机。

网络监听工具称为嗅探器，嗅探器可以是软件，也可以是硬件。硬件的嗅探器也称为网络分析仪，网络分析仪价格昂贵，功能非常强大，可以捕获网络上所有的传输，并且可以重构各种数据包。在了解嗅探器工作原理之前必须了解 HUB、交换机和网卡的工作原理。

1) HUB 和交换机的工作原理

HUB 和交换机的工作原理的区别：当一个主机发给另一个主机数据包时，HUB 首先接收数据包，然后把它转发给 HUB 上的其他各个接口，所以在共享 HUB 所连接的同一网段的所有主机的网卡都可以接收到数据；交换机内部单片程序能够记住每个接口的 MAC 地址，能够将收到的数据包直接转发到相应接口连接的主机，不像 HUB 转发给所有的接口，所以交换式网络环境下只有相应的主机能够接收到数据包，当然广播包除外。

2) 网卡的工作原理

网卡工作在数据链路层。在数据链路层上数据是以帧为单位进行传输的，帧由帧头、数据部分和帧尾组成，不同的部分执行不同的功能。其中帧头部分包括数据的 MAC 地址和源 MAC 地址。帧通过网卡驱动程序处理后发送到网线上，然后通过网线传送给目标主机。目标主机网卡收到传输来的数据，认为应该接收，就在接收后产生中断信号通知 CPU，认为不该接收就丢弃，所以不该接收的数据被网卡截断。CPU 得到中断信号产生中断，操作系统根据网卡驱动程序中设置的网卡中断程序地址调用驱动程序接收数据。网卡收到传来的数据，先接收数据帧头的目标 MAC 地址。只有目标 MAC 地址与本地 MAC 地址相同的数据包(直接模式)、广播包(广播模式)或者多播传送数据包(多播传送模式)，网卡才接收，否则直接被网卡丢弃。

网卡通常有四种工作模式，分别是广播模式、多播传送模式、直接模式和混杂模式。

(1) 广播模式(Broad Cast Model)：它的物理地址(MAC)是 0Xffffff 的帧为广播帧，工作在广播模式的网卡接收广播帧。

(2) 多播传送模式(MultiCast Model)：多播传送地址作为目的物理地址的帧可以被组内的其他主机同时接收，而组外主机却接收不到。但是，如果将网卡设置为多播传送模式，它可以接收所有的多播传送帧，而不论它是不是组内成员。

(3) 直接模式(Direct Model)：工作在直接模式下的网卡只接收目地址是自己 MAC 地址的帧。

(4) 混杂模式(Promiscuous Model)：工作在混杂模式下的网卡接收所有经过的数据帧，数据包捕获程序就是在这种模式下运行的。网卡的缺省工作模式包含广播模式和直接模式，即它只接收广播帧和发给自己的数据帧。如果采用混杂模式，可以捕获网络上所有经过的数据帧，此时网卡就是嗅探器。

3) 网络监听的基本原理

网络监听最关键的要求是网卡设置于混杂模式。在共享式网络环境下，攻击者把网卡设置为混杂模式。在交换式网络环境下，攻击者试探交换机是否存在失败保护模式，交换机维护 IP 地址和 MAC 地址映像关系需要一定时间，网络通信出现大量虚假 MAC 地址，某些类型交换机出现过载情况会转换到失败保护模式，此时交换机工作模式与共享式相同；如果交换机不存在失败保护模式，需使用 ARP 欺骗。

4) 嗅探器软件

比较常见的嗅探器软件有 Wireshark、Sniffer Pro 等，它们的优点是物美价廉、易于使用，缺点是无法捕获网络上所有的数据传输，无法真正了解网络的故障和运行状态。

WireShark 是一款运行在多个操作系统平台上的网络协议分析工具，其主要作用是尝试捕获网络数据包，显示数据包的详细信息。WireShark 是比较优秀的开源网络协议分析软件，Etheral 更高级的演进版本，包含 WinPcap；通常运行在路由器或有路由功能的主机上，这样就能对大量的数据进行监控，几乎能得到以太网上传送的任何数据包。WireShark 有 WireShark-win32 和 WireShark-win64 两个版本，WireShark-win32 可在大多数电脑系统上运行，WireShark-win64 必须安装在 64 位操作系统上。

5.1.4　网络攻击技术

网络攻击技术有很多，常见的主要有 7 种，它们是口令破解攻击、缓冲区溢出攻击、欺骗攻击、拒绝服务攻击/分布式拒绝服务攻击、SQL 注入攻击、网络蠕虫攻击和木马攻击。

1. 口令破解攻击

攻击者攻击目标时常常把破译用户的口令作为攻击的开始。只要攻击者能猜测或者确定用户的口令，他就能获得机器或者网络的访问权，并能访问到用户能访问到的任何资源。如果这个用户具有管理员或 root 用户权限，这将是极其危险的。

口令攻击技术主要有字典攻击、混合攻击和暴力攻击三种类型。

1) 字典攻击

字典攻击就是预先定义好一个口令字典，在破解密码或密钥时，逐一尝试用户自定义字典中口令的攻击方式。因为大多数口令是简单的，运行字典攻击通常足以实现攻击目的，也是闯入目标主机最简单、最快捷的方式。

2) 混合攻击

混合攻击就是对字典中的每个单词、数字或符号进行组合，在破解密码或密钥时，逐一尝试这些组合的攻击方式。因为许多人只通过在当前密码后加数字或字符的方式来更改密码，所以采用混合攻击比较适合这种类型的密码破解。

3) 暴力攻击

暴力攻击就是攻击者尝试所有数字、字母和符号等的组合。此方法最有效，理论上所有的口令都能破解，但速度也最慢。

口令破解的工具有很多，下面重点介绍常用的 Windows 系统账户破解工具 LC5 和 Word 文件密码破解工具 Word Password Recovery Master。

1) LC5

在 Windows 操作系统中，用户账户的安全管理采用安全账号管理器(Security Account Manager，SAM)的机制，用户账号和口令经过 Hash 变换后以 Hash 列表形式存放在 \SystemRoot\system32 下的 SAM 文件中。

首先 LC5 可以从本地系统、其他文件系统、系统备份中获取 SAM 文件，从而得到 Windows 系统中所有用户账号及口令的 Hash 列表，然后把猜测的用户账号和口令采用同样的 Hash 变换得到 Hash 值，将该 Hash 值与 Hash 列表中的各 Hash 值进行比较，若匹配成功，则口令破解成功，否则进行下一轮尝试，直至口令破解成功或者猜测的用户账号和口令全部尝试完毕。

2) Word Password Recovery Master

一般情况下，Word 2010 文件加密是采用 Word 处理软件自带的加密功能，在 Word 文件编辑的状态下，选择“文件→信息”后选择“保护文档→用密码进行加密”，输入密码并再次确认后，即可完成加密。

Word 文件密码破解工具 Word Password Recovery Master 在打开文档并要移除密码时，连接到 Rixler 服务器，单击“移除密码”按钮，文件就可以成功解密。

2. 缓冲区溢出攻击

缓冲区溢出是一种非常普遍、非常危险的漏洞，在各种操作系统、应用软件中广泛存在。利用缓冲区溢出攻击，可以导致程序运行失败、系统宕机、重新启动等后果。更为严重的是，可以利用它执行非授权指令，甚至可以取得系统特权，进而进行各种非法操作。

缓冲区溢出攻击有多种英文名称，如 buffer overflow、buffer overrun、smash the stack、trash the stack、scribble the stack、mangle the stack、memory leak 和 overrun screw 等，它们指的都是

同一种攻击手段。据统计，通过缓冲区溢出进行的攻击已占所有系统攻击总数据的 80%以上。

1) 概念

缓冲区溢出是指计算机向缓冲区内填充数据位数超过了缓冲区本身的容量，使得溢出的数据覆盖在合法数据上。理想的情况下，程序应检查数据长度并不允许输入超过缓冲区长度的数据，但是绝大多数程序都会假设数据长度总是与所分配的储存空间相匹配，这就为缓冲区溢出埋下隐患。操作系统所使用的缓冲区又被称为“堆栈”，在各个操作进程之间，指令会被临时储存在“堆栈”当中，“堆栈”也会出现缓冲区溢出。

2) 原理

通过往程序的缓冲区写超出其长度的内容，造成缓冲区的溢出，从而破坏程序的堆栈，使程序转而执行其他指令，以达到攻击的目的。造成缓冲区溢出的原因是程序中没有仔细检查用户输入的参数。例如下面程序：

```
char bigbuffer[]=”0123456789”;//10 个字符
void main()
{
    char samllbuffer[5]; //分配 5 个字节空间
    strcpy(smallbuffer，bigbuffer);
}
```

上面的 strcpy()将直接把 bigbuffer 中的内容 copy 到 samllbuffer 中，由于 bigbuffer 所占的字节长度大于 smallbuffer 的存储空间，所以就会造成 samllbuffer 的溢出，使程序运行出错。存在像 strcpy 这样的问题的标准函数还有 strcat()、sprintf()、vsprintf()、gets()、scanf()等。

当然，仅仅往缓冲区中填写数据造成溢出一般只会出现分段错误(Segmentation fault)，而不能达到攻击的目的。比较常见的缓冲区溢出攻击是通过制造缓冲区溢出使程序运行一个用户 shell，再通过 shell 执行其他命令。如果该程序属于 root 且有 suid 权限的话，攻击者就获得了一个有 root 权限的 shell，可以对系统进行任意操作了。

由于缓冲区溢出漏洞太普遍了，并且易于实现，所以缓冲区溢出攻击成为一种常见的安全攻击手段。缓冲区溢出攻击也是远程攻击的主要手段，其原因在于缓冲区溢出漏洞给予了攻击者所想要的一切：植入并且执行攻击代码。被植入的攻击代码以一定的权限运行有缓冲区溢出漏洞的程序，从而得到被攻击主机的控制权。

3. 欺骗攻击

1) TCP 欺骗攻击

TCP 协议是基于三次握手的面向连接的传输协议，采用了基于序列号和确认重传的机制来确保传输的可靠性，因此想要进行 TCP 欺骗，必须提前获取第一次握手时的初始序列号，而第一次握手时的初始序列号具有一定的随机性。根据初始序列号获取方式不同可以将 TCP 欺骗分为非盲目攻击和盲目攻击。

(1) 非盲目攻击。非盲攻击就是预测初始序列号的过程不是盲目的，适用于攻击者和目标主机在同一个网络上，可以通过网络嗅探工具来获取目标主机的数据包，从而预测出 TCP 初始序列号。假设同一网段内有 A、B、C 三台主机，主机 A 要授予主机 B 某些特权。

攻击者 C 为获得与主机 B 相同的特权，所做欺骗攻击过程如下：

① C 首先要确定 B 没有接入网络或者处于拒绝服务的状态。

② C 冒充 B 向 A 发送 TCP 第一次握手的数据包(数据包的源 IP 地址为冒充的 B 的 IP 地址)初始序列号为 X，SYN 设置为 1，请求与 A 建立连接。

③ A 响应连接请求，进行第二次握手。因为一开始的时候 C 冒充 B 的 IP 地址发送请求数据包，所以这一次数据包也将返回给 B，假设回应的数据包中的初始序列号为 Y，确认序号为 X+1，由于 B 处于拒绝服务的状态，所以 B 不会回应，此时 C 使用网络嗅探工具截获 A 与 B 第二次握手的数据包，从而得到初始序列号 Y。

④ C 伪造第三次的 TCP 握手数据包，冒充 B 的 IP 发送到 A，数据包的标识位为 ACK，确认序号为 Y+1，序列号为 X+1，此时 C 与 A 完成三次握手并建立了 TCP 连接，C 即获得了主机 A 在主机 B 上所享有的特权，并开始对这些服务实施攻击。

(2) 盲目攻击。盲攻击发生在攻击者与目标主机不在同一个网络上的情况。因为不在同一个网络上，所以攻击者无法使用网络嗅探工具来捕获 TCP 数据包，从而无法获取目标主机的初始序列号，只能预测目标主机的初始序列号。初始序列号具有一定的随机性，只有了解序列号的生成算法才能进行准确的预测，一般有三种算法，第一种就是在原有序列号的基础上增加一个 64K 的常量来作为新的序列号；第二种是与时间相关的，序列号的值是与时间相关的值；第三种是伪随机数，盲目攻击成功的难度就大。

2) 源路由欺骗攻击

某些路由器在处理带路由记录选项的 IP 报文时，不再按照目的 IP 地址查询路由表匹配的方式处理，而是根据路由记录直接反向推送数据包，这样导致了源路由 IP 欺骗的可能性。

攻击者可以伪装信任主机 IP 发送数据包，并开启源路由记录功能，路由器根据源路由回送数据包，从而使攻击者可以解决 TCP 欺骗中相应数据包接收问题，从而以信任主机的身份和权限访问相关受保护的数据资源，甚至进行入侵破坏活动。假设主机 B 享有主机 A 的某些特权，主机 C 想冒充主机 B 从主机 A 获得某些服务，源路由欺骗攻击过程如下：

① C 首先要确定 B 没有接入网络或者处于拒绝服务的状态。

② C 伪装 B 与 A 通信，发送数据包，数据包是 SSRR 的，经过的路线为：C→路由器→A。

③ 由于 C 伪装 B 的 IP 地址，正确的回包线路应该是 A→路由器→B，但因为数据包是 SSRR，所以回包路线变成了 A→路由器→C。此时，C 就可以利用 B 的身份权限进行非法操作了。

3) ARP 欺骗

ARP 欺骗攻击是针对以太网地址解析协议(ARP)的一种攻击技术，此种攻击可让攻击者获取局域网上的数据包甚至可篡改数据包，且可让网上特定计算机或所有计算机无法正常通信。

主机之间进行通信要知道目标的 IP 地址，但是在局域网中传输数据的网卡却不能直接识别 IP 地址，所以用 ARP 解析协议将 IP 地址解析成 MAC 地址。ARP 协议的基本功能就是通过目标设备的 IP 地址来查询目标设备的 MAC 地址。

在局域网的任意一台主机中都有一个 ARP 缓存表，里面保存本机已知的该局域网中各主机和路由器的 IP 地址和 MAC 地址的对照关系。假设局域网中有四台主机，IP 地址与 MAC 地址对照表如表 5-2 所示。

表 5-2　局域网 IP 地址与 MAC 地址对照表

主机	IP 地址	MAC 地址	网关
A	192.168.0.2	c8-3a-35-3c-9c-38	192.168.0.1
B	192.168.0.3	00-34-67-88-2f-22	192.168.0.1
C	192.168.0.4	00-44-44-aa-3b-4d	192.168.0.1
D	192.168.0.5	00-25-17-2a-2e-34	192.168.0.1

主机 A 要和主机 B 通信，主机 A 首先会查询自己的 ARP 缓存表里有没有主机 B 的 MAC 地址，如果有，就将主机 B 的 MAC 地址 00-34-67-88-2f-22 封装到数据包发送出去；如果没有，主机 A 会向全网发送一个 ARP 广播包，大声询问：我的 IP 地址是 192.168.0.2，MAC 地址是 c8-3a-35-3c-9c-38，我想知道 IP 地址是 192.168.0.3 的 MAC 地址是多少？此时，局域网内所有主机都收到了，只有 B 收到后会单独回应：我是 192.168.0.3，我的 MAC 地址是 00-34-67-88-2f-22，其他主机不会理会 A 的 ARP 广播包，主机 A 收到主机 B 的应答后会动态地更新自身的 ARP 缓存表。

ARP 协议是建立在信任局域网内所有节点的基础上的，它的效率很高，但是不安全。它是无状态的协议，它不会检查自己是否发过请求包，也不知道自己是否发过请求包。它也不去判别是否是合法的应答，只要收到目标 MAC 地址都会接收并缓存。

ARP 欺骗的原理是当主机 A 发广播询问：我想知道 IP 地址是 192.168.0.3 的 MAC 地址是多少？此时主机 B 当然会回话：我是 IP 地址 192.168.0.3，我的 MAC 地址是 00-34-67-88- 2f-22，可是此时 IP 地址是 192.168.0.4 的主机 C 非法回应：我是 IP 地址 192.168.0.3，我的 MAC 地址是 00-44-44-aa-3b-4d，而且是大量的回应。这样主机 A 就会误信 IP 地址 192.168.0.3 的 MAC 地址是 00-44-44-aa-3b-4d，而且动态更新缓存表。这样主机 C 就劫持了主机 A 发送给主机 B 的数据。假如主机 C 直接冒充网关，主机 C 会不停地发送 ARP 欺骗广播数据包，大声说：我的 IP 地址是 192.168.0.1，我的 MAC 地址是 00-44-44-aa-3b-4d，此时局域网内所有主机都被欺骗，更改自己的缓存表，这样主机 C 将会监听到整个局域网发送的数据包。

4) DNS 欺骗

DNS 系统用于命名组织到域层次结构中的计算机和网络服务。在 Internet 上，域名与 IP 地址之间是一一对应的，域名虽然便于人们记忆，但机器之间只能互相认识 IP 地址，它们之间的转换工作称为域名解析，域名解析需要由专门的域名解析服务器来完成，DNS 就是进行域名解析的服务器。

DNS 的工作原理：假如访问 www.baidu.com，首先要向本地 DNS 服务器发出 DNS

请求，查询 www.baidu.com 的 IP 地址，如果本地 DNS 服务器没有在自己的 DNS 缓存表中发现该网址的记录，就会向根服务器发起查询，根服务器收到请求后，将 com 域服务器的地址返回给本地 DNS 服务器，本地 DNS 服务器则继续向 com 域发出查询请求，域服务器将 baidu.com 授权域名服务器的地址返回给本地 DNS 服务器，本地 DNS 服务器继续向 baidu.com 发起查询，得到 www.baidu.com 的 IP 地址。本地 DNS 服务器得到 www.baidu.com 对应的 IP 地址后以 DNS 应答包的方式传递给用户，并且在本地建立 DNS 缓存表。

DNS 欺骗原理：首先欺骗者向目标主机发送构造好的 ARP 应答数据包，ARP 欺骗成功后，嗅探到目标主机发出的 DNS 请求数据包，分析数据包取得 ID 和端口号后，向目标机发送构造好的一个 DNS 返回包，目标主机收到 DNS 应答包后，发现 ID 和端口号全部正确，即把返回数据包中的域名和对应的 IP 地址保存进 DNS 缓存表中。

4. 拒绝服务攻击/分布式拒绝服务攻击

1) 拒绝服务攻击

拒绝服务攻击(Denial of Service，DoS)是攻击者想办法让目标机器停止提供服务，是黑客常用的攻击手段之一。最常见的 DoS 攻击有计算机网络带宽攻击和连通性攻击。带宽攻击指以极大的通信量冲击网络，使得所有可用网络资源都被消耗殆尽，最后导致合法的用户请求无法通过。连通性攻击指用大量的连接请求冲击计算机，使得所有可用的操作系统资源都被消耗殆尽，最终计算机无法再处理合法用户的请求。

常见的 DoS 攻击方式：

(1) SYN Flood。SYN Flood 是当前最流行的 DoS 攻击方式，是一种利用 TCP 协议缺陷，发送大量伪造的 TCP 连接请求，使被攻击方资源耗尽的攻击方式。SYN Flood 攻击的过程在 TCP 协议中被称为三次握手，而 SYN Flood 拒绝服务攻击就是通过三次握手而实现的。

SYN Flood 以多个随机地址的攻击主机向服务器主机发送 SYN 包，而在收到服务器主机的 SYN ACK 后并不回应，这样，服务器主机就为这些攻击主机建立了大量的连接队列，而且由于没有收到 ACK 一直维护着这些队列，造成了资源的大量消耗而不能向正常请求提供服务，如图 5-6 所示。

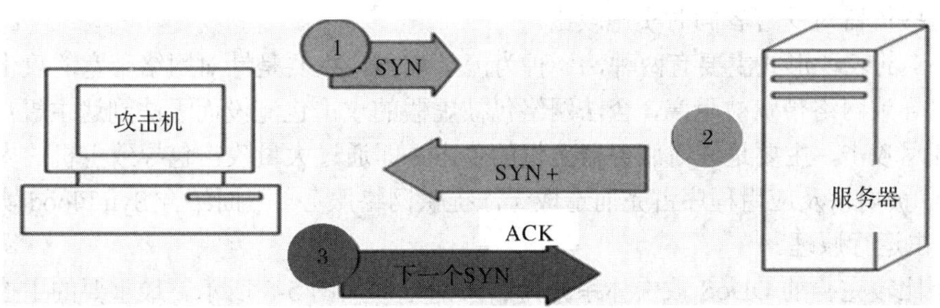

图 5-6　SYN Flood 攻击

(2) Smurf。Smurf 攻击向一个子网的广播地址发送一个带有特定请求(如 ICMP 回应请求)的包，并且将源地址伪装成想要攻击的主机地址。子网上所有主机都回应广播包请求而向被攻击主机发包，使该主机受到攻击，如图 5-7 所示。

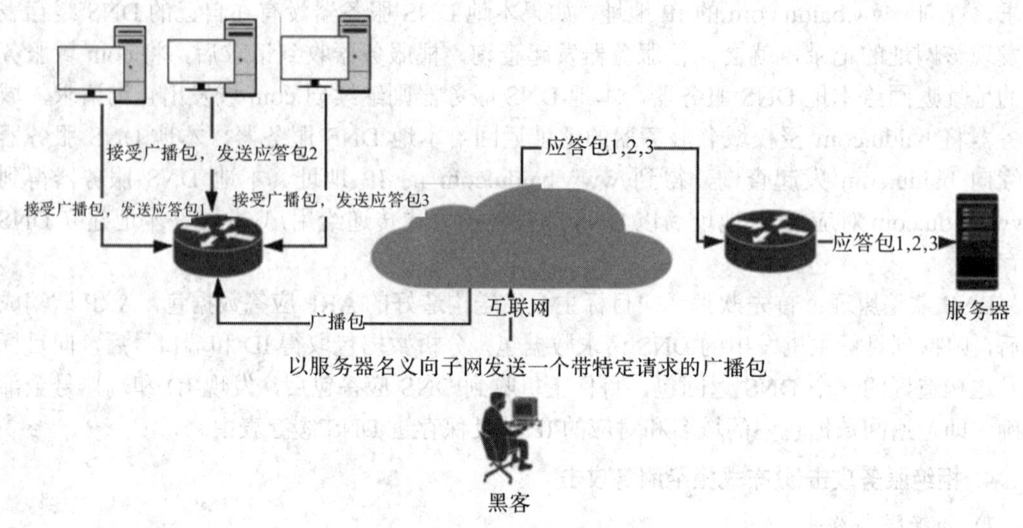

图 5-7　Smurf 攻击示意图

(3) Ping of Death。在互联网上，Ping of Death 是一种畸形报文攻击，该方法是由攻击者故意发送大于 65535 字节的 IP 数据包给对方。TCP/IP 的特征之一是碎裂，它允许单一 IP 数据包被分为几个更小的数据包。

ICMP 的回送请求和应答报文通常是用来检查网路连通性的，对于大多数系统而言，发送 ICMP echo request 报文的命令是 ping，由于 IP 数据包的最大长度为 65535 字节。而 ICMP 报头位于数据报头之后，并与 IP 数据包封装在一起，因此 ICMP 数据包最大尺寸不超过 65535 字节，利用这一规定可以向主机发动 Ping of Death 攻击。Ping of Death 攻击是通过在最后分段中改变其正确的偏移量和段长度的组合，使系统在接收到全部分段并重组报文时总的长度超过了 65535 字节，导致内存溢出，这时主机就会出现内存分配错误而导致 TCP/IP 堆栈崩溃，从而造成主机的宕机。

2) 分布式拒绝服务攻击

分布式拒绝服务攻击(Distributed Denial of Service，DDoS)是指处于不同位置的多个攻击者同时向一个或数个目标发动攻击，或者一个攻击者控制了位于不同位置的多台机器，并利用这些机器对受害者同时实施攻击。

DDoS 的表现形式主要有两种，一种为流量攻击，主要是针对网络带宽的攻击，即大量攻击包导致网络带宽被阻塞，合法网络包被虚假的攻击包淹没而无法到达主机；另一种为资源耗尽攻击，主要是针对服务器主机的攻击，即通过大量攻击包导致主机的内存被耗尽或 CPU 被内核及应用程序占完而造成无法提供网络服务。下面结合 Syn Flood 实例解释 DDoS 攻击运行原理。

一个比较完善的 DDoS 攻击体系分为四大部分，如图 5-8 所示。最重要的主控端用于控制代理端发起攻击，主控端只发布命令而不参与实际攻击，代理端发出实际流量包攻击受害者。黑客对主控端和代理端有控制权或部分控制权，并把相应的 DDoS 程序部署在这些平台上，DDoS 程序与正常程序一样运行并等待黑客的指令，通常还会利用各种手段隐藏自己不被别人发现。

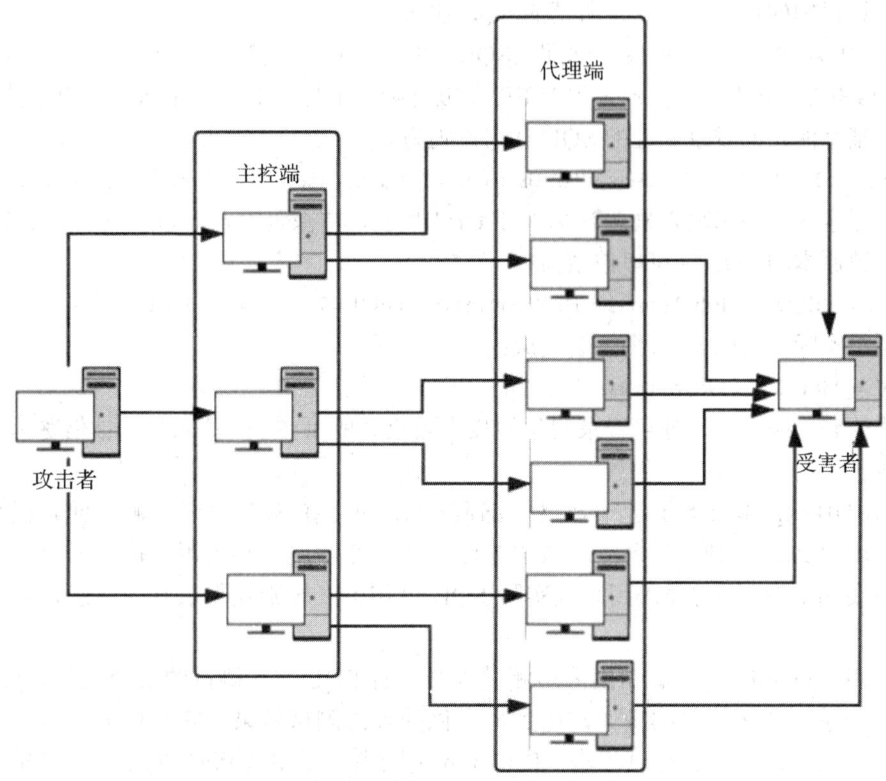

图 5-8　DDoS 攻击运行原理

正常情况下，这些代理机没有什么异常，一旦攻击者控制它们并发出指令，代理机向受害者发起攻击，这是 DDoS 攻击难以追查的原因之一。从攻击者的角度来说，使用的代理机越多，提供给受害者的分析依据就越多。高水平攻击者在占领一台机器后，首先做好两件事：如何留好后门，如何清理日志。

在代理机上清理日志是一项庞大的工程，即使有日志清理工具的帮助，有些攻击机日志还是不能清理彻底，通过它找到上一级主控机，如果主控机是攻击者自己的机器，就会被揪出来；如果主控机是其他机器，攻击者自身相对还是安全的。主控机数目相对很少，一台可以控制几十台攻击机，清理一台主控机日志对攻击者来讲轻松很多，这样从主控机找到黑客的可能性大大降低。

受害主机上有大量等待的 TCP 连接，网络中充斥着大量的无用数据包，例如假源地址、高流量无用数据包造成网络拥塞，使受害主机无法正常与外界通信，利用受害主机提供服务或传输协议的缺陷，反复高速发出特定的服务请求，使受害主机无法及时处理所有正常请求，造成系统宕机。

5. SQL 注入攻击

SQL 注入攻击是黑客对数据库进行攻击的常用手段之一。随着 B/S 模式应用开发的发展，使用这种模式编写应用程序的程序员也越来越多。但是由于程序员的水平及经验也参差不齐，相当大一部分程序员在编写代码的时候，没有对用户输入数据的合法性进行判断，使应用程序存在安全隐患。用户可以提交一段数据库查询代码，根据程序返回的结果，获得某些他想得知的数据，这就是所谓的 SQL 注入。

SQL 注入攻击大致步骤：发现 SQL 注入位置；判断后台数据库类型；确定 XP_CMDSHELL 可执行情况；发现 WEB 虚拟目录；上传 ASP 木马；得到管理员权限。

假设某个网站的登录验证的 SQL 查询代码为

strSQL = "SELECT * FROM users WHERE (name = '" + userName + "') and (pw = '"+ passWord +"')；"

如果黑客在用户名输入框恶意填入"1' OR '1'='1"，在密码输入框恶意填入"1' OR '1'='1"时，将导致原本的 SQL 字符串被填为

strSQL = "SELECT * FROM users WHERE (name = '1' OR '1'='1') and (pw = '1' OR '1'='1')；"

相当于实际运行的 SQL 命令会变成：

strSQL = "SELECT * FROM users；"

因此达到无账号密码亦可登录网站的攻击效果。所以 SQL 注入攻击被俗称为黑客的填空游戏。

NBSI(NB SQL Injection)是一款网站漏洞检测工具，在 SQL 注入检测方面有极高的准确率。SQL 注入是一种漏洞、一种攻击方法。攻击原理就是利用用户提交或可修改的数据，把想要的 SQL 语句插入到系统实际 SQL 语句中，轻则获得敏感的信息，重则控制服务器。

穿山甲(Pangolin)是一款帮助渗透测试人员进行 SQL 注入测试的安全工具。Pangolin 能够通过一系列非常简单的操作，达到最大化的攻击测试效果。它从检测注入开始到最后控制目标系统都给出了测试步骤。Pangolin 是国内使用率较高的 SQL 注入测试的安全软件之一。

SQLmap 是一个自动化的 SQL 注入工具，其主要功能是发现并利用给定的 URL 的 SQL 注入漏洞，目前支持的数据库是 MS-SQL、MYSQL、ORACLE 和 POSTGRESQL。SQLMAP 采用四种独特的 SQL 注入技术，分别是盲推理 SQL 注入、UNION 查询 SQL 注入、堆查询和基于时间的 SQL 盲注入。其广泛的功能和选项包括数据库指纹、枚举、数据库提取、访问目标文件系统，并在获取完全操作权限时实行任意命令。

6. 网络蠕虫攻击

蠕虫病毒是一种常见的计算机病毒，它的传染机理是利用网络进行复制和传播，传染途径是网络和电子邮件。最初的蠕虫病毒定义是因为在 DOS 系统环境下，病毒发作时会在屏幕上出现一条类似虫子的东西，胡乱吞吃屏幕上的字母并将其改形而得名。

蠕虫病毒和一般的病毒有着很大的区别。对于蠕虫，还没有一个成套的理论体系。一般认为：蠕虫是一种网络传播的恶性病毒，它具有病毒的一些共性，如传播性、隐蔽性、破坏性等，同时具有自己的一些特征，如不利用文件寄生(有的只存在于内存中)，对网络造成拒绝服务等。在产生的破坏性方面，蠕虫病毒也不是普通病毒所能比拟的，网络的发展使得蠕虫可以在短短的时间内蔓延至整个网络，造成网络瘫痪。依据使用者情况将蠕虫病毒分为两类：一种是面向企业用户和局域网而言，这种病毒利用系统漏洞，主动进行攻击，可以对整个互联网造成瘫痪性的后果，以“红色代码”、“尼姆达”以及最新的“SQL 蠕虫王”为代表。另外一种是针对个人用户的，通过网络(主要是电子邮件、恶意网页)迅速传播的蠕虫病毒，以爱虫病毒、求职信病毒为代表。在这两类蠕虫中，第一类具有很大

的主动攻击性，而且爆发也有一定的突然性，但相对来说，查杀这种病毒并不是很难。第二类病毒的传播方式比较复杂和多样，少数利用了微软的应用程序的漏洞，更多的是利用社会工程学对用户进行欺骗和诱使，这样的病毒造成的损失是非常大的，同时也是很难根除的，比如求职信病毒，在 2001 年就已经被各大杀毒厂商发现，但直到 2002 年底依然排在病毒危害排行榜的首位。

7. 木马攻击

特洛伊木马(Trojan Horse)简称木马，据说这个名称来源于希腊神话《木马屠城记》。古希腊传说，特洛伊王子帕里斯访问希腊，诱走了王后海伦，因此希腊人远征特洛伊。围攻 9 年后，到第 10 年，希腊将领奥德修斯献了一计，就是把一批勇士埋伏在一匹巨大的木马腹内，放在城外后，佯作退兵。特洛伊人以为敌兵已退，就把木马作为战利品搬入城中。到了夜间，埋伏在木马中的勇士跳出来，打开了城门，希腊将士一拥而入攻下了城池。后来，人们在写文章时就常用“特洛伊木马”这一典故，用来比喻在敌方营垒里埋下伏兵里应外合的活动。在计算机领域，木马比喻埋伏在别人的计算机里，偷取对方机密信息的程序。

计算机木马是指隐藏在正常程序中的一段具有特殊功能的恶意代码，是具备破坏和删除文件、发送密码、记录键盘和 DoS 攻击等特殊功能的后门程序。木马程序一般是客户端/服务端(Client/Server，C/S)模式，客户端/服务端之间采用 TCP/UDP 的通信方式。如果要给别人计算机中植入木马，则受害者一方运行的是服务器端程序，而自己使用的是客户端来控制受害者机器。

计算机木马是一种基于远程控制的黑客工具，具有隐藏性和非授权性的特点。所谓隐藏性是指服务端即使发现感染了木马，但不确定其具体位置。所谓非授权性是指一旦客户端与服务端连接后，客户端将享有服务端的大部分操作权限，包括修改文件、修改注册表、控制鼠标、键盘等，而这些权力不是服务端赋予的，而是通过木马程序窃取的。一旦木马程序被植入到毫不知情的用户的计算机中，以“里应外合”的工作方式，服务程序通过打开特定的端口并进行监听，这些端口好像“后门”一样，所以，也有人把计算机木马叫作后门。攻击者所掌握的客户端程序向该端口发出请求，木马便与其连接起来。攻击者可以使用控制器进入计算机，通过客户端程序命令达到控制服务器端的目的，木马一般工作模式如图 5-9 所示。

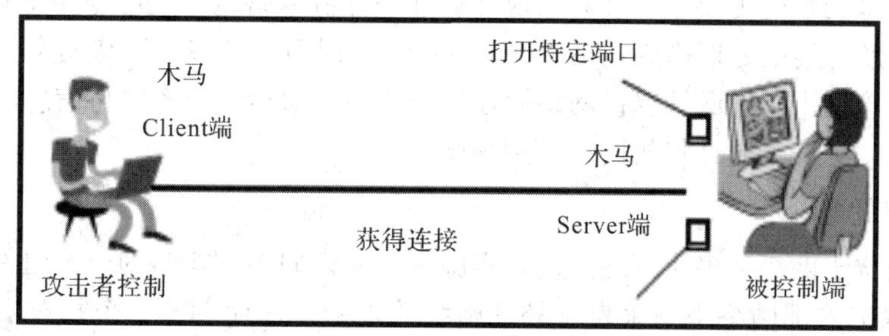

图 5-9　木马工作原理

木马技术发展可以说非常迅速，至今木马程序已经经历了六代的改进：

第一代，是最原始的木马程序，主要是简单的密码窃取，通过电子邮件发送信息等，具备了木马最基本的功能。

第二代，在技术上有了很大的进步，冰河是中国木马的典型代表之一。

第三代，主要在数据传递技术方面有改进，出现了ICMP等类型的木马，利用畸形报文传递数据，增加了杀毒软件查杀识别的难度。

第四代，在进程隐藏方面有了很大的改动，采用了内核插入式的嵌入方式，利用远程插入线程技术，嵌入DLL线程。或者挂接PSAPI，实现木马程序的隐藏，甚至在Windows NT/2000下，都达到了良好的隐藏效果。灰鸽子和蜜蜂大盗是比较出名的DLL木马。

第五代，驱动级木马。驱动级木马多数都使用了大量的Rootkit技术来达到深度隐藏的效果，并深入到内核空间，感染后针对杀毒软件和网络防火墙进行攻击，可将系统SSDT初始化，导致杀毒防火墙失去效应。有的驱动级木马可驻留BIOS，并且很难查杀。

第六代，随着身份认证USB Key和杀毒软件主动防御的兴起，黏虫技术类型和特殊反显技术类型木马逐渐开始系统化。前者主要以盗取和篡改用户敏感信息为主，后者以动态口令和硬证书攻击为主。PassCopy和暗黑蜘蛛侠是这类木马的代表。

5.2 网络安全技术

网络安全最基本的防护手段就是构建完善的信息安全防御平台，如利用以防火墙、入侵检测系统、虚拟专用网产品为代表的信息安全产品构建综合防御体系，组建保障信息安全的基础屏障。信息安全产品已经成为政府、金融和其他企事业单位信息化推进的基本硬件保障。下面就防火墙、入侵检测系统和虚拟专用网产品所涉及的概念和技术作详细阐述。

5.2.1 防火墙技术

防火墙技术是通过有机结合各类用于安全管理与筛选的软件和硬件设备，帮助计算机网络于其内、外网之间构建一道相对隔绝的保护屏障，以保护用户资料与信息安全性的一种技术。

防火墙技术的功能主要在于及时发现并处理计算机网络运行时可能存在的安全风险、数据传输等问题，其中处理措施包括隔离与保护，同时可对计算机网络安全当中的各项操作实施记录与检测，以确保计算机网络运行的安全性，保障用户资料与信息的完整性，为用户提供更好、更安全的计算机网络使用体验。

1. 防火墙的概念

防火墙是位于两个或多个网络之间，实施网络间访问控制策略的一组组件。设立防火墙的目的是保护内部网络不受来自于外部网络的攻击，从而创建一个相对安全的内网环境。防火墙是一个由软件系统和硬件设备组合而成，在内网和外网之间、专用网与公共网之间构造的保护屏障；在互联网与企业网之间建立一个安全网关，从而保护内部网免受非法入侵，其简单部署如图5-10所示。

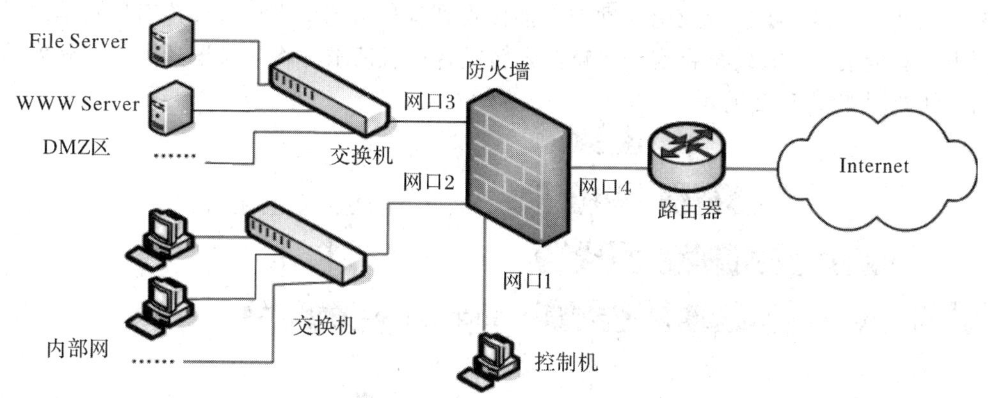

图 5-10　企业网防火墙简单部署结构图

防火墙好像大门上的锁，主要职能是保护内部网络的安全。通过部署防火墙，不但可以执行整体安全策略，防止外部攻击，还可有效地隔离不同网络，限制安全问题扩散，也可有效地记录和审核互联网上的活动。因为防火墙处于内部网络和外部网络之间这个特殊位置，所以许多防火墙设备生产厂商还会添加一些其他功能，例如地址转换、身份鉴别、内容过滤和 VPN 等。

虽然防火墙具有保护内网的作用，但也存在局限性。防火墙不能阻止内部威胁，也不阻止绕过防火墙的攻击。受性能限制影响，防火墙不能有效地防范数据内容驱动式攻击，对病毒传输的保护能力也比较弱。为了提高安全性，防火墙系统限制或关闭了一些有用但存在安全缺陷的网络服务，从而给用户造成了不便。另外，防火墙作为一种被动的防护手段，不能自动防范互联网上出现的新的攻击手段。

2. 防火墙的核心技术

包过滤防火墙在网络层根据 IP 数据包中包头信息有选择地实施允许通过或阻断。包过滤防火墙对流入的 IP 数据包地址信息、协议类型、路由信息、流向等首部信息，按照事先设定的过滤规则来决定是否允许该数据包通过，包过滤防火墙的核心是安全策略的设计。其原理如图 5-11 所示。

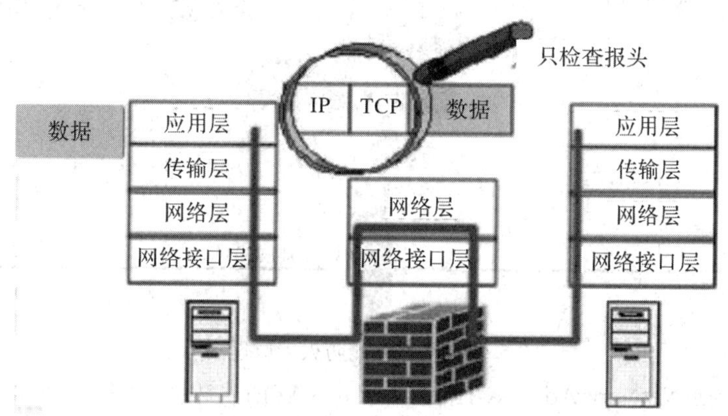

图 5-11　包过滤防火墙原理图

应用代理防火墙运行在两个网络之间，它对于客户机来说是一台服务器，而对于服务器来说又是一台客户机。当应用代理防火墙接收到客户机的请求后，会检查用户请求是否符合相关安全策略，如果符合安全策略，则转发客户机请求并将服务器返回信息转发给客户机。其原理如图 5-12 所示。

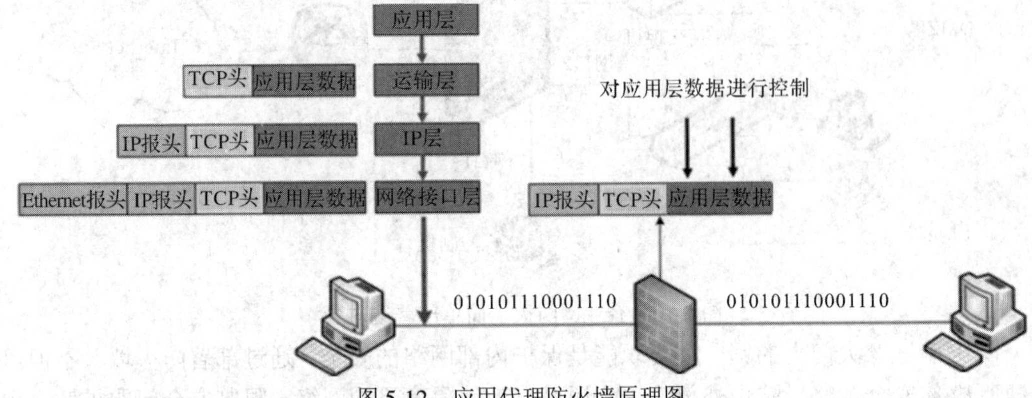

图 5-12　应用代理防火墙原理图

状态检测防火墙采用一种基于连接的状态检测机制，将属于同一连接的所有数据包看作一个整体数据流，构成连接状态表，通过规则表与连接状态表的共同配合，对表中的各个连接状态因素加以识别。与包过滤防火墙相比，状态检测防火墙具有更好的灵活性和安全性。其原理如图 5-13 所示。

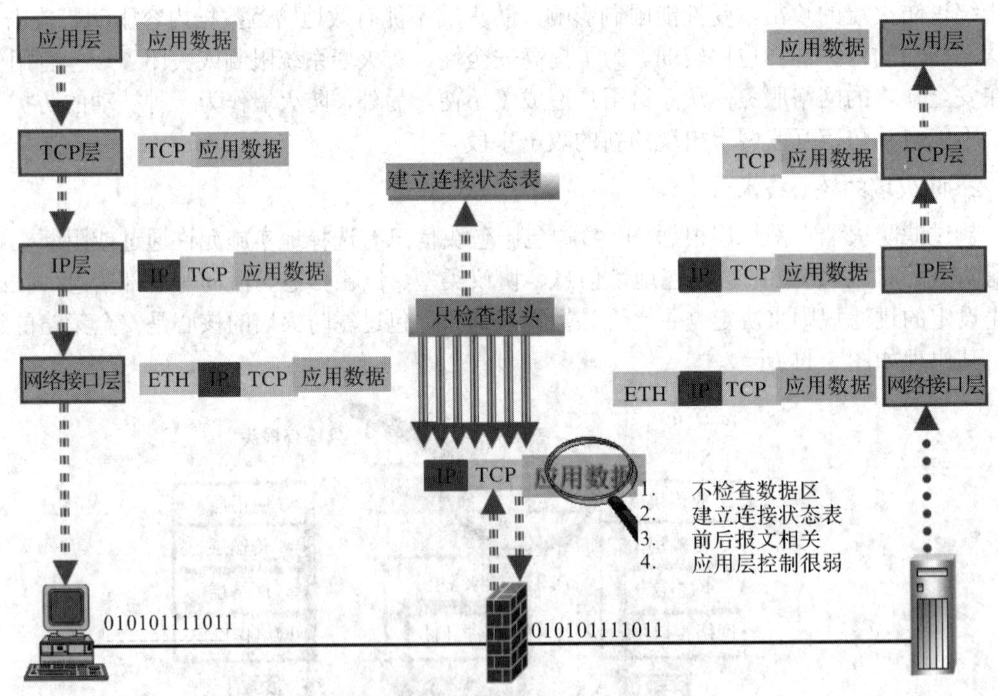

图 5-13　状态检测防火墙原理图

网络地址转换(Network Address Translation，NAT)是一种将私有 IP 地址转化为公网 IP 地址的技术，它被广泛应用于各种类型的网络和互联网中。利用防火墙网络地址转换技术可以有效实现内部网络或者外部网络的 IP 地址转换，可以分为源地址转换和目的地址转换，即 SNAT 和 DNAT。SNAT 主要用于隐藏内部网络结构，避免受到来自外部网络的非法访问和恶意攻击，有效缓解地址空间的短缺问题，而 DNAT 主要用于外网主机访问内网主机，以此避免内部网络被攻击。

3. 防火墙的体系结构

非军事区(DeMilitarized Zone，DMZ)称为周边网络，是指在内部网络与外部网络之间增加的一个网络区域，对外提供服务的各类服务器都可以放在这个区域。DMZ 区隔离内外网络的同时为内外网之间通信起到了缓冲的作用。

堡垒主机(Bastion Host)是一种配置了安全防范措施的网络计算机，为网络之间的通信提供了一个阻塞点。堡垒主机为网络之间的相互访问提供支持，但堡垒主机直接面对外部用户的攻击，是高度暴露的主机，所以是网络上最容易遭受入侵的设备。

双重宿主主机是指至少拥有两个以上网络接口且每个网络接口连接不同网络的计算机系统，因此也称为多穴主机系统。一般来说，双重宿主主机是实现多个网络之间互连的关键设备，如网桥是在数据链路层实现互连的双重宿主主机，路由器是在网络层实现互连的双重宿主主机，应用层网关是在应用层实现互连的双重宿主主机。

了解上述常见的术语后，下面介绍几种防火墙的体系结构。

1) 双宿主主机体系结构

双宿主主机(Dual-Homed Host)体系结构是围绕着至少具有两个网络接口的双宿主主机而构成的。双宿主主机内外的网络均可与双宿主主机实施通信，但内外网络之间不可直接通信，内外部网络之间的 IP 数据流被双宿主主机完全切断。双宿主主机可以通过代理或者用户直接登录到该主机来提供很高程度的网络控制。一个典型的双宿主主机体系结构如图 5-14 所示。

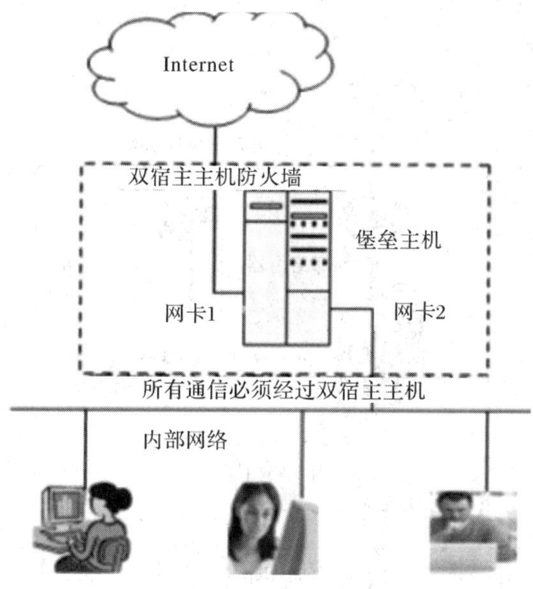

图 5-14　双宿主主机体系结构

2) 屏蔽主机体系结构

屏蔽主机体系结构是指通过一个单独的屏蔽路由器和内部网络上的堡垒主机共同构成防火墙，主要通过数据包过滤技术实现内、外网络的隔离及对内网的保护。一个典型的屏蔽主机体系结构如图 5-15 所示。

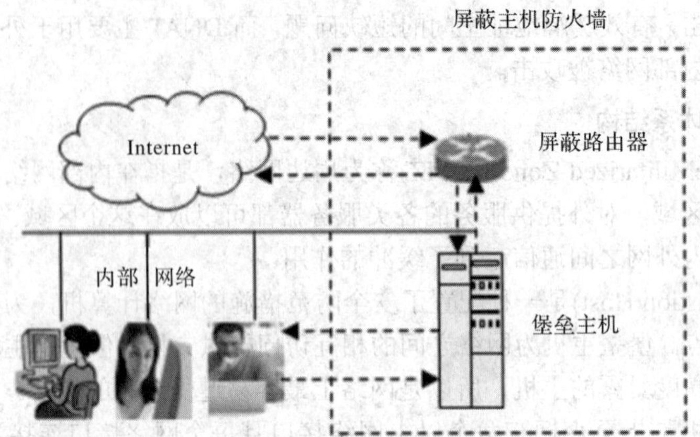

图 5-15　屏蔽主机体系结构

屏蔽主机体系结构有两道屏障：一是屏蔽路由器，二是堡垒主机。屏蔽路由器与外网连接，仅提供路由和数据包过滤功能，因此屏蔽路由器本身相对安全。堡垒主机与内网连接，通过屏蔽路由器连接到外部网络。堡垒主机提供代理功能，内部用户只能通过应用代理访问外部网络，也是外部用户可以访问的唯一的内部主机。

3) 屏蔽子网体系结构

在双宿主主机体系结构和屏蔽主机体系结构中，堡垒主机是最主要的安全缺陷，一旦被入侵，则整个内部网络都处于危险之中。屏蔽子网体系结构是一个由两台路由器包围起来的特殊网络，即 DMZ，并且将堡垒主机都置于 DMZ 中，一个典型的屏蔽子网体系结构如图 5-16 所示。

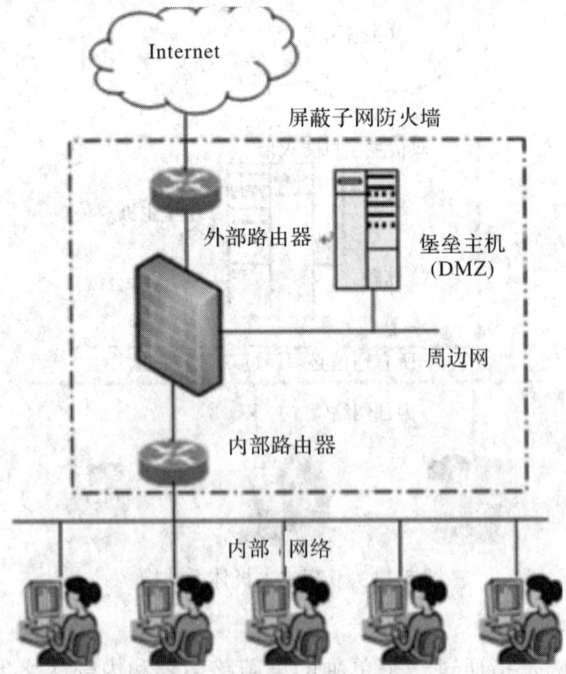

图 5-16　屏蔽子网体系结构

屏蔽子网体系结构包括 DMZ、外部路由器、内部路由器和堡垒主机。DMZ 与外部网络、DMZ 与内部网络之间通过屏蔽路由器实现逻辑隔离。通常情况下，外部用户不能访问内部网络，仅能够访问 DMZ 的资源。外部路由器用于保护 DMZ 和内部网络，是屏蔽子网体系结构的第一道屏障，在其上设置了外网用户对 DMZ 和内部网络的访问控制规则。内部路由器用于隔离 DMZ 和内部网络，是屏蔽子网体系结构的第二道屏障，在其上设置了内部用户对 DMZ 和外部网络以及 DMZ 的堡垒主机对内部网络的访问控制规则。通常情况下，内部路由器和外部路由器上的过滤规则要相互复制，以防止外部和内部路由器过滤功能失效而造成的严重后果。堡垒主机位于 DMZ，向外部用户提供 WWW、FTP 等服务，接受外部网络用户的服务资源访问请求，同时也向内部网络用户提供 DNS、WWW 代理、FTP 代理等服务，提供内部网络用户访问外部资源的接口。

5.2.2　入侵检测技术

1. 入侵检测系统概述

入侵检测系统 (Intrusion Detection System，IDS)是一类专门面向网络入侵的安全监测系统，它从计算机网络系统中的若干关键点收集信息，并分析这些信息，查看网络中是否有违反安全策略的行为和遭到袭击的迹象。

防火墙就像一道门，它可以阻止一类人群的进入，但无法阻止混在同一类人群中的破坏分子，也不能阻止内部的破坏分子；访问控制系统可以不让低级权限的人做越权工作，但无法保证高级权限的人做破坏工作，也无法保证低级权限的人通过非法行为获得高级权限；在安全防护体系中，IDS 是一个通过数据和行为模式判断其是否有效的系统，它可看作是防火墙之后的第二道安全闸门，在不影响网络性能的情况下能对网络进行监测，从而提供对内部攻击、外部攻击和误操作的实时保护，是一种积极主动的安全防护手段。形象地说，IDS 就是一台智能的 X 光摄像机，它能够捕获并记录网络上的所有数据，分析并提炼出可疑的、异常的内容，尤其是它能够洞察一些巧妙的伪装，抓住内容的实质，此外，它还能够对入侵行为自动地进行响应：报警、阻断、关闭等。防火墙与入侵检测系统的关系如图 5-17 所示。

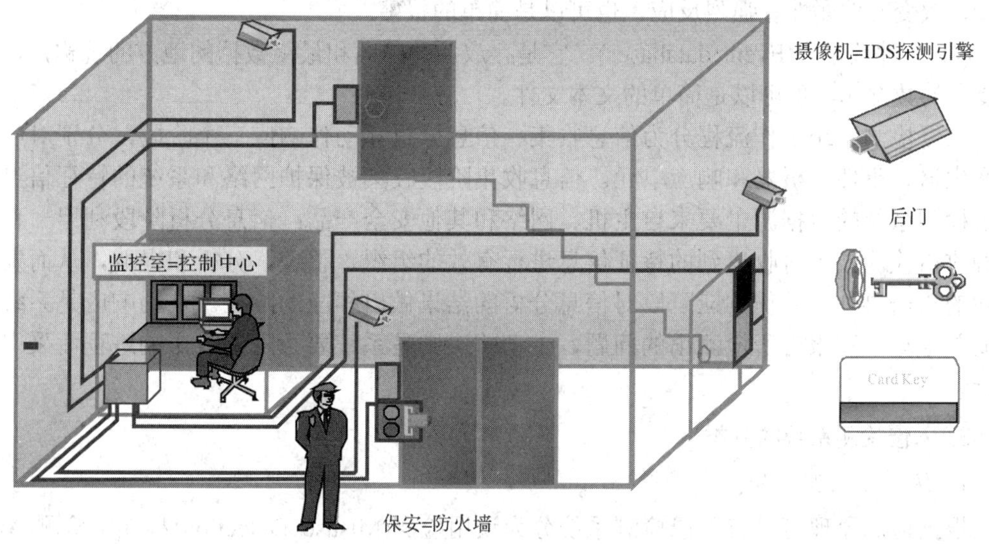

图 5-17　防火墙与入侵检测系统的关系

入侵检测系统的基本功能包括以下几个方面。

(1) 检测和分析用户及系统的活动。

(2) 审计系统配置和漏洞。

(3) 识别已知攻击。

(4) 统计分析异常行为。

(5) 评估系统关键资源和数据文件的完整性。

(6) 对操作系统的审计、追踪、管理，并识别用户违反安全策略的行为。

2. 入侵检测系统的原理

国际互联网工程任务组(The Internet Engineering Task Force，IETF)将入侵检测系统分为四个组件，它们的关系如图 5-18 所示。

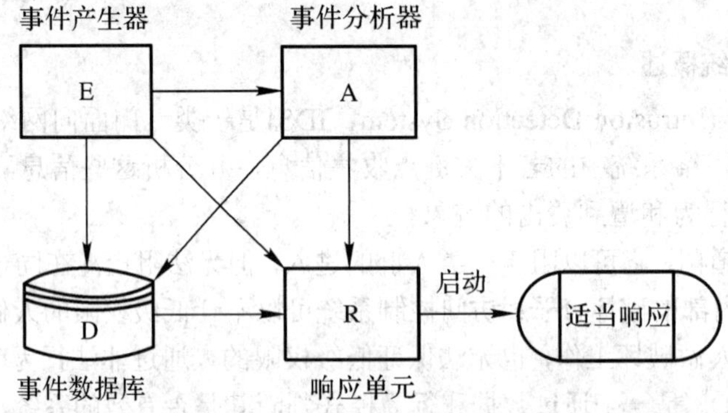

图 5-18　入侵检测系统组件关系

(1) 事件产生器(Event generators)。它的目的是从整个计算环境中获得事件，并向系统的其他部分提供此事件。

(2) 事件分析器(Event analyzers)。它经过分析得到数据，并产生分析结果。

(3) 响应单元(Response units)。它是对分析结果作出反应的功能单元，它可以作出切断连接、改变文件属性等强烈反应，也可以是简单的报警。

(4) 事件数据库(Event databases)。它是存放各种中间和最终数据的地方的统称，可以是复杂的数据库，也可以是简单的文本文件。

入侵检测系统工作流程分为信息收集、信息分析和动作响应三个阶段，分别对应事件产生器、事件分析器和响应单元。信息收集阶段收集被保护网络和系统的特征信息，攻击检测系统的数据源主要来自主机、网络和其他安全产品；信息分析阶段利用一种或多种攻击检测技术对收集到的特征信息进行有效的组织、整理、分析和提取，从而发现存在的攻击事件；动作响应阶段对信息分析的结果做出相应的响应。被动响应是系统仅仅简单地记录和报告所检测出的问题，主动响应则是系统要为阻塞或影响进程而采取反击行动。

3. 入侵检测系统的分类

1) 按检测原理划分

根据检测原理可以将入侵检测系统分为误用检测(Misuse Detection)和异常检测(Anomaly Detection)。

误用检测收集入侵行为的特征，建立相关的特征库；在后续的检测过程中，将收集到的数据与特征库中的特征代码进行比较，得出是否有入侵行为。

异常检测首先总结正常操作应该具有的特征；在得出正常操作的模型之后，对后续的操作进行监视，一旦发现偏离正常统计学意义上的操作模式，即判断为入侵行为。

2) 按数据来源划分

根据数据来源可以将入侵检测系统分为基于主机的入侵检测系统(Host-based IDS，HIDS)和基于网络的入侵检测系统(Network-based IDS，NIDS)。

HIDS 是在每个需要保护的主机上运行代理程序，以主机的审计数据、系统日志、应用程序日志等为数据源，主要对主机的网络实时连接以及主机文件进行分析和判断，发现可疑事件并作出响应。

NIDS 用原始的网络包作为数据源，它将网络数据中检测主机的网卡设为混杂模式，该主机实时接收和分析网络中流动的数据包，从而检测是否存在入侵行为。

3) 按体系结构划分

根据体系结构可以将入侵检测系统分为集中式和分布式。

集中式结构的 IDS 可能有多个分布于不同主机上的审计程序，但只有一个中央入侵检测服务器。审计程序把当地收集到的数据踪迹发送给中央服务器进行分析处理。随着网络规模的增加，主机审计程序和服务器之间传送的数据就会剧增，导致网络性能大大降低。并且一旦中央服务器出现问题，整个系统就会陷入瘫痪。

分布式结构的IDS就是将中央检测服务器的任务分配给多个基于主机的IDS。这些IDS不分等级，各司其职，负责监控当地主机的某些活动。所以，其可伸缩性、安全性都得到提高，但维护成本也高了很多，并且增加了所监控主机的工作负荷。

4) 按工作方式划分

根据工作方式可以将入侵检测系统分为离线检测和在线检测。

离线检测又称脱机分析检测系统，就是在行为发生后，对产生的数据进行分析，从而检测入侵活动，它是非实时工作的系统。如对日志的审查、对系统文件的完整性检查等。

在线检测又称为联机分析检测系统，就是在数据产生或者发生改变的同时对其进行检查，以便发现攻击行为，它是实时联机检测系统，对系统资源的要求比较高。

5.2.3　虚拟专用网技术

1. 虚拟专用网概述

虚拟专用网(Virtual Private Network，VPN)是指通过一个公用网络(通常是互联网)建立的一个临时的安全连接，是一条穿过公用网络的安全、稳定的隧道。V 即 Virtual，表示 VPN 有别于传统的专用网络，它并不是一种物理的网络，而是虚拟的或者逻辑的；P 即 Private，表示这种网络具有很强的私有性；N 即 Network，表示这是一种专门的组网技术。

在传统的企业网络配置中，要进行远程访问，传统的方法是租用数字数据网(DDN)专线或帧中继，这样的通信方案必然导致高昂的网络通信和维护费用。对于远端用户而言，一般会通过拨号线路(Internet)进入企业的局域网，但这样必然带来安全隐患。为了解决这种隐患，就有必要在内网中架设一台 VPN 服务器，远端用户连上互联网后，通过互联网连接 VPN 服务器，然后通过 VPN 服务器进入企业内网。为了保证数据安全，VPN 服务器和客户机之间的通信数据都进行了加密处理，数据就如同在一条专用的数据链路上进行安全传输，但实际上 VPN 使用的是互联网上的公用链路。

VPN 是企业网在因特网等公共网络上的延伸，它通过安全的数据通道，帮助远程用户、公司分支机构、商业伙伴及供应商与公司的内部网建立可信的安全连接，并保证数据的安全传输，构成一个扩展的企业网。

通俗地讲，VPN 实际上是“线路中的线路”，类似于城市道路上的“公交专用线”，所不同的是，由 VPN 组成的“线路”并不是物理存在的，而是通过技术手段模拟出来的，即是“虚拟”的。不过，这种虚拟的专用网络技术却可以在一条公用线路中为两台计算机建立一个逻辑上的专用“通道”，它具有良好的保密性和不受干扰性，使双方能进行自由而安全的点对点连接。

2. VPN 的主要类型

VPN 按照用户的使用情况和应用环境可以分为远程接入 VPN(Access VPN)、内联网 VPN(Intranet VPN)和外联网 VPN (Extranet VPN)。

(1) 远程接入 VPN，移动客户端到公司总部或者分支机构的网关，使用公用网作为骨干网在设备之间传输 VPN 的数据流量，如图 5-19 所示。

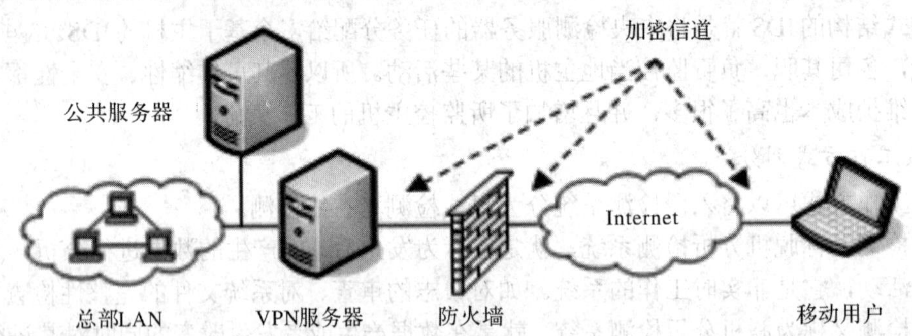

图 5-19　Access VPN 结构

(2) 内联网 VPN，公司总部的网关到其分支机构或者驻外办事处的网关，通过公司的网络架构连接和访问来自公司内部的资源，如图 5-20 所示。

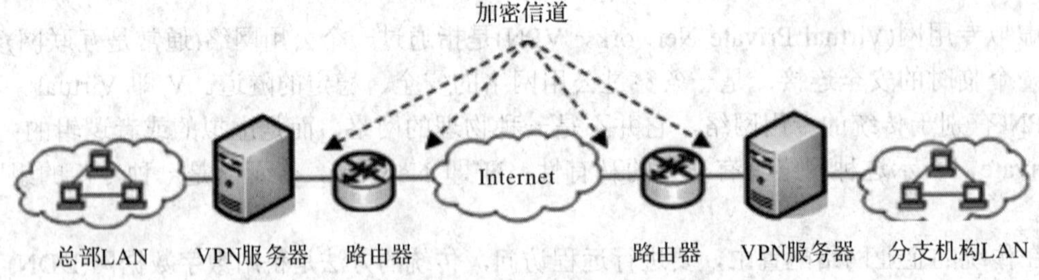

图 5-20　Intranet VPN 结构

(3) 外联网 VPN，是在供应商、商业合作伙伴的 LAN 和公司的 LAN 之间的 VPN，如图 5-21 所示。

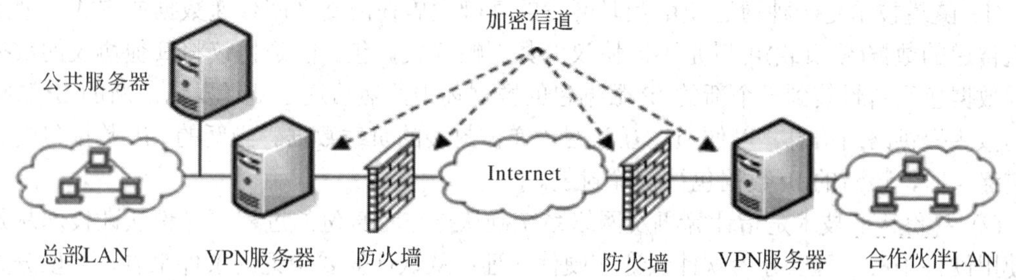

图 5-21　Extranet VPN 结构

VPN 是对 Intranet 的扩展，一家企业可以同时提供上述 3 种 VPN 服务，如图 5-22 所示。

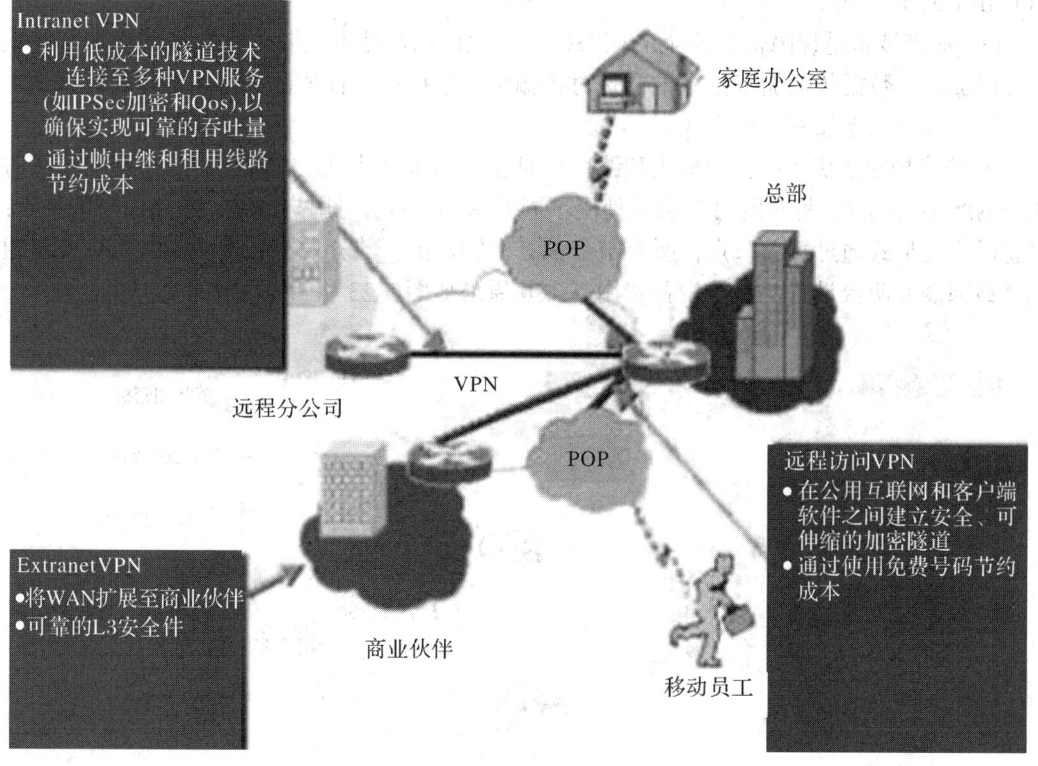

图 5-22　VPN 的综合应用

VPN 按照连接方式可以分为远程访问 VPN 和站点到站点 VPN。

远程访问 VPN 是指总部和所属同一个公司的小型或家庭办公室(Small Office Home Office，SOHO)以及外出员工之间所建立的 VPN。

站点到站点 VPN 指的是公司内部各部门之间，以及公司总部与其分支机构和驻外的办事处之间建立的 VPN。

3. VPN 的关键技术

VPN 的相关协议及技术非常成熟。在协议方面，以 L2TP、IPSec、SSL 应用最广；在技术方面，主要采用四项关键技术来保证通信安全：隧道技术、身份认证技术、加密技术及密钥管理技术。

(1) 隧道技术是一种通过使用互联网络的基础设施在网络之间传递数据的方式。使用隧道传递的数据(或负载)可以是不同协议的数据帧或数据包。隧道协议将其他协议的数据帧或数据包重新封装到一个新的 IP 数据包的数据体中，然后通过隧道发送。新的 IP 数据包的报头提供路由信息，以便通过互联网传递被封装的负载数据。当新的 IP 数据包到达隧道终点时，该新的 IP 数据包被解除封装。

(2) 身份认证技术是指计算机及网络系统确认操作者身份的过程。身份认证技术从是否使用硬件来看，可以分为软件认证和硬件认证；从认证需要验证的条件来看，可以分为单因子认证、双因子认证及多因子认证；从认证信息来看，可以分为静态认证和动态认证。常用的身份认证方式有用户名/密码方式、IC 智能卡认证、动态口令技术、生物特征认证和 USB Key 认证等。

(3) 加密技术是保障信息安全的核心技术。数据加密技术主要分为数据传输加密和数据存储加密。数据传输加密技术主要是对传输中的数据流进行加密，常用的有链路加密、节点加密和端到端加密三种方式。

· 链路加密的优点：包含报头和路由信息在内的所有信息均被加密；单个密钥损坏时整个网络不会损坏，每对网络节点可使用不同的密钥；加密对用户透明。链路加密的缺点：信息以明文形式通过每个节点；所有节点都有密钥，密钥的分发与管理困难；每个安全通信链路都需要两台设备，密码设备费用高。其原理如图 5-23 所示。

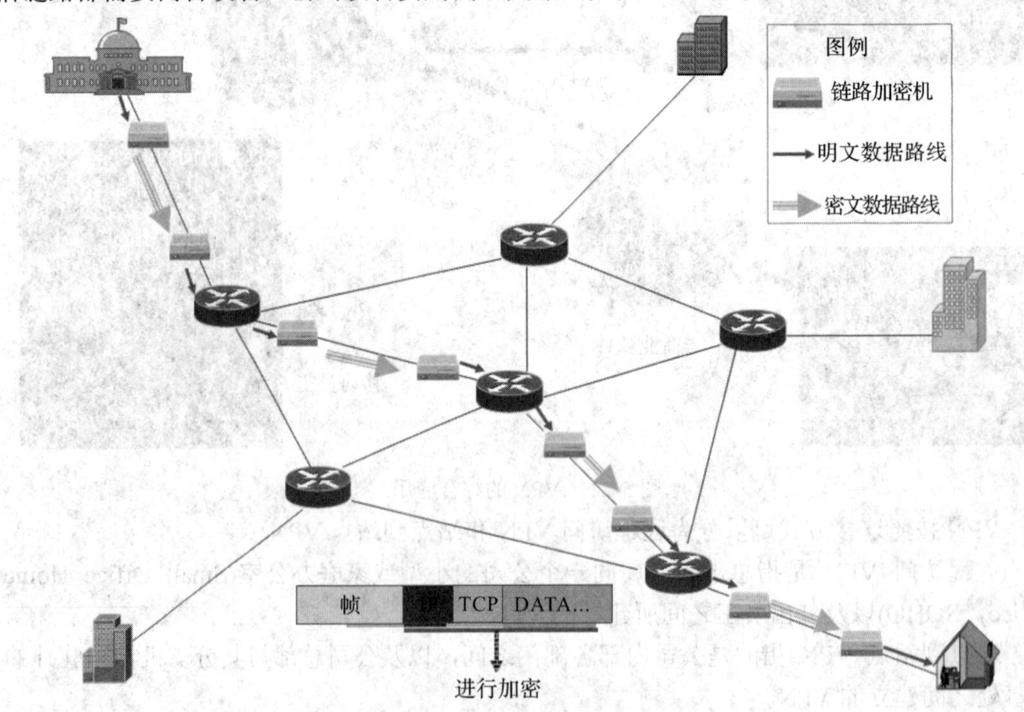

图 5-23　链路加密原理

· 节点加密的优点：信息的加密、解密在安全模块中进行，这使信息内容不会被泄漏；解密对用户透明。节点加密的缺点：某些信息(如报头和路由信息)必须以明文形式传输；

所有节点必须都有密钥，密钥分发和管理困难。其原理如图 5-24 所示。

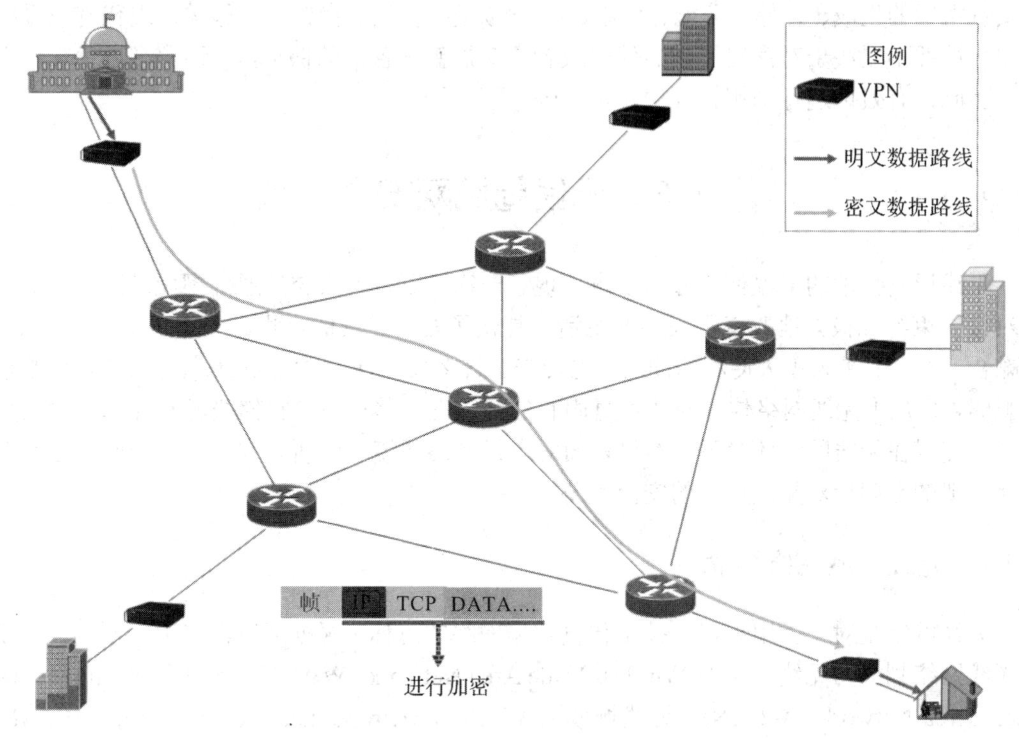

图 5-24　节点加密原理

• 端到端加密的优点：使用方便，采用用户自己的协议进行解密，并非所有数据需要解密；网络中数据从源点到终点均得到保护；加密对网络节点透明，在网络重构期间可用加密技术。端到端加密的缺点：每一个系统都需要完成相同类型的加密；某些信息(如报头和路由信息)必须以明文形式传输；需采用先进的密钥分发和管理技术。其原理如图 5-25 所示。

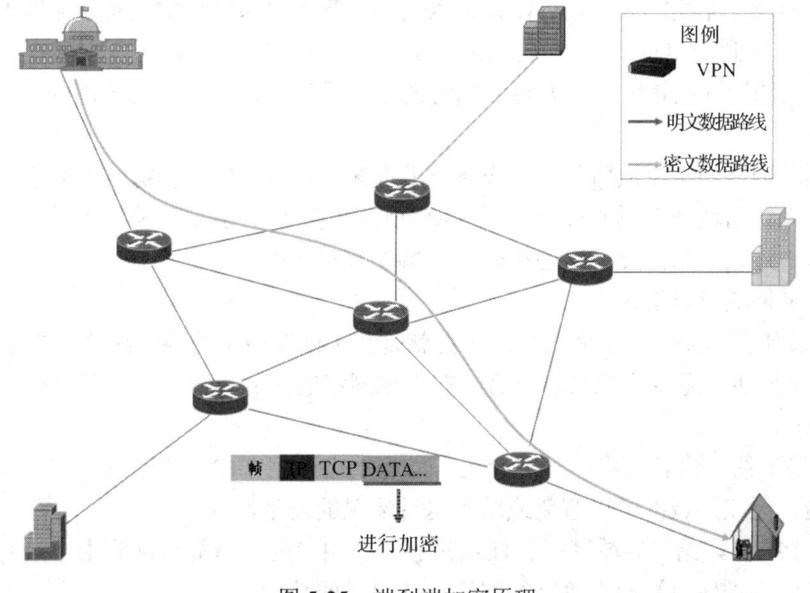

图 5-25　端到端加密原理

密钥管理是在授权各方之间实现密钥关系的建立和维护的一整套技术和程序；密钥管理负责密钥的生成、存储、分配、使用、备份/恢复、更新、撤销和销毁等。现代密码系统的安全性并不取决于对密码算法的保密或者是对加密设备等的保护，一切秘密位于密钥之中。因此，有效地进行密钥管理对实现 VPN 至关重要。

5.3　无线局域网安全

无线通信技术的出现使得通信技术出现了一次飞跃，使人类的通信摆脱了时间、地点和对象的束缚，极大地改善了人类的生活，加快了社会发展的进程。无线通信与 Internet 的融合，给人们带来极大便利的同时，也带来了许多安全问题。Internet 本身的安全机制较为脆弱，再加上无线网络传输介质本身固有的开放性及移动设备存储资源和计算资源的局限性，使得在无线网络环境下，不仅要面对有线网络环境下的所有安全威胁，而且还要面对新出现的专门针对无线环境的安全威胁。

5.3.1　无线局域网络概念

无线网络是对一类用无线电技术传输数据网络的总称。根据网络覆盖范围不同，可以将无线网络划分为无线广域网(Wireless Wide Area Network，WWAN)、无线局域网(Wireless Local Area Network，WLAN)、无线城域网(Wireless Metropolitan Area Network，WMAN)和无线个人局域网(Wireless Personal Area Network，WPAN)。无线广域网基于移动通信基础设施，由网络运营商，例如中国移动、中国联通、中国电信等运营商所经营，其负责一个城市所有区域甚至一个国家所有区域的通信服务。无线局域网则是一个负责在短距离范围之内无线通信接入功能的网络，它的网络连接能力非常强大。无线广域网和无线局域网可以结合起来并提供更加强大的无线网络服务，无线局域网可以让接入用户共享到局域之内的信息，而通过无线广域网就可以让接入用户共享到局域之外的信息。无线城域网则是让接入用户访问到固定场所的无线网络，其将一个城市或者地区的多个固定场所连接起来。无线个人局域网则是用户个人将所拥有的便携式设备通过通信设备进行短距离无线连接的无线网络。

无线局域网利用电磁波将计算机设备互联起来，构成可以互相通信和实现资源共享的网络体系。无线局域网本质的特点是不再使用通信电缆将计算机与网络连接起来，而是通过无线的方式连接，从而使网络的构建和终端的移动更加灵活。

无线局域网具有以下优点：

(1) 安装便捷。无线局域网最大的优势就是免去或减少了网络布线的工作量。

(2) 使用灵活。无线局域网建成后，在无线网络的信号覆盖区域内任何一个位置都可以接入网络。

(3) 经济节约。假若网络的发展超出了原有的设计规划，有线网络要花费较多费用进行网络改造，无线局域网可以避免或减少这种情况的发生。

(4) 易于扩展。无线局域网能胜任从只有几个用户的小型局域网到上千用户的大型网络，并且能够提供像“漫游”等有线网络无法提供的功能。

(5) 故障定位简单。有线网络一旦出现物理故障，尤其是由于线路连接不良而造成的网络中断，往往很难查明，而且检修线路需要付出很大的代价。无线网络则很容易定位故障，只需更换故障设备即可恢复网络连接。

无线局域网给用户带来便捷和实用的同时，也存在着一些缺陷。其不足之处主要体现在以下几个方面：

(1) 速率。相比有线信道，无线信道的传输速率要低很多。无线局域网的最大传输速率为 1 Gb/s，只适合于个人终端和小规模网络应用。

(2) 性能。无线局域网是依靠无线电波进行传输的。这些电波通过无线发射装置进行发射，遇到障碍物都可能阻碍电磁波的传输，所以会影响网络的性能。

(3) 安全性。电磁波不要求建立物理的连接信道，无线信号是发散的。从理论上讲，很容易监听到电磁波广播范围内的信号，从而造成信息泄漏。

5.3.2 无线局域网协议

无线局域网协议主要分为两大阵营：IEEE 802.11 系列标准和欧洲的 HiperLAN。其中 IEEE 802.11 协议、蓝牙(Bluetooth)和家庭无线网络(Home Radio Frequency，Home RF)等是无线局域网所有标准中最主要的协议标准。这些协议和标准各有优劣，各有自己擅长的应用领域，有的适合于办公环境，有的适合于个人应用，有的则更适合家庭用户。

1. IEEE 802.1 系列标准

1997 年 6 月，IEEE 推出了第一代无线局域网标准——IEEE 802.11。此后这一标准不断得到补充和完善，形成 IEEE 802.11x 系列标准。

1) IEEE 802.11

IEEE 802.11 标准定义了物理层和介质访问控制规范，工作在 2.4 GHz 频段。其主要用于解决办公室局域网和校园网中用户与用户终端的无线接入，业务主要限于数据访问，速率最高只能达到 2 Mb/s。由于它在速率和传输距离上都不能满足人们的需要，所以 IEEE 802.11 标准被 IEEE 802.11b 所取代了。

2) IEEE 802.11b

IEEE 802.11b 即无线相容性认证 (Wireless Fidelity，Wi-Fi)，它利用 2.4 GHz 的频段。2.4 GHz 的 ISM(Industrial Scientific Medical)频段为世界上绝大多数国家通用，因此 802.11b 得到了最为广泛的应用。802.11b 的最大数据传输速率为 11 Mb/s，无须直线传播。在动态速率转换时，如果无线信号变差，可将数据传输速率降低为 5.5 Mb/s、2 Mb/s 和 1 Mb/s。支持的范围是在室外为 300 米，在办公环境中最长为 100 米。802.11b 是所有 WLAN 标准演进的基石，未来许多的系统大都需要与 802.11b 向后兼容。

3) IEEE 802.11a

IEEE 802.11a 工作在 5 GHz 频段，传输速率可达 54 Mb/s。由于 802.11a 工作在 5 GHz 频段，因此它与 802.11、802.11b 标准不兼容。其设计初衷是取代 802.11b 标准，然而工作于 2.4 GHz 频带是不需要执照的，工作于 5 GHz 频带是需要执照的。

4) IEEE 802.11g

IEEE 802.11g 采用 2.4 GHz 频段，拥有 IEEE802.11a 的传输速率，安全性较 IEEE 802.11b 好，使用 CCK(补码键控)技术与 802.11b 向后兼容。

5) IEEE 802.11n

IEEE 802.11n 可以将 WLAN 的传输速率由目前 802.11 a 及 802.11 g 提供的 54 Mb/s，提高到 300 Mb/s 甚至高达 600 Mb/s。与以往的 802.11 标准不同，802.11 n 协议为双频工作模式(包含 2.4 GHz 和 5 GHz 两个工作频段)，这样 802.11 n 保障了与以往的 802.11 b、802.11a、802.11 g 标准兼容。

6) IEEE 802.11i

IEEE 802.11i 标准是结合 IEEE 802.1x 中的用户端口身份验证和设备验证，对 WLAN MAC 层进行修改与整合，定义了严格的加密格式和鉴权机制，以改善 WLAN 的安全性。IEEE 802.11i 新修订标准主要包括两项内容："WiFi 保护访问"(WPA)技术和"强健安全网络"(RSN)。WiFi 联盟采用 802.11i 标准作为 WPA 的第二个版本，并于 2004 年初开始实行。

2. 蓝牙

蓝牙是一种支持设备短距离通信的无线电技术，工作在 2.4 GHz 频段，最高数据传输速度为 1 Mb/s(有效传输速度为 721 kb/s)，传输距离为 10 cm～10 m，能在包括移动电话、PDA、无线耳机、笔记本电脑、相关外设等众多设备之间进行无线信息交换。利用蓝牙技术，能够有效地简化移动通信终端设备之间的通信，也能够成功地简化设备与互联网之间的通信，从而使得数据传输变得更加迅速高效，为无线通信拓宽道路。

3. Home RF

Home RF 是由 Home RF 工作组开发的开放性行业标准，目的是在家庭范围内使计算机与其他电子设备之间实现无线通信。Home RF 的工作频率为 2.4 GHz。原来最大数据传输速率为 2Mb/s，2000 年 8 月，美国联邦通信委员会(FCC)批准了 Home RF 的传输速率可以提高到 8～11 Mb/s。Home RF 的特点是安全可靠、成本低廉、简单易行，不受墙壁和楼层的影响；传输交互式语音数据采用 TDMA 技术，传输高速数据分组则采用 CSMA/CA 技术；无线电干扰影响小；支持流媒体。但 Home RF 只可实现最多 5 个设备之间的互联，而且该标准与 802.11b 不兼容，并占据了与 802.11b 和 Bluetooth 相同的 2.4 GHz 频率段，所以在应用范围上会有很大的局限性，更多的是在家庭网络中使用。

5.3.3 无线加密标准

目前无线加密标准主要有 WEP、WPA 和 WPA2 三种。

1. WEP 加密标准

WEP(Wired Equivalent Privacy，有线等效保密)是 IEEE 802.11b 标准定义的一个用于无线局域网的安全性协议，主要用于无线局域网业务流的加密和节点的认证，提供和有线局域网相当的保密性。

IEEE 802.11 的 WEP 加密模式是在 20 世纪 90 年代后期设计的，当时的无线安全防护效果非常出色。然而，仅仅两年以后，在 2001 年 8 月，Fluhrer et al.就发表了针对 WEP 的密码分析，利用 RC4 加解密和 IV(Initialization Vector，初始向量)的使用方式的特性，在无线网络上偷听几个小时之后，就可以把 RC4 的密钥破解出来。这个攻击方式迅速被传播，而且自动化破解工具也相继推出，WEP 加密变得岌岌可危。

2. WPA 和 WPA2 加密标准

WPA(WiFi Protected Access，WiFi 网络安全存取)是 WiFi 联盟制订的安全解决方案，它能够解决已知的 WEP 脆弱性问题，并且能够对已知的无线局域网攻击提供防护。

WPA 使用基于 RC4 算法的 TKIP(临时密钥完整性协议)来进行加密，并且使用 WPA-PSK(WPA 预共享密钥)和 IEEE 802.1x/EAP(可扩展认证协议)来进行认证。

WPA-PSK 认证是通过检查无线客户端和 AP 是否拥有同一个密码或密码短语来实现的，如果客户端的密码和 AP 的密码相同，客户端就会得到认证。

5.3.4　无线局域网的安全防范

由于无线局域网采用公共的电磁波作为载体，电磁波能够穿过天花板、楼层、墙等物体，因此在一个无线 AP 所服务的区域中，任何一个无线客户端都可以接收到此无线 AP 发出的电磁波信号，这样就可能包括一些恶意用户也能接收到其他无线数据信号。

威胁无线局域网安全的因素主要包括窃听、截取或者修改传输数据、置信攻击、拒绝服务等，因此保障无线局域网的安全应该采取以下措施。

1. 采用无线加密协议防止未授权用户访问

保护无线网络安全的最基本手段是加密，通过简单设置 AP 和无线网卡等设备，就可以启用 WEP 加密。但是 WEP 安全解决方案在 15 分钟内就可被攻破，已被广泛证实不安全，所以应采用支持 128 位的 WEP，或者使用 WPA/WPA2、IPSec、VPN、SSH 等替代方法，保证无线局域网的安全。

2. 改变服务集标识符并且禁止 SSID 广播

服务集标识符(Service Set Identifier，SSID)是无线接入的身份标识符，用户用它来建立与接入点之间的连接。这个身份标识符是由通信设备制造商设置的，并且每个厂商都有自己的缺省值。因此有必要为每个无线接入点设置一个唯一并且难以推测的 SSID。如果可能，还应该禁止 SSID 向外广播。

3. 静态 IP 地址与 MAC 地址绑定

无线路由器或无线访问接入点(Acess Point，AP)在分配 IP 地址时，通常是默认使用 DHCP 服务，这对无线网络来说是有安全隐患的。黑客只要找到了无线网络，就可以通过 DHCP 而得到一个合法的 IP 地址进入无线局域网中。因此，建议关闭 DHCP 服务并为每台计算机分配固定的静态 IP 地址，然后再把这个 IP 地址与该计算机网卡的 MAC 地址进行绑定，这样就能大大提升网络的安全性。

4. VPN 技术在无线网络中的应用

因为在大型无线网络中，维护工作站和 AP 的 WEP 加密密钥、AP 的 MAC 地址列表等都是非常艰巨的管理任务。对于安全性要求高的或大型的无线网络，VPN 方案是一个更好的选择。

5. 无线入侵检测系统

入侵检测系统已用于在无线局域网中监视和分析用户的活动，判断入侵事件的类型，检测非法的网络行为，对异常的网络流量进行报警。无线入侵检测系统不但能找出入侵者，还能加强安全策略。通过使用强有力的安全策略，会使无线局域网更安全。

6. 采用身份验证和授权

当攻击者了解网络的 SSID、网络的 MAC 地址或甚至 WEP 密钥等信息时，他们可能尝试建立与 AP 的关联。目前，可以使用 3 种方法在用户建立与无线网络的关联前对它们进行身份验证。

(1) 开放身份验证通常意味着只需要向 AP 提供 SSID 或正确的 WEP 密钥。开放身份验证如果没有其他的保护或身份验证机制，那么无线网络将是完全开放的。

(2) 共享密钥身份验证机制类似于“口令—响应”身份验证系统。在 STA(工作站)与 AP 共享同一个 WEP 密钥时采用这一机制。其过程如下：STA 向 AP 发送申请，AP 发回口令。然后 STA 利用口令和加密的响应进行回复。这种方法的漏洞在于口令是通过明文传输给 STA 的。

(3) 采用其他的身份验证/授权机制对无线网络用户进行身份验证和授权，如使用 802.1x、VPN 或数字证书等。

实训一　用 Wireshark 软件抓包分析 POP3 和 SMTP 协议

1. 实训目的

(1) 掌握邮件客户端软件的安装与配置。

(2) 掌握使用 Wireshark 软件抓数据包。

(3) 分析 POP3 和 SMTP 协议数据包。

2. 实训内容

(1) 开启邮件账号的 POP3/SMTP 服务。

(2) Foxmail 邮箱账户的配置。

(3) Wireshark 软件的安装。

(4) Wireshark 软件抓取 POP3 数据包及分析。

(5) Wireshark 软件抓取 SMTP 数据包及分析。

3. 实训条件

(1) Windows 7 操作系统。

(2) Wireshark 1.11.0。

(3) Foxmail 6.5。

4. 实训步骤

1) 开启邮件账号的 POP3/SMTP 服务

2) Foxmail 邮箱账户配置

步骤 1：打开 Foxmail 软件，打开“邮箱”主菜单，选择“新建邮箱账户”，如图 5-26 所示。

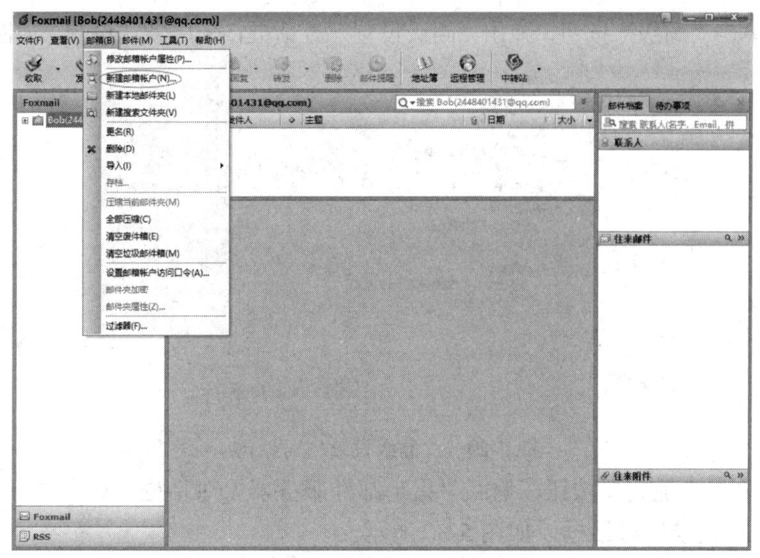

图 5-26　Foxmail 主界面

步骤 2：单击“新建邮箱账户”菜单，弹出“建立新的用户账户”对话框，输入“电子邮件地址”“密码”(授权码，非邮箱密码)“账户显示名称”以及“邮件中采用的名称”等信息，如图 5-27 所示。

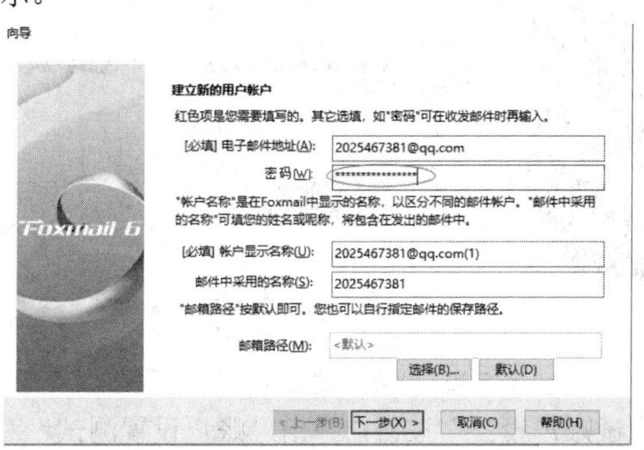

图 5-27　“建立新的用户账户”对话框

步骤 3：单击“下一步”按钮，弹出“指定邮件服务器”对话框，“接收服务器类型”选择 POP3，如图 5-28 所示。

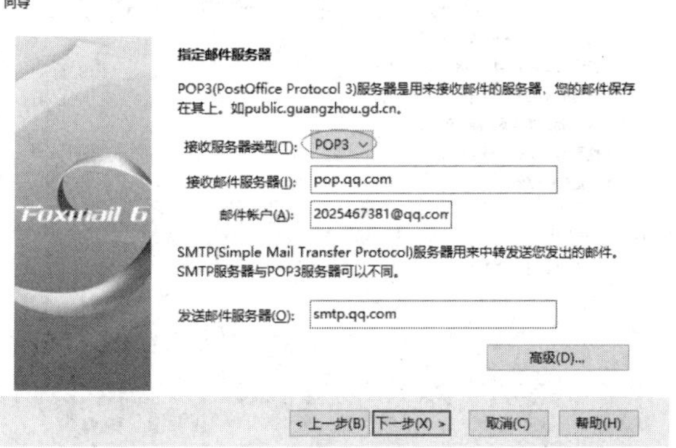

图 5-28　“指定邮件服务器”对话框

步骤 4：单击“高级”按钮，弹出“高级设置”对话框，采用默认设置，如图 5-29 所示。

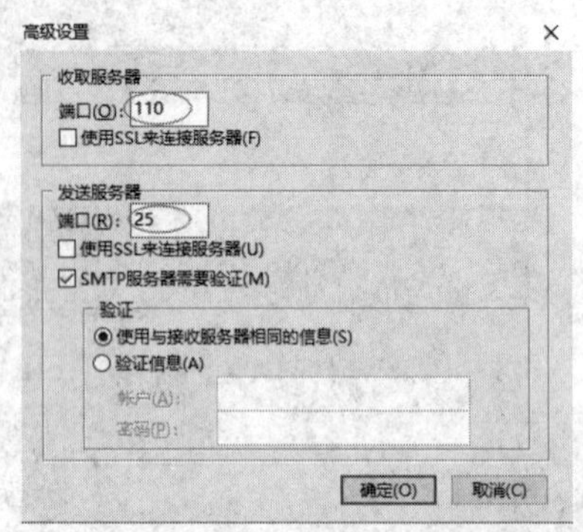

图 5-29　“高级设置”对话框

步骤 5：单击“确定”按钮，返回“指定邮件服务器”对话框。单击“下一步”按钮，弹出“账户建立完成”对话框，如图 5-30 所示。

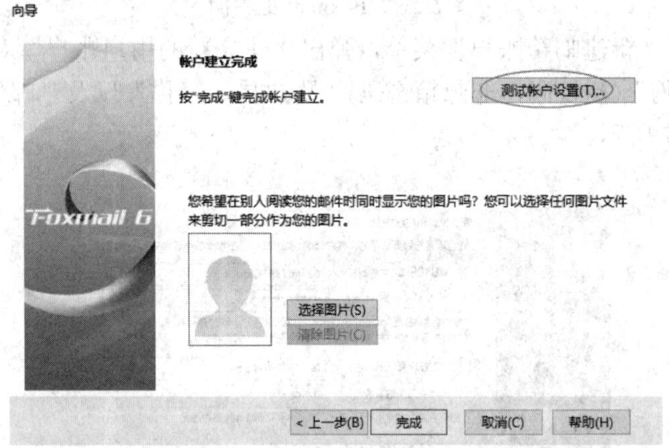

图 5-30　“账户建立完成”对话框

步骤 6：单击“测试账户设置”按钮，弹出“账户设置测试”对话框，当所有的测试项通过后，单击“关闭”按钮结束邮箱账户配置，如图 5-31 所示。

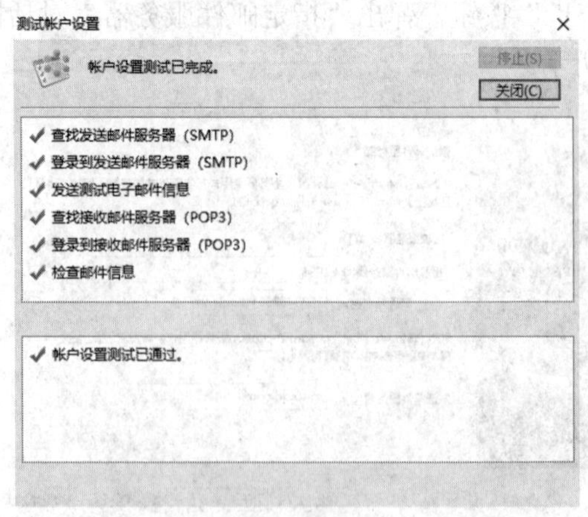

图 5-31　“账户设置测试”对话框

3) Wireshark 软件安装

步骤 1：双击运行 Wireshark 安装程序 Wireshark-win32-1.11.0，弹出安装界面，如图 5-32 所示。

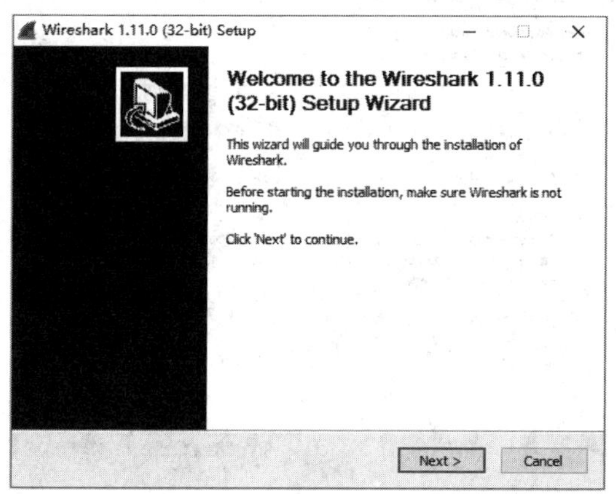

图 5-32　“Wireshark”安装界面

步骤 2：单击“Next”按钮，弹出“Wireshark 软件许可协议”对话框，如图 5-33 所示。

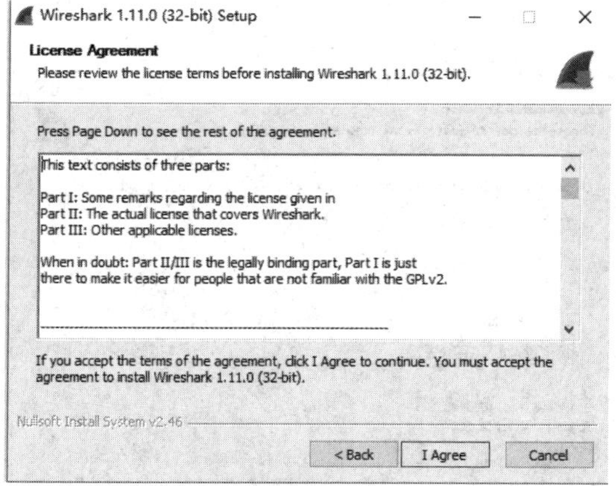

图 5-33　“Wireshark 软件许可协议”对话框

步骤 3：单击“I Agree”按钮，弹出“安装组件选择”对话框，采用默认选项，如图 5-34 所示。

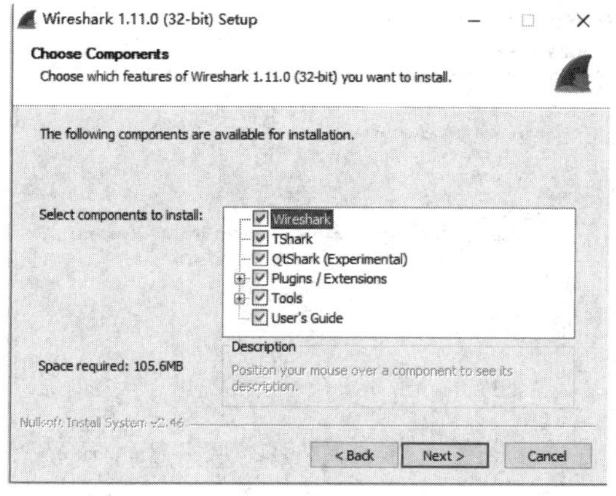

图 5-34　“安装组件选择”对话框

步骤 4：单击“Next”按钮，弹出“额外任务选择”对话框，采用默认选项，如图 5-35 所示。

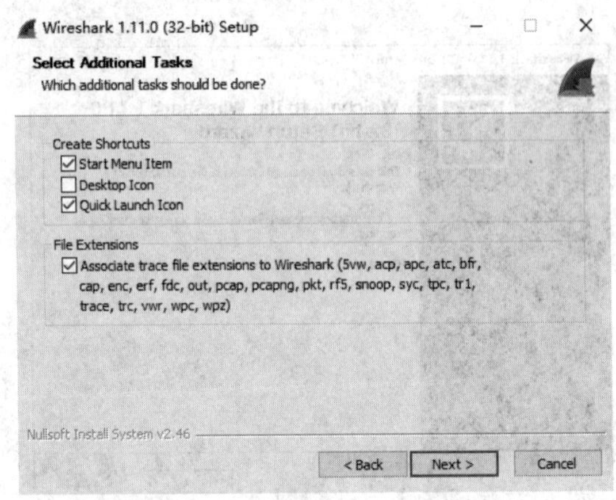

图 5-35　“额外任务选择”对话框

步骤 5：单击“Next”按钮，弹出“安装目录选择”对话框，选择安装目录，如图 5-36 所示。

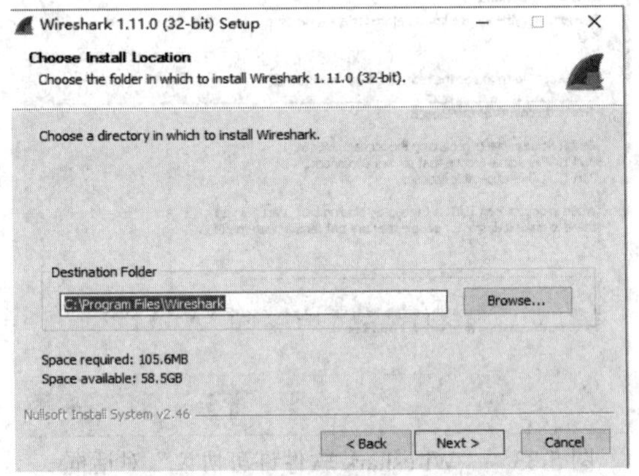

图 5-36　“安装目录选择”对话框

步骤 6：单击“Next”按钮，弹出“WinPcap 安装选择”对话框，如图 5-37 所示。

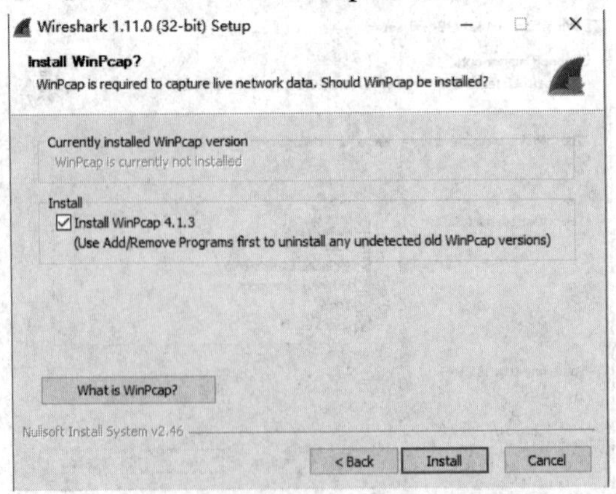

图 5-37　“WinPcap 安装选择”对话框

步骤 7：单击“Install”按钮，弹出“Wireshark 文件复制”对话框，如图 5-38 所示。

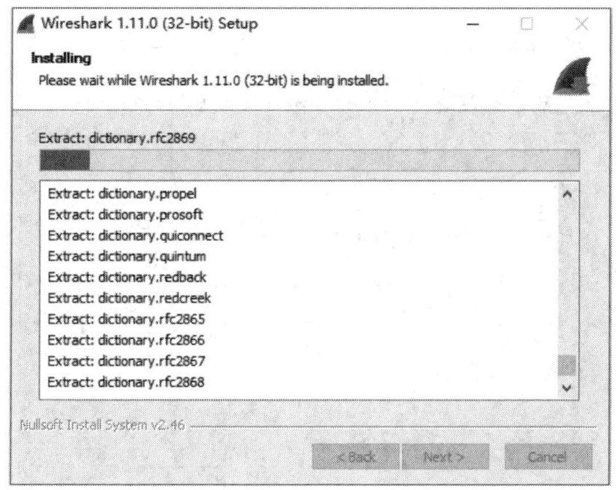

图 5-38　“Wireshark 文件复制”对话框

步骤 8：单击“Next”按钮，弹出“WinPcap 安装向导”对话框，如图 5-39 所示。

图 5-39　“WinPcap 安装向导”对话框

步骤 9：单击“Next”按钮，弹出“Winpcap 软件许可协议”对话框，如图 5-40 所示。

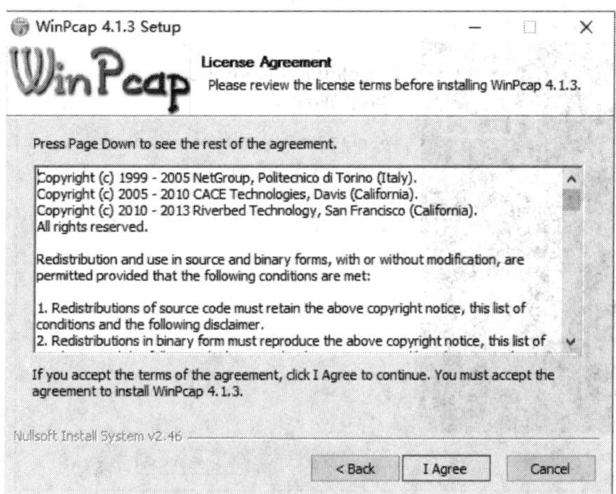

图 5-40　“Winpcap 软件许可协议”对话框

步骤 10：单击“I Agree”按钮，弹出“安装选项”对话框，采用默认选项，如图 5-41 所示。

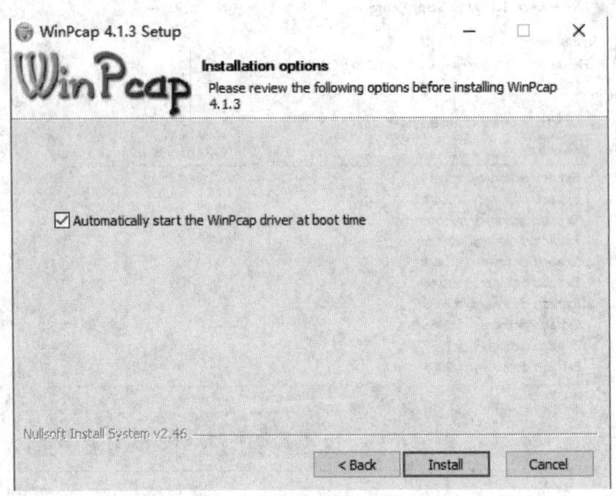

图 5-41　“安装选项”对话框

步骤 11：单击“Install”按钮，弹出“WinPcap 文件复制”对话框，如图 5-42 所示。

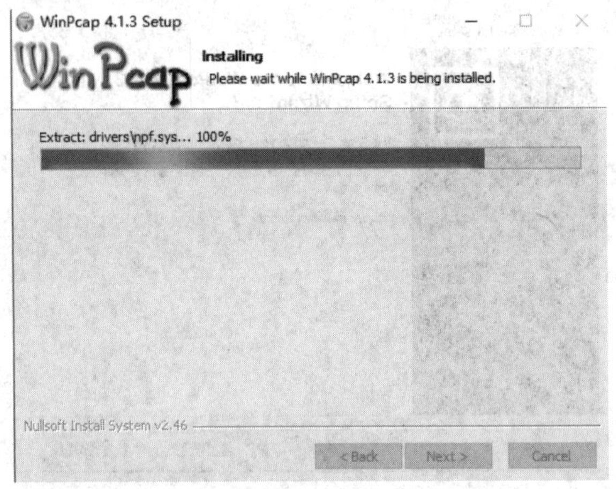

图 5-42　“WinPcap 文件复制”对话框

步骤 12：单击“Next”按钮，弹出“WinPcap 安装结束”对话框，如图 5-43 所示。

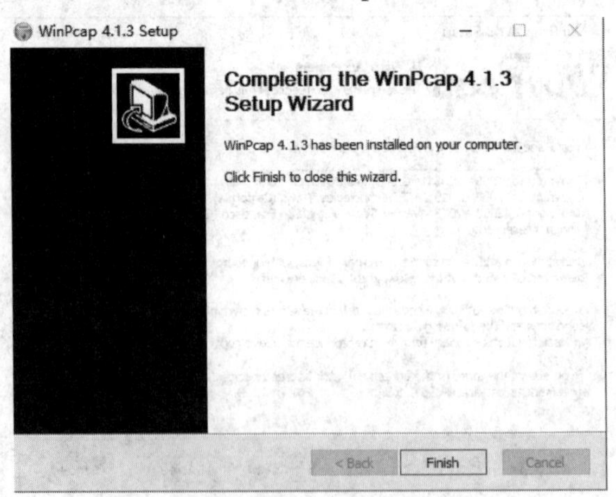

图 5-43　“WinPcap 安装结束”对话框

步骤 13：单击“Finish”按钮，弹出“安装完成”对话框，如图 5-44 所示。

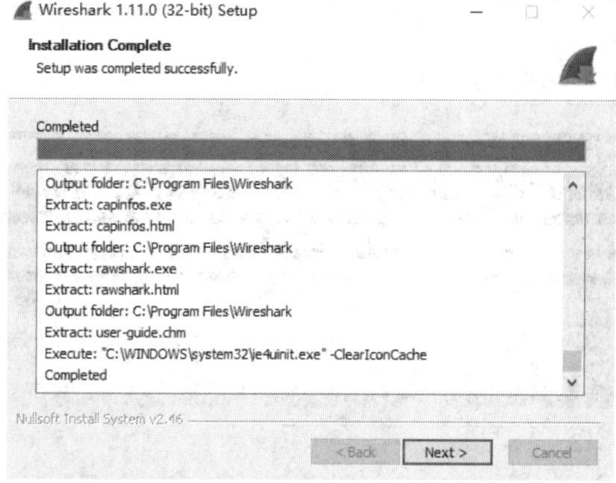

图 5-44　“安装完成”对话框

步骤 14：单击“Next”按钮，弹出“安装向导结束”对话框，如图 5-45 所示，单击“Finish”按钮完成 Wireshark 的安装过程并启动 Wireshark。

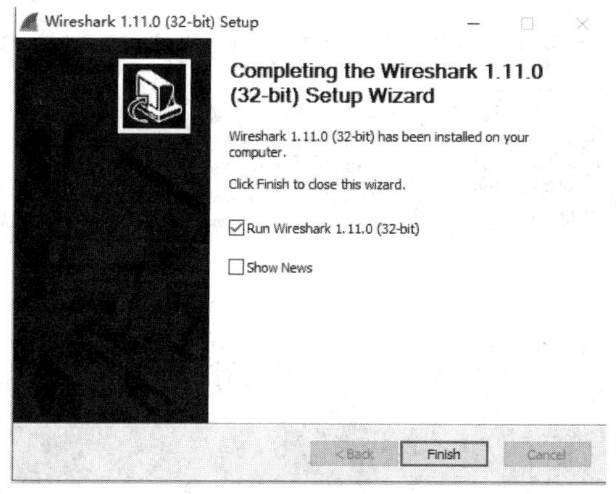

图 5-45　“安装向导结束”对话框

4) Wireshark 软件抓取 POP3 数据包及分析

步骤 1：启动 Wireshark 软件，选择需要抓取数据包的网卡接口，如图 5-46 所示。

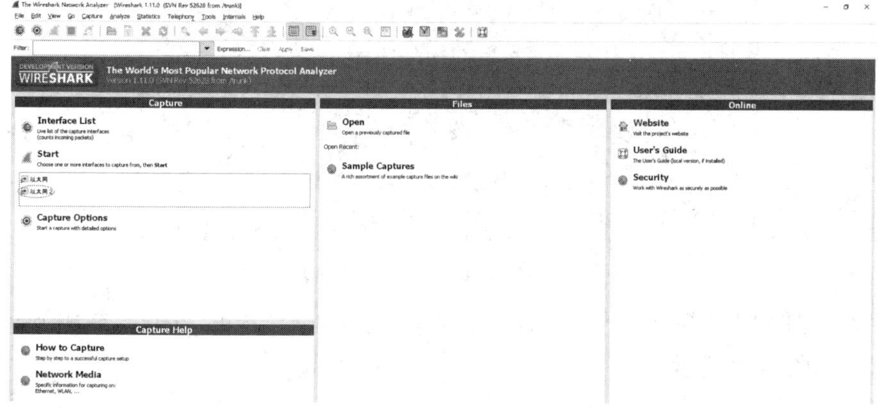

图 5-46　Wireshark 软件启动界面

步骤 2：单击“start”按钮，开始抓取数据包，如图 5-47 所示。

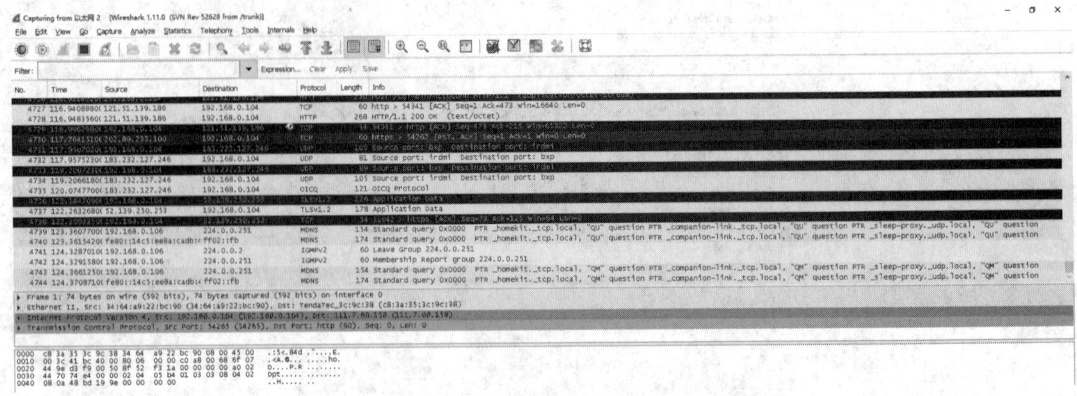

图 5-47　Wireshark 软件抓取数据包界面

步骤 3：在 Foxmail 软件主界面，选择收取邮件的邮箱账户，单击“收取”按钮，如图 5-48 所示。

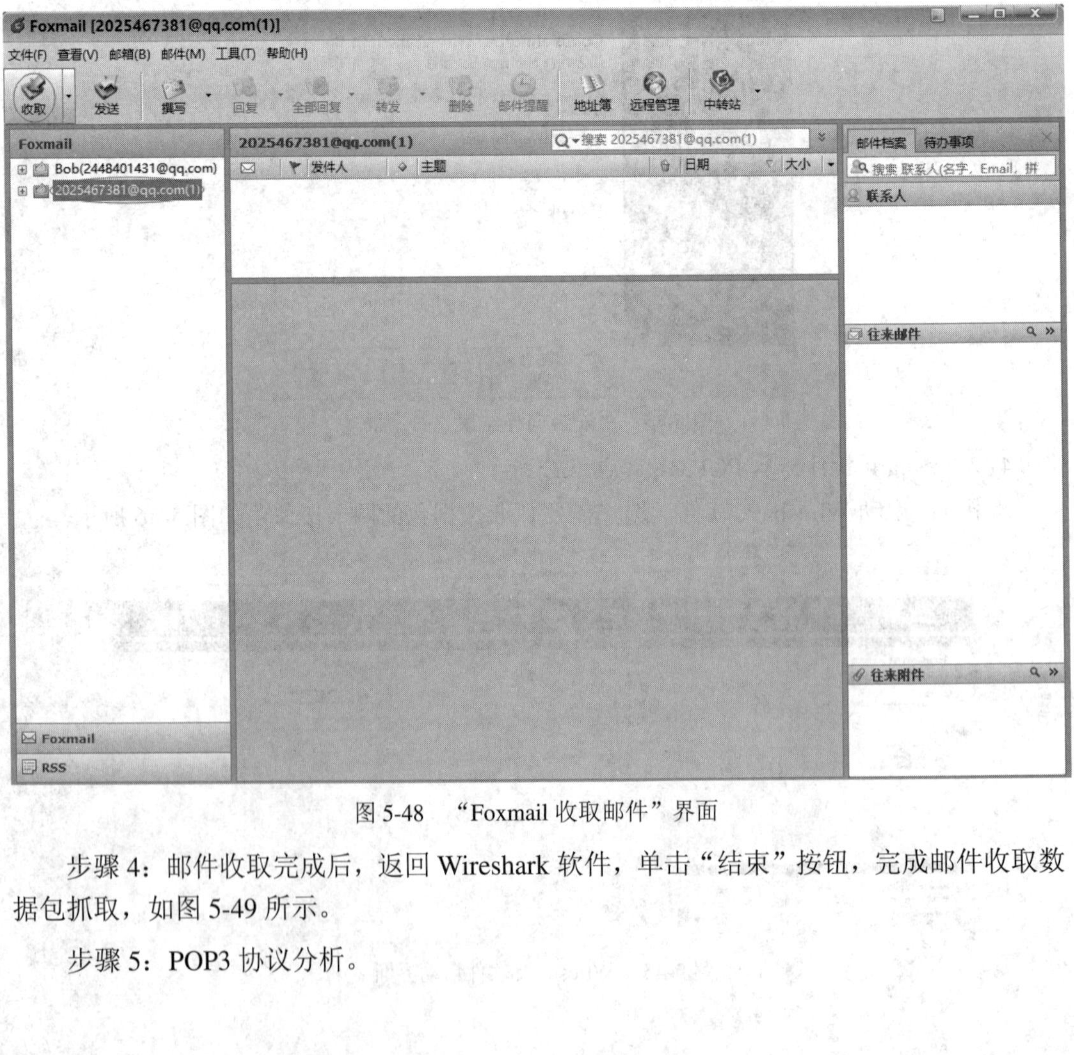

图 5-48　“Foxmail 收取邮件”界面

步骤 4：邮件收取完成后，返回 Wireshark 软件，单击“结束”按钮，完成邮件收取数据包抓取，如图 5-49 所示。

步骤 5：POP3 协议分析。

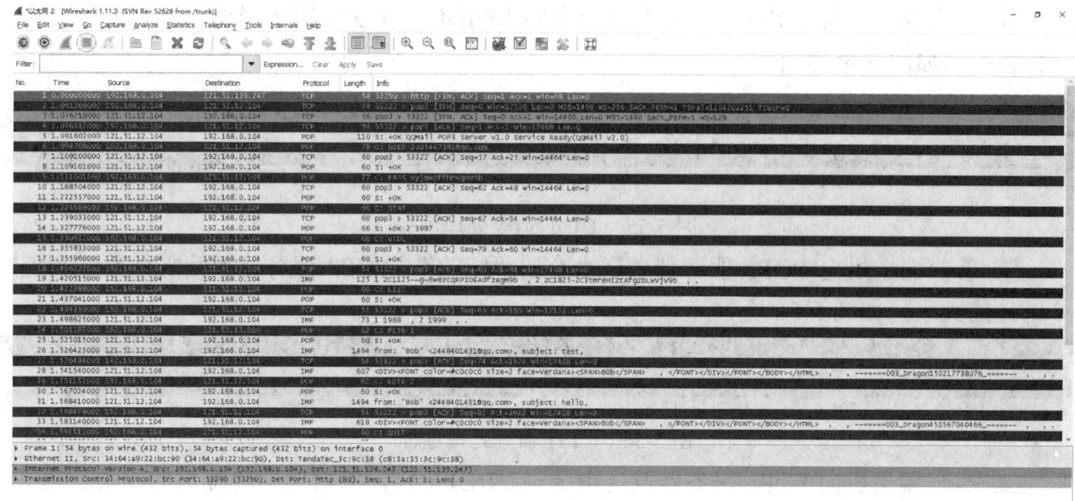

图 5-49　“收取邮件数据包”显示窗口

① 因为 POP3 协议默认的传输协议是 TCP 协议，因此客户端主机连接 POP3 服务器需要先进行三次握手，如图 5-50 所示。

```
2 1.061266000 192.168.0.104    121.51.12.104    TCP    74 53322 > pop3 [SYN] Seq=0 Win=17520 Len=0 MSS=1460 WS=256 SACK_PERM=1 TSval=1204202251 TSecr=0
3 1.076218000 121.51.12.104    192.168.0.104    TCP    66 pop3 > 53322 [SYN, ACK] Seq=0 Ack=1 Win=14400 Len=0 MSS=1440 SACK_PERM=1 WS=128
4 1.076312000 192.168.0.104    121.51.12.104    TCP    54 53322 > pop3 [ACK] Seq=1 Ack=1 Win=17408 Len=0
```

图 5-50　与 POP3 服务器三次握手数据包

② 三次握手成功后，POP3 服务器向客户端主机返回准备就绪的数据包，如图 5-51 所示。

```
5 1.091602000 121.51.12.104    192.168.0.104    POP    110 S: +OK QQMail POP3 Server v1.0 Service Ready(QQMail v2.0)
```

图 5-51　POP3 服务器就绪数据包

③ 客户端主机向 POP3 服务器提供邮箱账号，POP3 服务器验证账号，如图 5-52 所示。

```
6 1.094706000 192.168.0.104    121.51.12.104    POP    78 C: USER 2025467381@qq.com
7 1.109100000 121.51.12.104    192.168.0.104    TCP    60 pop3 > 53322 [ACK] Seq=57 Ack=25 Win=14464 Len=0
8 1.109101000 121.51.12.104    192.168.0.104    POP    60 S: +OK
```

图 5-52　邮箱账号验证

④ 客户端主机向 POP3 服务器提供邮箱密码，POP3 服务器验证密码，如图 5-53 所示。

```
9 1.111601000 192.168.0.104    121.51.12.104    POP    77 C: PASS vyjmwzffhrvgdeib
10 1.168504000 121.51.12.104   192.168.0.104    TCP    60 pop3 > 53322 [ACK] Seq=62 Ack=48 Win=14464 Len=0
11 1.222557000 121.51.12.104   192.168.0.104    POP    60 S: +OK
```

图 5-53　邮箱密码验证

⑤ 认证成功以后进入处理阶段。客户端主机向 POP3 服务器发送命令码“STAT”，POP3 服务器向客户端主机发回邮箱的统计资料，包括邮件总数和总字节数(2 个邮件，共 3987 个字节)，如图 5-54 所示。

```
12 1.224589000 192.168.0.104   121.51.12.104    POP    60 C: STAT
13 1.239033000 121.51.12.104   192.168.0.104    TCP    60 pop3 > 53322 [ACK] Seq=67 Ack=54 Win=14464 Len=0
14 1.327776000 121.51.12.104   192.168.0.104    POP    66 S: +OK 2 3987
```

图 5-54　STAT 命令处理过程

⑥ 客户端主机向 POP3 服务器发送命令码“UIDL”，POP3 服务器返回每个邮件的唯一标识符，如图 5-55 所示。

15 1.330632000 192.168.0.104 121.51.12.104 POP 60 C: UIDL
16 1.355833000 121.51.12.104 192.168.0.104 TCP 60 pop3 > 53322 [ACK] Seq=79 Ack=60 Win=14464 Len=0
17 1.355960000 121.51.12.104 192.168.0.104 POP 60 S: +OK
18 1.406222000 192.168.0.104 121.51.12.104 TCP 54 53322 > pop3 [ACK] Seq=60 Ack=84 Win=17408 Len=0
19 1.420515000 121.51.12.104 192.168.0.104 IMF 125 1 ZC1125-~q~6wezcqRPIOEAdfzegM9b , 2 ZC1825-2C3tmreHIZtAfgZbLwVjv9b , .

图 5-55　UIDL 命令处理过程

⑦ 客户端主机向 POP3 服务器发送命令码“LIST”，POP3 服务器返回邮件数量和每个邮件的大小，如图 5-56 所示。

20 1.422388000 192.168.0.104 121.51.12.104 POP 60 C: LIST
21 1.437041000 121.51.12.104 192.168.0.104 POP 60 S: +OK
22 1.484350000 192.168.0.104 121.51.12.104 TCP 54 53322 > pop3 [ACK] Seq=66 Ack=160 Win=17152 Len=0
23 1.498625000 121.51.12.104 192.168.0.104 IMF 73 1 1988 , 2 1999 , .

图 5-56　LIST 命令处理过程

⑧ 客户端主机向 POP3 服务器发送命令码“RETR 1”，获取第一封邮件的相关信息，如图 5-57 所示。

24 192.168.0.104 121.51.12.104 POP 62 C: RETR 1
25 1.525015000 121.51.12.104 192.168.0.104 POP 60 S: +OK
26 1.526425000 121.51.12.104 192.168.0.104 IMF 1494 from: "Bob" <2448401431@qq.com>, subject: test,
27 192.168.0.104 121.51.12.104 TCP 54 53322 > pop3 [ACK] Seq=74 Ack=1624 Win=17408 Len=0
28 1.541540000 121.51.12.104 192.168.0.104 IMF 607 <DIV><FONT color=#c0c0c0 size=2 face=Verdana><SPAN>Bob</SPAN> , </FONT></DIV></FONT></BODY></HTML> , , ------003_Dragon150217738076_------ , .

图 5-57　RETR 1 命令处理过程

⑨ 客户端主机向 POP3 服务器发送命令码 RETR 2，获取第二封邮件的相关信息，如图 5-58 所示。该实验只收取了两封邮件，如有更多邮件，以此类推。

30 1.567024000 121.51.12.104 192.168.0.104 POP 60 S: +OK
31 1.568410000 121.51.12.104 192.168.0.104 IMF 1494 from: "Bob" <2448401431@qq.com>, subject: hello,

图 5-58　RETR 2 命令处理过程

⑩ 客户端主机向 POP3 服务器发送命令码“QUIT”，终止会话，如图 5-59 所示。

34 1.591511000 192.168.0.104 121.51.12.104 POP 60 C: QUIT
35 1.605763000 121.51.12.104 192.168.0.104 POP 63 S: +OK Bye
36 1.605900000 192.168.0.104 121.51.12.104 TCP 54 53322 > pop3 [RST, ACK] Seq=88 Ack=4195 Win=0 Len=0

图 5-59　QUIT 命令处理过程

5) Wireshark 软件抓取 SMTP 数据包及分析

步骤 1：在 Wireshark 软件主界面，单击“start”按钮，重新开启抓取数据包，弹出“数据包是否保存”对话框，如图 5-60 所示。如果需要保存前面抓取的数据包，单击“Save”按钮，否则单击“Continue without Saving”按钮。

图 5-60　“数据包是否保存”对话框

步骤 2：在 Foxmail 软件主界面，选择发送邮件的邮箱账户，单击“撰写”按钮，弹出“写邮件”对话框，输入“收件人”“主题”及“邮件内容”等相关信息，如图 5-61 所示。

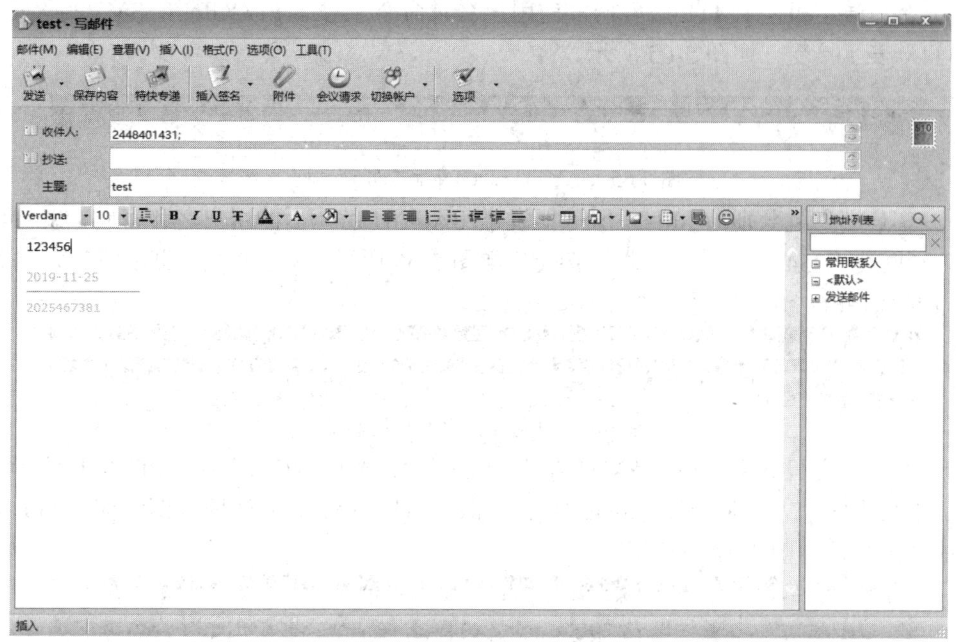

图 5-61　“写邮件”对话框

步骤 3：单击“发送”按钮发送邮件。邮件发送完成后，返回 Wireshark 软件，单击“结束”按钮，完成发送邮件数据包，如图 5-62 所示。

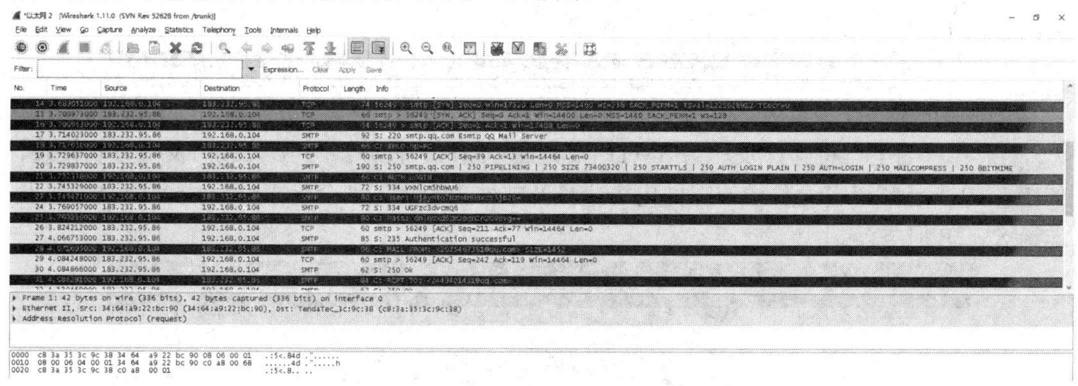

图 5-62　“发送邮件数据包”显示窗口

步骤 4：SMTP 协议分析。

① 因为 SMTP 协议默认的传输协议是 TCP 协议，因此客户端主机连接 SMTP 服务器需要先进行三次握手，如图 5-63 所示。

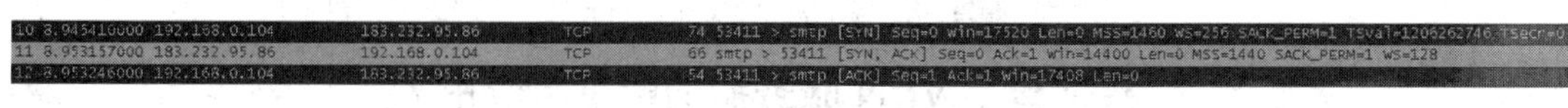

图 5-63　与 SMTP 服务器三次握手数据包

② 三次握手成功后，客户端主机向 SMTP 服务器发送命令“EHLO”，并加上客户端主机名 hp-PC，SMTP 服务器响应并回复，回复 250 表示 SMTP 服务器可用，如图 5-64 所示。

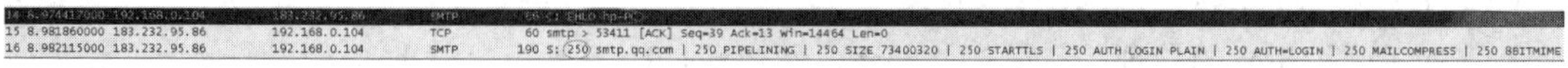

14 8.974417000 192.168.0.104 183.232.95.86 SMTP 65 C: EHLO hp-PC
15 8.981860000 183.232.95.86 192.168.0.104 TCP 60 smtp > 53411 [ACK] Seq=39 Ack=13 Win=14464 Len=0
16 8.982115000 183.232.95.86 192.168.0.104 SMTP 190 S: 250 smtp.qq.com | 250 PIPELINING | 250 SIZE 73400320 | 250 STARTTLS | 250 AUTH LOGIN PLAIN | 250 AUTH=LOGIN | 250 MAILCOMPRESS | 250 8BITMIME

图 5-64　EHLO 命令处理过程

③ 客户端主机向 SMTP 服务器发送用户登录命令“AUTH LOGIN”，SMTP 服务器回复“334”表示接受，如图 5-65 所示。

```
17 8.983614000 192.168.0.104   183.232.95.86   SMTP   66 C: AUTH LOGIN
18 8.991262000 183.232.95.86   192.168.0.104   SMTP   72 S: 334 VXNlcm5hbWU6
```

图 5-65　AUTH LOGIN 命令处理过程

④ 客户端主机分别向 SMTP 服务器发送 BASE64 编码后的用户名和密码，SMTP 服务器分别回复“334”和“235”表示接受，如图 5-66 所示。SMTP 服务器要求用户名和密码都通过 BASE64 编码后再发送，不接受明文。

```
19 8.991449000 192.168.0.104   183.232.95.86   SMTP   80 C: User: MjAyNTQ2NzM4MUBxcS5jb20=
20 9.001044000 183.232.95.86   192.168.0.104   SMTP   72 S: 334 UGFzc3dvcmQ6
21 9.001170000 192.168.0.104   183.232.95.86   SMTP   80 C: Pass: dnlqbxd62mZpcnZnZ3VpYg==
22 9.045695000 183.232.95.86   192.168.0.104   TCP    60 smtp > 53411 [ACK] Seq=211 Ack=77 Win=14464 Len=0
23 9.168862000 183.232.95.86   192.168.0.104   SMTP   85 S: 235 Authentication successful
```

图 5-66　邮箱用户名和密码验证

⑤ 客户端主机分别先后向 SMTP 服务器发送“MAIL FROM”和“RCPT TO”命令，后面分别加上发件人的邮箱地址和收件人的邮箱地址，SMTP 服务器分别回应“250 OK”表示成功接受，如图 5-67 所示。

```
24 9.172575000 192.168.0.104   183.232.95.86   SMTP   96 C: MAIL FROM: <2025467381@qq.com> SIZE=1452
25 9.180133000 183.232.95.86   192.168.0.104   TCP    60 smtp > 53411 [ACK] Seq=242 Ack=119 Win=14464 Len=0
26 9.180622000 183.232.95.86   192.168.0.104   SMTP   62 S: 250 Ok
27 9.182176000 192.168.0.104   183.232.95.86   SMTP   84 C: RCPT TO: <2448401431@qq.com>
28 9.209901000 183.232.95.86   192.168.0.104   SMTP   62 S: 250 Ok
```

图 5-67　MAIL FROM 和 RCPT TO 命令处理过程

⑥ 客户端主机向 SMTP 服务器发送 “DATA”命令，表示将要向 SMTP 服务器发送邮件正文，SMTP 服务器回应“354 End data with <CR><LF>.<CR><LF>”表示同意接收，如图 5-68 所示。

```
29 9.211392000 192.168.0.104   183.232.95.86   SMTP   60 C: Data
30 9.219122000 183.232.95.86   192.168.0.104   SMTP   91 S: 354 End data with <CR><LF>.<CR><LF>
```

图 5-68　DATA 命令处理过程

⑦ 客户端主机将邮件发送给 SMTP 服务器，SMTP 服务器回应“250”表示成功接收，如图 5-69 所示。该实验发送的邮件内容少，若邮件内容多，则会将邮件拆成多个数据包发送给 SMTP 服务器。

```
31 9.220946000 192.168.0.104   183.232.95.86   SMTP   375 C: DATA fragment, 321 bytes
32 9.265723000 183.232.95.86   192.168.0.104   TCP    60 smtp > 53411 [ACK] Seq=295 Ack=476 Win=15488 Len=0
33 9.265768000 192.168.0.104   183.232.95.86   IMF    1190 from: "2025467381" <2025467381@qq.com>, subject: test,
34 9.274483000 183.232.95.86   192.168.0.104   TCP    60 smtp > 53411 [ACK] Seq=295 Ack=1612 Win=17792 Len=0
35 9.753203000 183.232.95.86   192.168.0.104   SMTP   74 S: 250 Ok: queued as
```

图 5-69　邮件发送数据包

⑧ 邮件已成功发送到 SMTP 服务器，客户端主机向 SMTP 服务器发送命令“QUIT”，释放 SMTP 服务器连接，如图 5-70 所示。

```
34 1.591511000 192.168.0.104   121.51.12.104   POP    60 C: QUIT
35 1.605763000 121.51.12.104   192.168.0.104   POP    63 S: +OK Bye
36 1.605900000 192.168.0.104   121.51.12.104   TCP    54 53322 > pop3 [RST, ACK] Seq=88 Ack=4195 Win=0 Len=0
```

图 5-70　QUIT 命令处理过程

实训二　VPN 服务器的配置与应用

1. 实训目的

(1) 掌握 VPN 服务器的配置。

(2) 掌握 VPN 客户端的配置。

(3) 理解 VPN 的原理。

2. 实训内容

(1) VPN 服务器的配置。

(2) VPN 服务器赋予用户拨入权限。

(3) VPN 客户端的配置与连接。

3. 实训条件

(1) VMware Workstation 并安装 Windows 2003 Server。

(2) Windows 7 操作系统。

(3) 泡泡鱼虚拟网卡软件。

4. 实训步骤

1) VPN 服务器的配置

步骤 1：启动 VMware Workstation 后打开 Windows 2003 Server 作为服务器，设定网卡桥接模式，配置网卡 IP 地址，保证在客户端 Windows 7 与服务器 Windows 2003 Server 相互连通。在服务器 Windows 2003 Server 中安装泡泡鱼虚拟网卡软件，使用该软件虚拟一块网卡，实验要求搭建 VPN 的服务器至少需要两块网卡。

步骤 2：选择“开始”→“程序”→“管理工具”→“路由和远程访问”，打开“路由和远程访问”控制台，如图 5-71 所示。

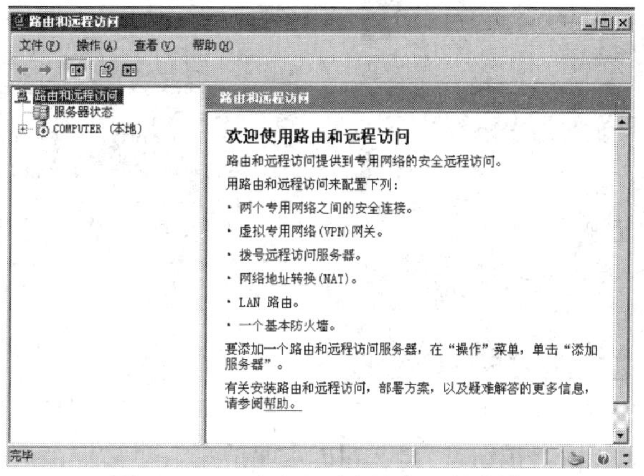

图 5-71　“路由和远程访问”控制台

步骤 3：在左边框架中“COMPUTER(本地)”处单击右键，如图 5-72 所示。

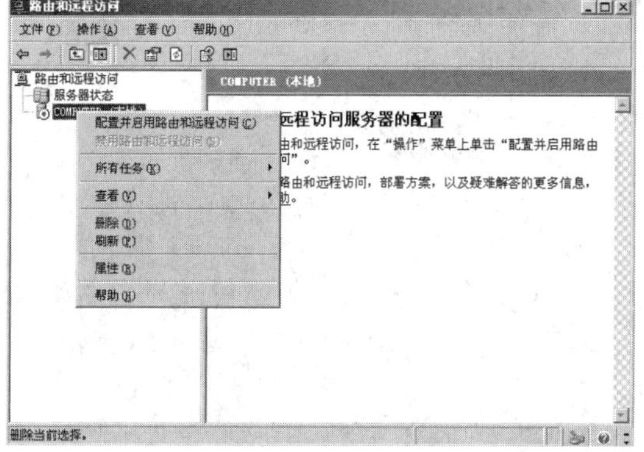

图 5-72　“COMPUTER(本地)”右键菜单

步骤 4：单击“配置并启用路由和远程访问”菜单，弹出“路由和远程访问安装向导”对话框，如图 5-73 所示。

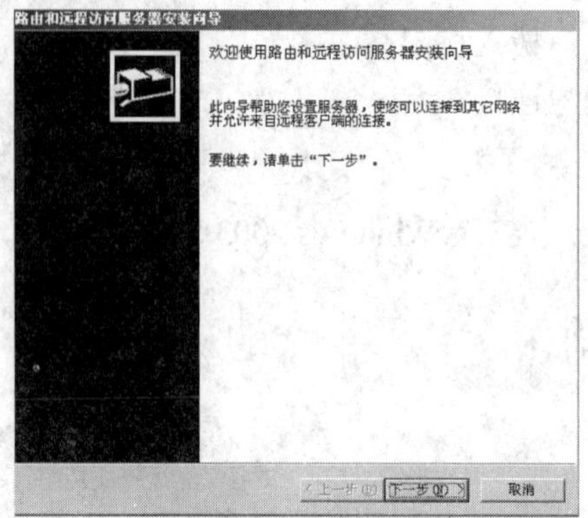

图 5-73　“路由和远程访问安装向导”对话框

步骤 5：单击“下一步”按钮，弹出“配置”对话框，选择“虚拟专用网络(VPN)访问和 NAT(V)”，如图 5-74 所示。

步骤 6：单击“下一步”按钮，弹出“VPN 连接”对话框，选择“本地连接”网络接口，它是非虚拟的网络接口，如图 5-75 所示。

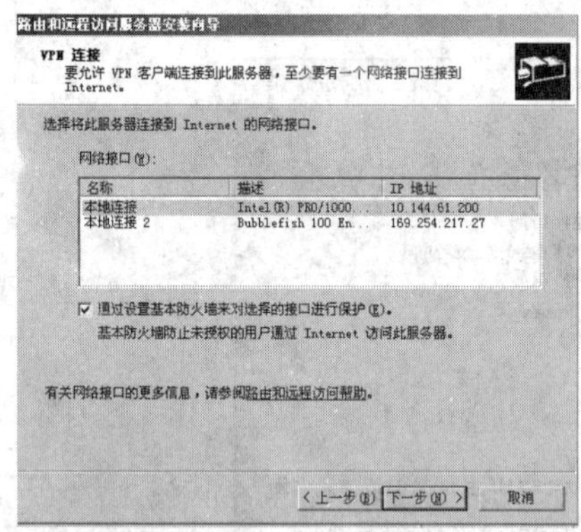

图 5-74　“配置”对话框

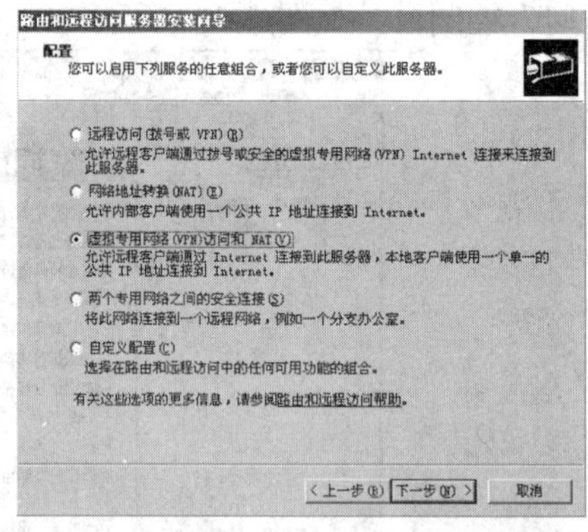

图 5-75　“VPN 连接”对话框

步骤 7：单击“下一步”按钮，弹出“IP 地址指定”对话框，选择“来自一个指定的地址范围”对话框，如图 5-76 所示。

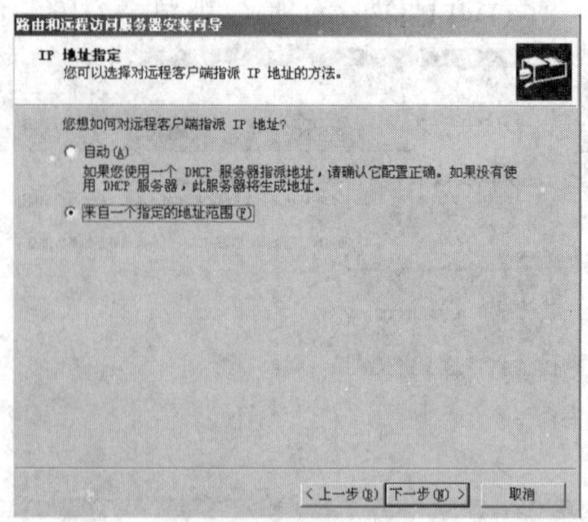

图 5-76　“IP 地址指定”对话框

步骤 8：单击“下一步”按钮，弹出“地址范围指定”对话框，如图 5-77 所示。

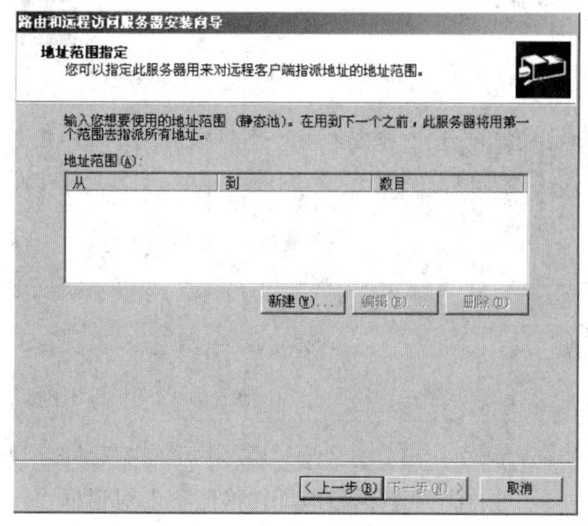

图 5-77　“地址范围指定”对话框

步骤 9：单击“新建”按钮，弹出“新建地址范围”对话框，输入“起始 IP 地址”和“结束 IP 地址”，如图 5-78 所示。为了确保连接后的 VPN 网络能同 VPN 服务器原有局域网正常通信，它们必须同 VPN 服务器的 IP 地址处在同一个网段中。

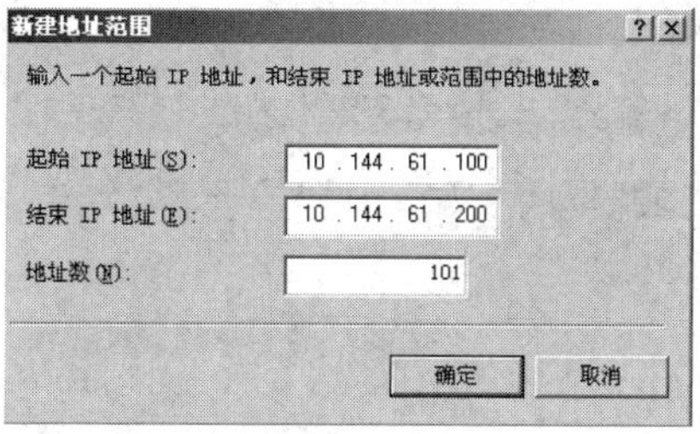

图 5-78　“新建地址范围”对话框

步骤 10：单击“确定”按钮，返回“地址范围指定”对话框，地址范围已经指定，如图 5-79 所示。

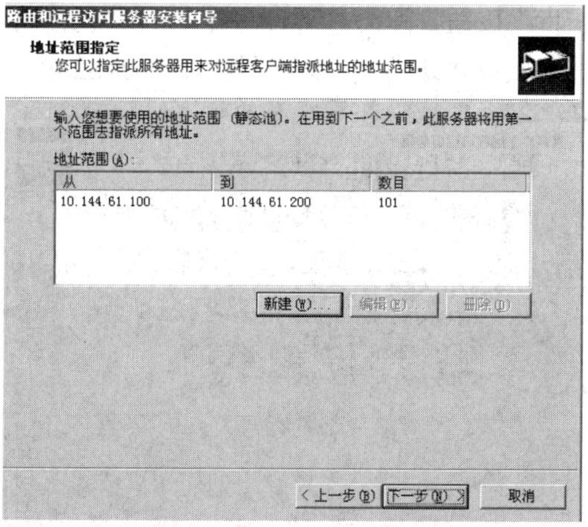

图 5-79　“地址范围指定”对话框

步骤 11：单击“下一步”按钮，弹出“名称和地址转换服务”对话框，采用默认选项，如图 5-80 所示。

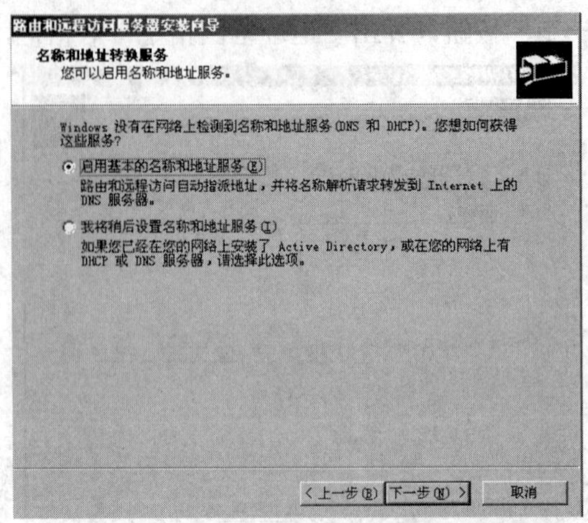

图 5-80　“名称和地址转换服务”对话框

步骤 12：单击“下一步”按钮，弹出“地址指派范围”对话框，如图 5-81 所示。

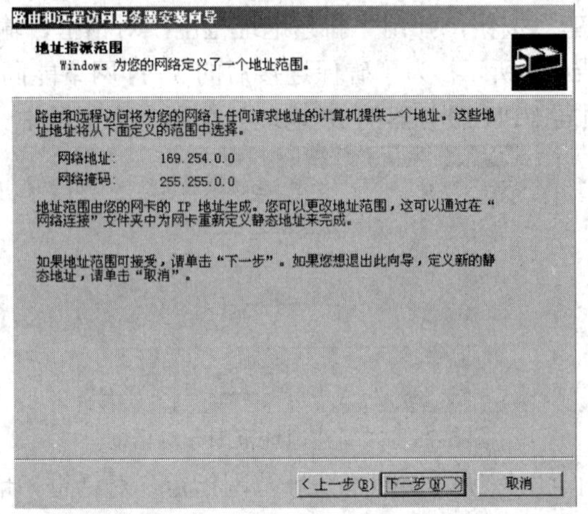

图 5-81　“地址指派范围”对话框

步骤 13：单击“下一步”按钮，弹出“管理多个远程访问服务器”对话框，选择“否，使用路由和远程访问来对连接请求进行身份验证”，如图 5-82 所示。

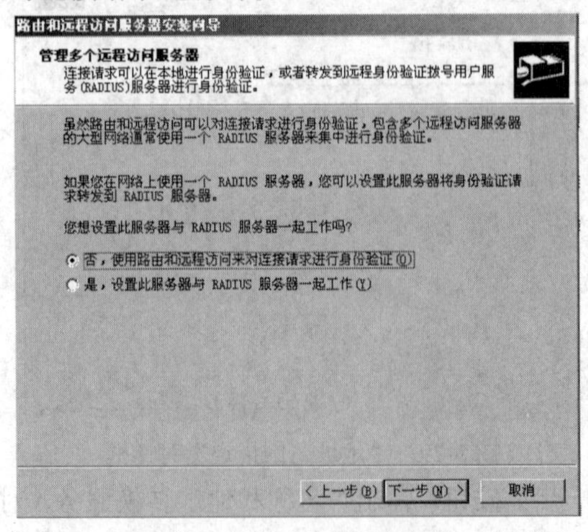

图 5-82　“管理多个远程访问服务器”对话框

步骤 14：单击“下一步”按钮，弹出“正在完成路由和远程访问服务器安装向导”对话框，如图 5-83 所示。

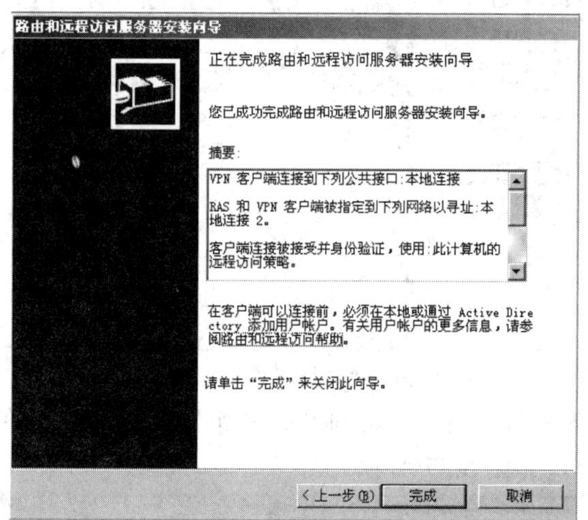

图 5-83　“正在完成路由和远程访问服务器安装向导”对话框

步骤 15：单击“完成”按钮，弹出“路由和远程访问”对话框，如图 5-84 所示。

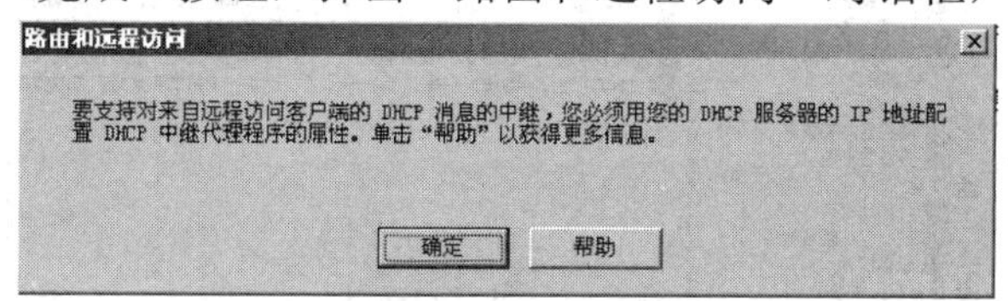

图 5-84　“路由和远程访问”对话框

步骤 16：单击“确定”按钮，返回“路由和远程访问”控制台，此时服务器的路由和远程访问处于启动状态，如图 5-85 所示。

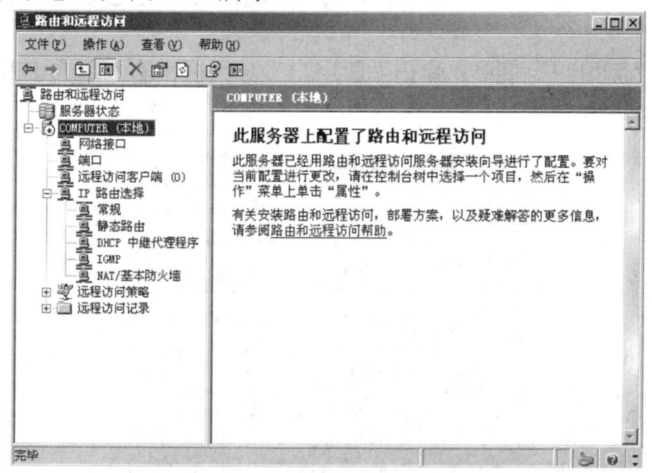

图 5-85　路由和远程访问已启动界面

2) VPN 服务器赋予用户拨入权限

步骤 1：在“我的电脑”单击右键，选择“管理”，打开“计算机管理”控制台，如图 5-86 所示。

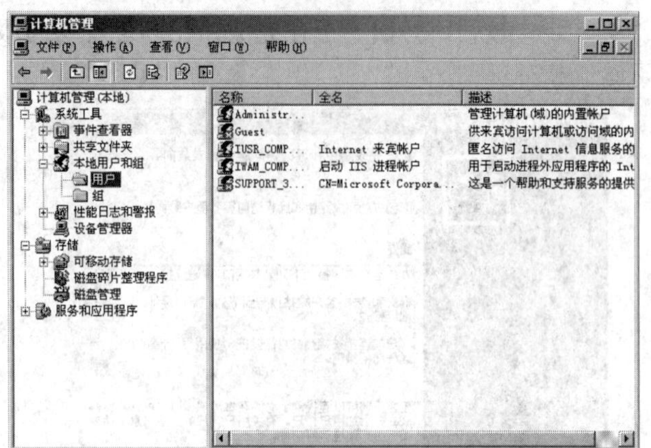

图 5-86　“计算机管理”控制台

步骤 2：在左边框架中依次展开“本地用户和组”→“用户”，在右边框架中右键单击空白处，弹出下拉菜单，如图 5-87 所示。

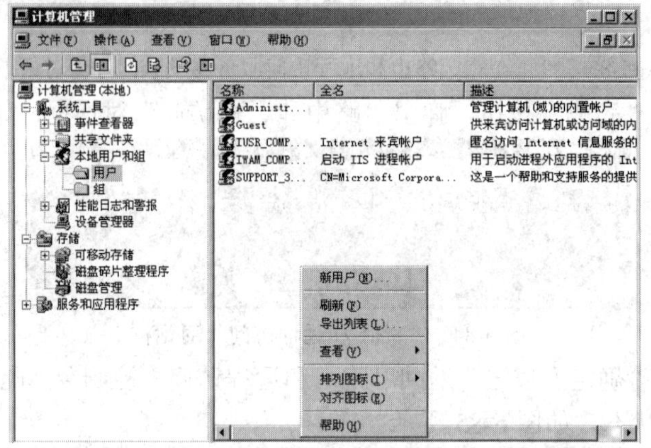

图 5-87 “添加用户”菜单

步骤 3：单击“新用户”菜单，弹出“新用户”对话框，输入用户名和密码，如图 5-88 所示。

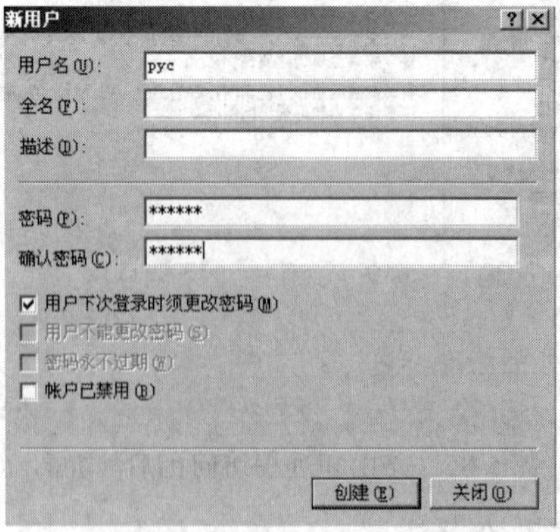

图 5-88　“新用户”对话框

步骤 4：单击“创建”按钮，返回“计算机管理”控制台，选中刚建立的用户并单击右键，弹出菜单，如图 5-89 所示。

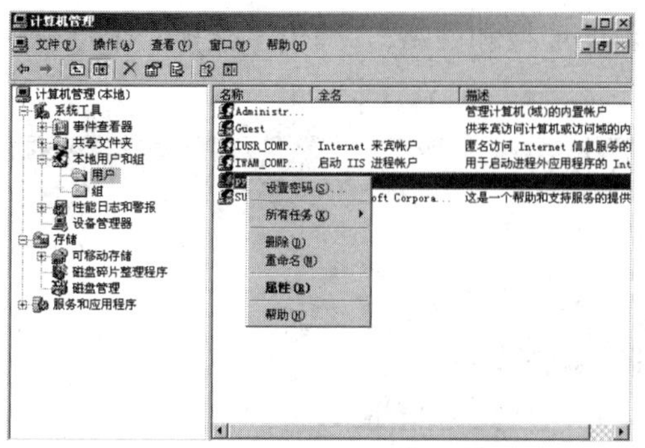

图 5-89　新建用户右键菜单

步骤 5：单击“属性”按钮，弹出“pyc 属性”对话框，选择“拨入”选项卡，在“远程访问权限(拨入或 VPN)”选项组下选择“允许访问”，如图 5-90 所示。

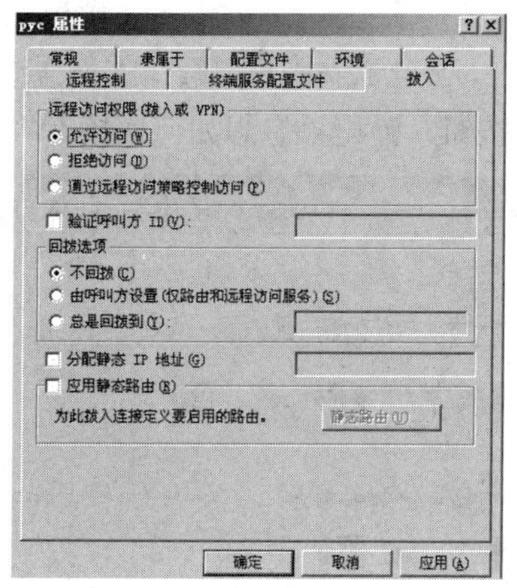

图 5-90　“pyc 属性”对话框

步骤 6：单击“确定”按钮，返回“计算机管理”控制台，结束了赋予用户拨入权限的过程。

3) VPN 客户端的配置与连接

步骤 1：在客户端 Windows 7 中打开“网络和共享中心”控制台，如图 5-91 所示。

图 5-91　“网络和共享中心”控制台

步骤 2：单击“设置新的连接和网络”，弹出“选择一个连接选项”对话框，如图 5-92 所示。

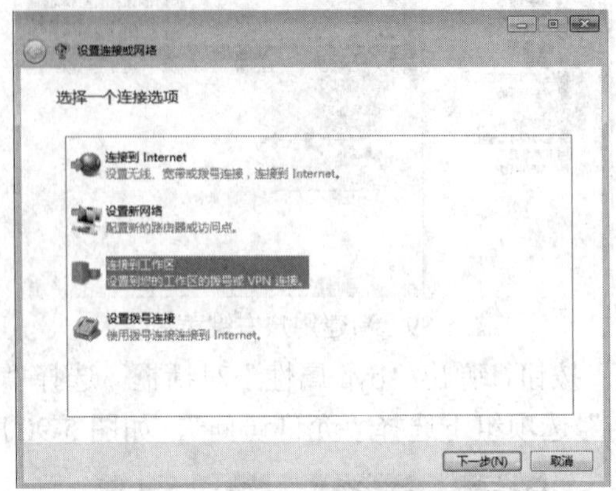

图 5-92　“选择一个连接选项”对话框

步骤 3：单击“下一步”按钮，弹出“您想如何连接？”对话框，如图 5-93 所示。

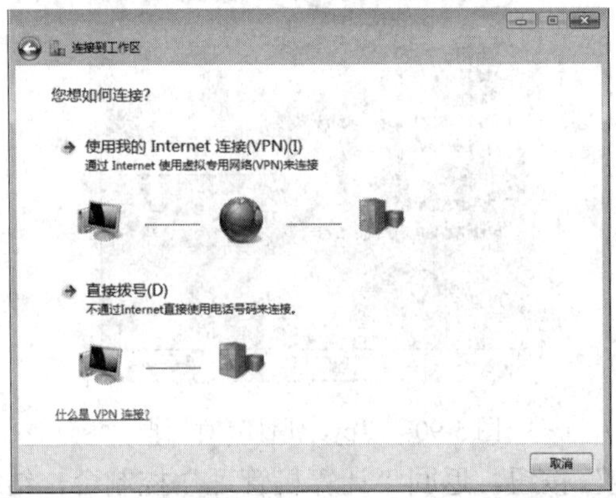

图 5-93　“您想如何连接？”对话框

步骤 4：选择“使用我的 Internet 连接(VPN)”，弹出“您想继续之前设置 Internet 连接吗？”对话框，如图 5-94 所示。

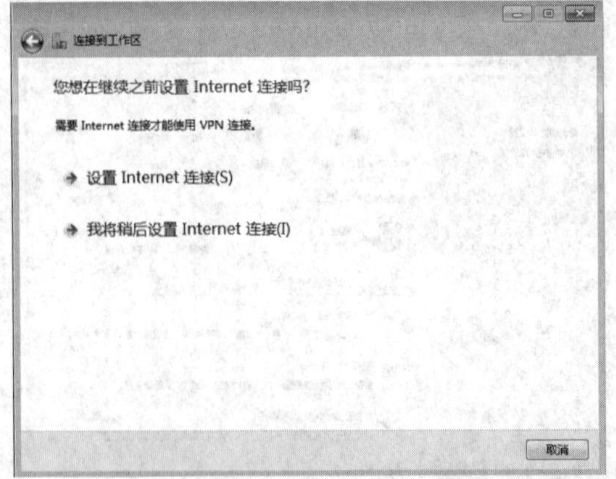

图 5-94　“您想继续之前设置 Internet 连接吗？”对话框

步骤 5：选择“我将稍后设置 Internet 连接”，弹出“键入要连接的 Internet 地址”对话框，输入 VPN 服务器地址并设置连接名称，如图 5-95 所示。

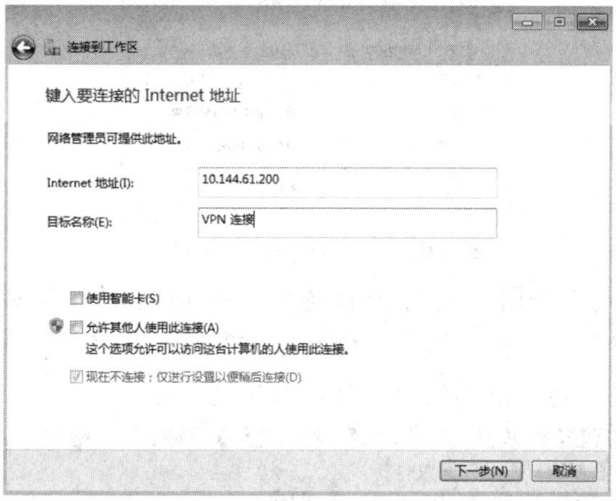

连接到工作区
键入要连接的 Internet 地址
网络管理员可提供此地址。
Internet 地址(I): 10.144.61.200
目标名称(E): VPN 连接
使用智能卡(S)
允许其他人使用此连接(A)
这个选项允许可以访问这台计算机的人使用此连接。
现在不连接；仅进行设置以便稍后连接(D)
下一步(N)　取消

图 5-95　“键入要连接的 Internet 地址”对话框

步骤 6：单击“下一步”按钮，弹出“键入您的用户名和密码”对话框，输入在“VPN 服务器赋予用户拨入权限”过程设置的用户名和密码，如图 5-96 所示。

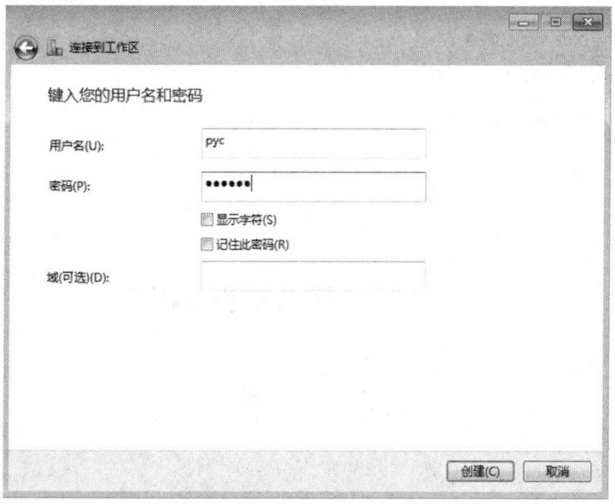

连接到工作区
键入您的用户名和密码
用户名(U): pyc
密码(P): ••••••
显示字符(S)
记住此密码(R)
域(可选)(D):
创建(C)　取消

图 5-96　“键入您的用户名和密码”对话框

步骤 7：单击“创建”按钮，返回“网络与共享中心”控制台，单击“连接到网络”，弹出“连接 VPN 连接”对话框，如图 5-97 所示。

图 5-97　“连接 VPN 连接”对话框

步骤 8：单击“连接”按钮，弹出“更改密码”对话框，设置新密码，如图 5-98 所示。

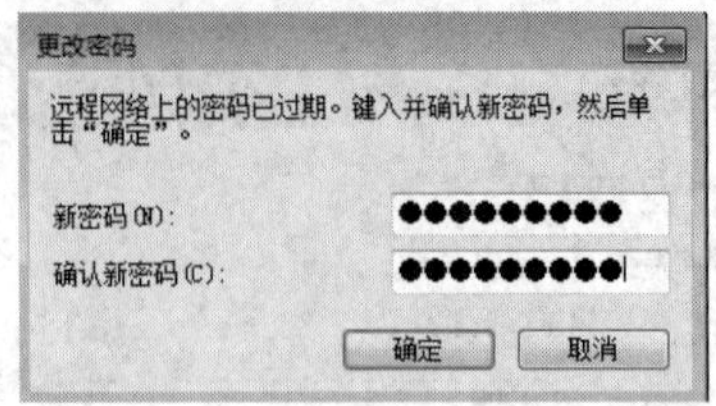

图 5-98　“更改密码”对话框

步骤 9：单击“确定”按钮，完成 VPN 连接。在 VPN 服务器 Windows 2003 Server 中打开“路由和远程访问”控制台，展开“COMPUTER(本地)”，选中“远程访问客户端”，在右边框架可看见远程访问客户端信息，如图 5-99 所示。

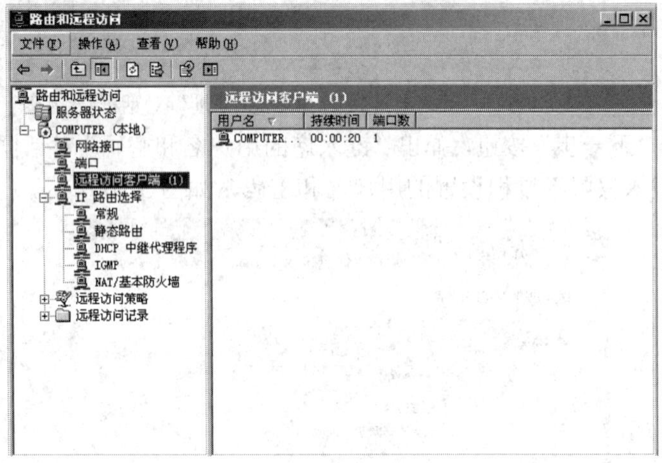

图 5-99　查看远程访问客户端信息

习　　题

一、填空题

1. 网络攻击是一项复杂及步骤性很强的工作。一般的攻击都分为三个阶段，即________、________和________。

2. 信息收集也被称为________。

3. ________是路由跟踪实用程序，用于确定 IP 数据包访问目标所采取的路径。

4. 端口是由 TCP/IP 协议定义的逻辑端口，端口范围为________，分为标准端口和非标准端口。标准端口范围为________，非标准端口范围为________。

5. TCP connect 扫描也称________，TCP SYN 扫描也称________，TCP NULL 扫描也称________。

6. 网络监听工具称为________，嗅探器可以是软件，也可以是硬件。

7. 网卡通常有四种工作模式：分别是________、________、________和________。

8. ________是攻击者想办法让目标机器停止提供服务，是黑客常用的攻击手段之一。

9. ________是一种常见的计算机病毒，它的传染机理是利用网络进行复制和传播，传染途径是通过网络和电子邮件。

10. ________是位于两个或多个网络之间，实施网络间访问控制策略的一组组件。

11. ________防火墙运行在两个网络之间，它对于客户机来说是一台服务器，而对于服务器来说又是一台客户机。

12. ________称为周边网络，是指在内部网络与外部网络之间增加的一个网络区域，对外提供服务的各类服务器都可以放在这个区域。

13. 根据检测原理可以将入侵检测系统分为________和________。

14. 根据数据来源可以将入侵检测系统分为________和________。

15. ________是指通过一个公用网络(通常是互联网)建立的一个临时的安全连接，是一条穿过公用网络的安全、稳定的隧道。

16. VPN 采用四项关键技术来保证通信安全：_______、_______、________及_______。

17. ________、________和________等是无线局域网所有标准中最主要的协议标准。

18. 无线加密标准主要有________、________和________三种。

二、简答题

1. 简述主动攻击和被动攻击。
2. 简述网络攻击的一般流程。
3. 网络扫描分为哪三类？分别简述其含义。
4. 简述常见的 7 种网络攻击技术。
5. 简述 DNS 欺骗原理。
6. 简述常见的 DoS 攻击方式。
7. 简述防火墙常见的体系结构。
8. 入侵检测系统的基本功能包括哪些?
9. 简述无线局域网的优点。

第 6 章　系统安全技术

操作系统和数据库系统是信息系统运行的基础，保障信息系统安全的首要目标是保证操作系统和数据库系统的安全。然而，操作系统和数据库系统存在的缺陷和漏洞已成为黑客攻击的重点，黑客通过系统的缺陷和漏洞获取对系统的控制权限和对数据的操作权限，因此，对系统的安全防范也是保障信息安全的一个重要组成部分。本章首先介绍了操作系统的安全机制和攻击技术，以 Windows 操作系统为例阐述了系统的安全管理；然后介绍了数据库安全技术和防范措施；最后介绍了数据安全概念、磁盘阵列、数据备份和容灾备份。通过本章的学习，读者应该达到以下目标：

(1) 掌握操作系统的安全机制和攻击技术，熟悉 Windows 操作系统的安全管理；

(2) 理解数据库安全概念，掌握数据库攻击技术和安全防范；

(3) 理解数据安全的概念，掌握磁盘阵列、数据备份和容灾备份技术。

6.1　操作系统安全

操作系统负责控制和管理计算机系统资源，其他软件都依赖于操作系统的支持。因此，操作系统安全是信息系统安全的前提条件。成熟的操作系统不仅要求能有效组织和管理计算机的各类资源、合理组织计算机的工作流程、保证系统的高效运行，还要能阻止各类攻击，保障计算机上数据与应用的安全。统计表明，许多操作系统存在不少的安全漏洞或后门，并且默认的安全设置容易受到攻击。因此，减少安全漏洞或后门，对操作系统设计合理的安全机制是保证操作系统安全的有效措施。

6.1.1　操作系统安全机制

操作系统不安全的主要原因是操作系统结构体制的缺陷。对操作系统构成威胁的主要有计算机病毒、特洛伊木马、隐蔽通道、系统漏洞和系统后门等。操作系统安全机制包括身份认证、访问控制、权限管理、内存保护、文件保护和安全审计等。

1. 身份认证机制

身份认证是证明某人或某个对象身份的过程，是保证系统安全的重要措施之一。实现身份认证需要用一个标识来表示用户的身份。将用户和用户标识联系的过程称为认证。操作系统的许多保护措施大都基于认证系统的合法用户，身份认证是操作系统中相当重要的一个方面，也是用户获取操作权限的关键。

2. 访问控制机制

访问控制技术是计算机安全领域一项传统的技术，其基本任务包含两个层次，一是阻止非法用户进入系统；二是阻止合法用户对系统资源的非法使用。自主访问控制根据用户的身份及允许访问权限决定其访问操作。强制访问控制是用户与文件都有一个固定的安全属性，系统用该安全属性来决定一个用户是否可以访问某个文件。基于角色的访问控制解决了具有大量用户、数据客体和访问权限的系统中的授权管理问题。

3. 权限管理机制

权限管理机制采取最小特权原则。最小特权是指在完成某种操作时赋予每个主体(用户或进程)必不可少的特权，讲究必需够用的准则。最小特权原则一方面给予主体必不可少的特权，保证了所有的主体能在所赋予的特权之下完成所需要完成的任务或操作；另一方面，它只给予主体必不可少的特权，从而限制了每个主体所能进行的操作。

4. 内存保护机制

操作系统能限制一个用户进程访问其他用户进程私有地址空间的行为，限制方法包括使用栅栏、重定位、基址/限址寄存器、对内存分段、分页等。对于共享的内存地址也提供了锁保护措施。

5. 文件保护机制

在操作系统中，每个对象有一个拥有者，对对象的访问需要主体出示访问令牌，只有访问令牌能和对象的访问控制列表中的访问控制条目匹配，系统才允许该主体访问该对象。

6. 安全审计机制

安全审计为系统进行事故原因的查询、定位，事故发生前的预测、报警以及事故发生之后的实时处理提供详细、可靠的依据，以便在违反系统安全规则的事件发生后能够有效地追查事件发生的地点和过程。操作系统必须能够生成、维护及保护审计过程，防止其被非法修改、访问和毁坏，特别是要保护审计数据，严格限制未经授权的用户访问。

6.1.2　操作系统攻击技术

对操作系统的威胁有很多方面，下面介绍几种常见的攻击手段。

1. 针对认证的攻击

操作系统通过身份认证鉴别并控制计算机用户对系统的登录和访问权限，但由于操作系统提供了多种身份鉴别手段，所以利用系统在认证机制方面的缺陷或者不健全之处，可以实施对操作系统的攻击。例如，在 Windows 操作系统环境下，可以利用字典攻击或者暴力破解等手段获取操作系统的账号口令；利用 Windows 的 IPC$功能实现空连接并传输恶意代码；利用远程终端服务即 3389 端口开启远程桌面控制等。

2. 针对漏洞的攻击

系统漏洞是攻击者对操作系统进行攻击时常用的手段。在系统存在漏洞的情况下，通过攻击脚本，可以使攻击者远程获得对操作系统的控制。Windows 操作系统的漏洞由微软公司每月定期以安全公告的形式对外公布，对系统威胁最大的漏洞包括远程溢出漏洞、本地提权类漏洞和用户交互类漏洞等。

3. 直接攻击

直接攻击是攻击者在对方防护很严密的情况下采用的一种攻击方法。例如当操作系统的补丁及时打上，并配备防火墙、防病毒、网络监控等基本防护手段时，通过上面的攻击手段就难以奏效。此时，攻击者采用电子邮件，以及QQ、MSN等即时消息软件，发送带有恶意代码的信息，通过诱骗对方点击，安装恶意代码。这种攻击手段可直接穿过防火墙等防范手段对系统进行攻击。

4. 被动攻击

被动攻击是在没有明确的攻击目标，并且对方防范措施比较严密情况下的一种攻击手段，主要是在建立或者攻陷一个对外提供服务的应用服务器、篡改网页内容、设置恶意代码、诱骗普通用户点击的情况下，对普通用户进行的攻击。由于普通用户不知网页被篡改后含有恶意代码，自己点击后被动地安装上恶意软件，从而被实施了对系统的有效渗透。

5. 恶意软件的驻留

攻击一旦成功后，恶意软件的一个主要功能是对操作系统进行远程控制，并通过信息回传、开启远程连接、进行远程操作等手段造成目标计算机的信息泄漏。恶意软件一旦入侵成功，将采用多种手段在目标计算机进行驻留，例如通过写入注册表实现开机自动启动，采用rootkit技术进行进程、端口、文件隐藏等，目的就是实现自己在操作系统中不被发现，以便更长久地对目标计算机进行控制。

6.1.3　Windows 系统安全管理

Windows系统的安全管理包括账户安全、文件安全和主机安全。

1. Windows 系统账户安全

Windows通过账户来管理用户，控制用户对资源的访问。每一个需要访问网络的用户都要有一个账户。Windows用户分为域用户账户、本地用户账户和内置用户账户。

1) 域用户账户

域用户账户是用户访问域的唯一凭证，该账户在域控制器上建立，作为活动目录的一个对象保存在域的数据库中。用户在域中的任何一台计算机登录到域中的时候必须提供一个合法的域用户账户，域控制器来验证该账户的合法性。

SAM保存域用户账户信息，位于域控制器\%systemroot% \NTDS文件夹的NTDS.dit文件中。每个域用户账户都是通过Windows签订一个唯一的SID来进行管理的，保证账户在域中的唯一性。SID在账户创建的同时就创建了，对应着用户的权限，账户的属性也不能被修改。若账户被删除，那么该SID也被删除。因此只要SID不同，新建账户不会继承原有账户的权限与组的隶属关系。

2) 本地用户账户

本地用户账户的作用范围仅限于在创建该账户的计算机上，以控制用户对该计算机上的资源的访问。本地账户主要用于工作组环境中，存储在%SystemRoot%\system32\config\Sam数据库中。当用户访问在工作组模式下的计算机系统时，必须具有被访问计算机系统的本地账户。本地用户账户验证由创建该账户的计算机系统进行，因此这种类型账户的管理是分散的，并且也存在一个唯一的 SID 标志，记录账户的权限和组的隶属关系。

3) 内置用户账户

内置用户账户在系统安装好后就已存在，并且被赋予了相应的权限以完成某些特定的工作。Windows 内置用户账户包括 Administrator 和 Guest。内置账户不允许被删除，Administrator 不允许被屏蔽，但内置账户可以更名。

Administrator 账号被赋予在域中和在计算机中不受限制的权利，用于管理本地计算机或域，即创建其他用户账号和组、实施安全策略、管理打印机和分配用户对资源的访问权限等。Guest 账户在域中和在计算机中受访问限制，仅用于在域或计算机中的用户临时访问，默认情况下不允许对域或计算机中的设置和资源做永久性的更改。

2. Windows 系统文件安全

Windows Server 系列使用 NTFS(New Technology File System)文件系统格式，该结构提供数据文件访问控制机制。NTFS 权限基于 NTFS 分区实现，支持用户对文件的访问权限，支持对文件和文件夹的加密，可以实现高度的本地安全性。

NTFS 是 Windows NT 内核的系列操作系统支持的、一个特别为网络和磁盘配额、文件加密等管理安全特性设计的磁盘格式，提供长文件名、数据保护和恢复，能通过目录和文件许可实现安全性，并支持跨越分区。

NTFS 是一个日志文件系统，这意味着除了向磁盘中写入信息，该文件系统还会为所发生的所有改变保留一份日志。这一功能让 NTFS 文件系统在发生错误的时候(比如系统崩溃或电源供应中断)更容易恢复，也让这一系统更加强壮。在这些情况下，NTFS 能够很快恢复正常，而且不会丢失任何数据。

NTFS 文件系统具备 3 个功能：错误预警功能、磁盘自我修复功能和日志功能。

(1) 错误预警功能：在 NTFS 分区中，如果 MFT(主文件表)所在的磁盘扇区恰好出现损坏，NTFS 文件系统会智能地将 MFT 换到硬盘的其他扇区，保证了文件系统的正常使用，也就保证了系统的正常运行。

(2) 磁盘自我修复功能：NTFS 可以对硬盘上的逻辑错误和物理错误进行自动侦测和修复。在每次读写时，它都会检查扇区正确与否。当读取数据时发现错误，NTFS 会报告这个错误；当写数据时发现错误，NTFS 会换一个完好位置存储数据。

(3) 日志功能：在 NTFS 文件系统中，任何操作都可以被看成是一个“事件”。事件日志一直监督着整个操作，当它在目标地发现了完整文件，就会标记“已完成”。假如复制中途断电，事件日志中就不会记录“已完成”，NTFS 可以在来电后重新完成中断的事件。

3. Windows 系统主机安全

Windows 系统主机安全是针对单个主机设置的安全规则，保护计算机上的重要数据。

系统安全策略定义了用户在使用计算机、运行应用程序和访问网络等方面的行为约束。安全策略是一个事先定义好的一系列操作计算机系统的行为准则。运用这些安全策略，用户将有一致的工作方式，防止用户破坏计算机上的各种重要配置。在 Windows Sever 系列操作系统中，安全策略是以本地安全策略和组安全策略两种形式出现的。

1) 本地安全策略

本地安全设置是为单个计算机的安全性而设置的，适合在较小的组织，或者没有应用活动目录的网络中应用。

本地安全设置只能在不属于某个域的计算机上实现，其中可设定的策略较少，对用户的约束也较少。如果要在整个网络中约束用户应用计算机系统的行为，则必须在每一个计算机系统上实施本地安全设置。本地安全设置主要包括账户策略、本地策略、公钥策略和 IP 安全策略等。

2) 组安全策略

组安全策略可以在站点、组织单元或域的范围内实现，通常在较大规模并且实施活动目录的网络中应用。

组安全策略能够让系统管理员充分管理用户工作环境，通过它来确保用户拥有应有的工作环境，也通过它来限制用户。因此，不但可以让用户拥有适当的环境，也可以减轻系统管理员的管理负担。

组安全策略包括两部分：用户配置策略，是指定对应于某个用户账户的策略，这样不论该账户在域内哪个计算机上登录，其工作环境都是一样的；计算机配置策略，是指定对应于某台计算机的策略，这样不论哪个账户在该计算机上登录，其工作环境都是一样的。

对添加域的计算机来说，如果其本地安全策略的设置与域或组织单位的组策略设置发生冲突，则以域或组织单位组策略的设置优先，即此时本地计算机策略的设置值失效。

6.1.4　Windows 系统的安全模板

安全模板是一种可以定义安全策略的文件表示方式，它能够配置安全性信息账户策略、本地策略、事件日志、受限制的组、系统服务、注册表和文件系统等项目的安全设置。安全模板都以.inf 格式的文本文件存在，用户可以方便地复制、粘贴、导入或导出某些模板。此外，安全模板并不引入新的安全参数，而只是将所有现有的安全属性组织到一个位置以简化安全性管理，并且提供了一种快速批量修改安全选项的方法。安全模板文件都是基于文本的.inf 文件，可以用文本打开进行编辑，但是这种方法编辑太复杂了，所以要将安全模板载入到 MMC 控制台，以便使用。

Windows 控制台程序文件默认位于C:\Windows\System32 目录下，名称为 mmc.exe，通过它用户可以创建、保存或打开管理工具来管理硬件、软件和 Windows 系统的网络组件。下面介绍在 Windows 系统中如何操作安全模板。

(1) 在 Windows 系统中运行 mmc.exe 命令，打开控制台，选择菜单“文件”→“添加/删除管理单元”命令，把“安全模板”添加到控制台中，如图 6-1 所示。

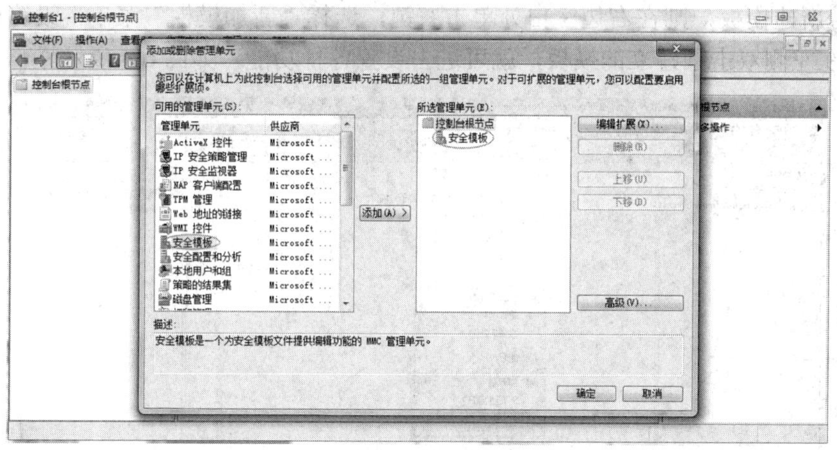

图 6-1　添加或删除管理单元

(2) 在 Windows Server 2003 系统双击“安全模板”选项，可以看到几个预定义的安全模板，这些模板保存在 WINDOWS\security\templates 中，如图 6-2 所示。

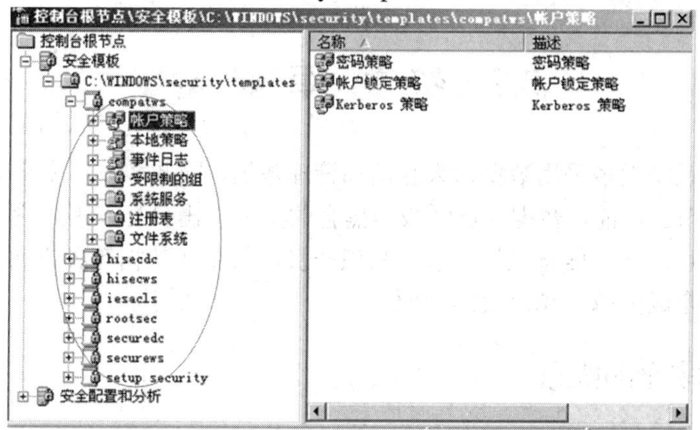

图 6-2　Windows Server 2003 默认安全模板

(3) 在 Windows Server 2008 中 WINDOWS\security\templates 里的模板默认是空的，所以在 Windows Server 2008 中看不见预定义的安全模板。用户可以选用保存好的安全模板或从网上下载，然后通过“新加模板搜索路径”找到文件，如图 6-3 所示。

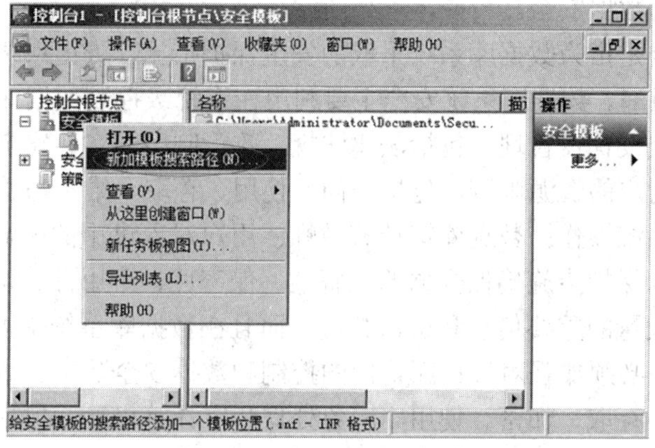

图 6-3　新加模板搜索路径

(4) 若新建模板，则在右边空白处单击右键，选择“新加模板”菜单，设置模板名和描述，再在左侧双击刚建立的模板，就可进去设置各种功能，如图 6-4 所示。

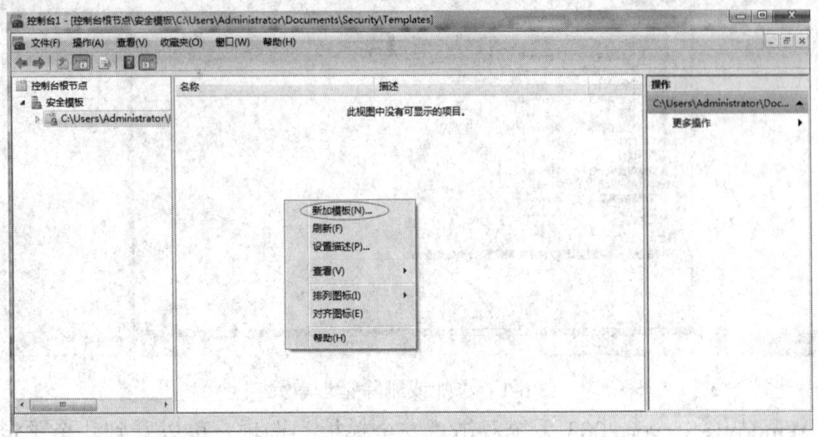

图 6-4　新建安全模板

6.2 数据库安全

计算机信息系统大多采用数据库来存储和管理数据，因此数据库安全问题也是系统安全的一个重要环节。目前，数据库已经成为黑客的主要攻击目标，因为它们存储着大量有价值和敏感的信息，这些信息包括金融、知识产权以及企业数据等各方面的内容。因此，确保数据库的安全成为越来越重要的命题。

6.2.1 数据库安全的概念

数据库安全(DataBase Security)是指采取各种安全措施对数据库及其相关文件和数据进行保护。数据库系统的重要指标之一是确保系统安全，以各种防范措施防止非授权使用数据库，主要是通过 DBMS 实现的。数据库系统中一般采用用户标识和鉴别、存取控制、视图以及密码存储等技术进行安全控制。从系统与数据的关系上，也可将数据库安全分为数据库的系统安全和数据安全。

数据库系统安全是指为数据库系统采取的安全保护措施，防止系统软件和其中数据不遭到破坏、更改和泄漏。数据库系统安全主要利用在系统级控制数据库的存取和使用的机制，包含系统的安全设置及管理，包括法律法规、政策制度、实体安全等；数据库的访问控制和权限管理；用户的资源限制，包括访问、使用、存取、维护与管理等；系统运行安全及用户可执行的系统操作；数据库审计有效性；用户对象可用的磁盘空间及数量。

数据安全是指以保护措施确保数据的完整性、保密性、可用性、可控性和可审查性。由于数据库存储着大量的重要信息和机密数据，而且在数据库系统中大量数据集中存放，供用户共享，因此，必须加强对数据库访问的控制和数据安全防护。数据安全是在对象级控制数据库的访问、存取、加密、使用、应急处理和审计等机制，包括用户可存取指定的模式对象及在对象上允许作具体类型操作等。数据安全是数据库安全的核心和关键。

6.2.2　数据库攻击技术

针对数据库的攻击技术有多种形式，攻击的最终目的是控制数据库服务器或者得到对数据库的访问权限。主要的数据库攻击手段包括以下几种。

1. 破解弱口令或默认用户名/口令

获取目标数据库服务器的管理员口令有多种方法和工具，例如针对 SQL 服务器的 SQLScan 字典口令攻击、SQLdict 字典口令攻击、SQLServerSniffer 嗅探口令攻击等工具。获取了 SQL 数据库服务器的口令后，即可利用 SQL 语言远程连接并进入 SQL 数据库内获得敏感信息。

以前的 Oracle 数据库有一个默认的用户名 Scott 及默认的口令 tiger，而微软的 SQL Server 的系统管理员账户的默认口令也是众所周知的。这些默认的登录对于攻击者来说尤其方便，借此他们可以轻松地进入数据库。因此 Oracle 和其他主要的数据库厂商在其新版本的产品中不再让用户保持默认的和空的用户名及口令，但即使是唯一的、非默认的数据库口令也是不安全的。保护自己免受口令攻击的最佳方法：避免使用默认口令，建立完善的口令管理程序并对口令经常进行更改。

2. 权限提升

权限提升是指内部人员借助攻击手段获取超过其应该具有的系统特权或者外部的攻击者通过破坏系统而获得更高级别的特权，是一种常见的威胁因素。特权提升通常与错误的配置有关：一个用户被错误地授予了超过其实际需要用来完成工作的、对数据库及其相关应用程序的访问和特权。导致这种控制问题可能是企业没有提供哪些人员需要访问何种资源的良好框架结构，也有可能是数据库管理员并没有从业务上理解企业的数据。经验法则告诉我们，仅给用户所需要的数据库访问和权限，不应有更多的东西。

3. 利用数据库漏洞进行攻击

利用数据库本身的漏洞实施攻击，获取对数据库的控制权和对数据的访问权，或者利用漏洞实施权限的提升。例如，Oracle 9.2.0.1.0 存在认证过程的缓冲区溢出漏洞，攻击者通过提供一个非常长的用户名，会使认证出现溢出，允许攻击者获得数据库的控制，这使得没有正确的用户名和密码也可获得对数据库的控制；利用 Oracle 的 left outer joins 漏洞可以实现权限的提升，当攻击者利用 left outer joins 实现查询功能时，数据库不做权限检查，使攻击者获得他们一般不能访问的表的权限。

比较常见的现象是数据库厂商及时发布漏洞及补丁，而应用单位不能及时打补丁，导致数据库系统总是处于攻击者控制之下。究其原因是许多应用单位仍以极大的人力物力来测试和应用数据库补丁，这是项艰巨的任务；还有些应用单位因为它们不能关闭系统，所以宁愿承担无法打补丁的风险。

4. SQL 注入攻击

执行一个面向前端数据库 Web 应用程序的 SQL 注入攻击要比对数据库自身的攻击容易得多，而直接针对数据库的 SQL 注入攻击很少见。

常见的 SQL 注入攻击具体过程如下：首先由攻击者通过向 Web 服务器提交特殊参数，

向后台数据库注入精心构造的 SQL 语句，根据返回的页面判断执行结果、获取敏感信息。因为 SQL 注入是从正常的 Web 端口访问，而且表面看起来与一般的 Web 页面访问没有区别，所以目前通用的防火墙都不会对 SQL 注入发出警报，如果管理员没查看 IIS 日志的习惯，可能被入侵很长时间也不会被察觉。

SQL 注入的手法相当灵活，在实际攻击过程中，攻击者需根据具体情况进行分析，构造巧妙的 SQL 语句，从而达到渗透的目的，而渗透的程度取决于网站的 Web 应用程序的安全性和安全配置。

6.2.3　数据库的安全防范

为了有效防止针对数据库的攻击，需要从 Web 应用安全和数据库服务器安全两个层次进行综合考虑。

1. Web 应用安全防范

Web 应用安全对于数据库的安全起着非常重要的作用，下面分析几种常见的 Web 攻击的类型以及防御的方法。

1) 跨站脚本攻击

跨站脚本攻击(cross Site Script，xss)的原理是恶意攻击者往 Web 页面里插入恶意可执行网页脚本代码，当用户浏览该页时，嵌入 Web 里面的脚本代码会被执行，从而可以达到攻击者盗取用户信息或其他侵犯用户安全隐私的目的。XSS 的攻击方式很多，大致可分为以下几种类型。

(1) 非持久型 XSS 攻击。非持久型 XSS 攻击，也称反射型 XSS 攻击，一般是攻击者通过给别人发送带有恶意脚本代码参数的 URL，当 URL 地址被打开时，特有的恶意代码参数被 HTML 解析执行，如图 6-5 所示。

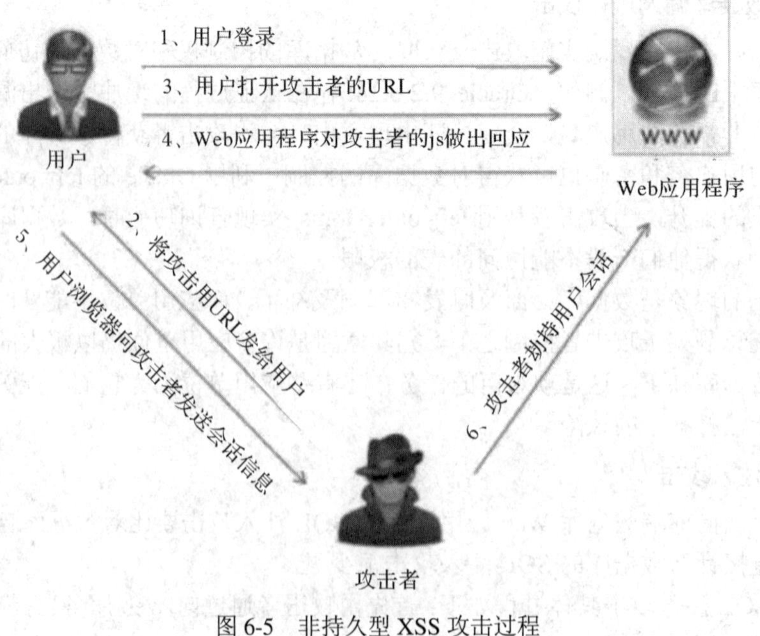

图 6-5　非持久型 XSS 攻击过程

非持久型 XSS 攻击有以下特征：即时性，不经过服务器存储，直接通过 HTTP 的 GET 和 POST 请求就能完成一次攻击，拿到用户隐私数据；攻击者需要诱骗点击；反馈率低，所以较难发现和响应修复；盗取用户敏感保密信息。

为了防止出现非持久型 XSS 攻击，需要做如下防御措施：Web 页面渲染的所有内容或者渲染的数据都必须来自于服务端；尽量不要从 URL、document、referrer、document.forms 等这种 DOM API 中获取数据直接渲染；尽量不要使用 eval、new Function()、document.write()、window.setInterval()、innerHTML、document.creteElement()等可执行字符串的方法；对涉及 DOM 渲染的方法传入的字符串参数做 escape 转义。

(2) 持久型 XSS 漏洞。持久型 XSS 漏洞，也称存储型 XSS 漏洞，一般存在于 Form 表单提交等交互功能中，如发帖留言、提交文本信息等，攻击者利用 XSS 漏洞，将内容经正常功能提交进入数据库持久保存，当前端页面获得后端从数据库中读出的注入代码时，恰好将其渲染执行。主要注入页面方式和非持久型 XSS 漏洞类似，只不过持久型的不是来源于 URL、refferer、forms 等，而是来源于后端从数据库中读出来的数据。持久型 XSS 攻击不需要诱骗点击，攻击者只需要在提交表单的地方完成注入即可，但是持久型 XSS 攻击的成本相对还是很高的。

持久型 XSS 漏洞攻击有以下特征：持久性，植入在数据库中；危害面广，可以让用户主机变成 DDoS 攻击的肉鸡；盗取用户敏感私密信息。

为了防止出现持久型 XSS 漏洞，需要做如下防御措施：后端在入库前应该选择不相信任何前端数据，将所有的字段统一进行转义处理；后端对输出给前端数据统一进行转义处理；前端在渲染页面 DOM 时应该选择不相信任何后端数据，任何字段都需要做转义处理。

除了上述比较常见的 XSS 攻击，还有基于字符集的 XSS 攻击、基于 Flash 的跨站 XSS 攻击、未经验证的跳转 XSS 攻击等。

2) *跨站请求伪造攻击*

跨站请求伪造攻击(Cross-Site Request Forgery，CSRF)的原理是攻击者可以盗用用户的登录信息，以用户的身份发送各种请求。攻击者只要借助少许的社会工程学的方法，例如通过 QQ 等聊天工具发送的链接，攻击者就能迫使 Web 应用的用户去执行攻击者预设的操作。例如，当用户登录网银查看账户信息时，没有退出网银就点击了一 QQ 好友发来的链接，那么该用户银行账户中的资金就有可能被转移到攻击者指定的账户中。遇到 CSRF 攻击时会对终端用户的数据和操作指令构成严重的威胁，当受攻击的终端用户具有管理员账户时，CSRF 攻击将危及整个 Web 应用程序。

CSRF 攻击必须要有三个条件：用户已登录了站点 A，并在本地记录了 cookie；在没有退出站点 A 的情况下，用户访问了恶意攻击者提供的引诱危险站点 B，并且 B 站点要求访问站点 A；站点 A 没有做任何 CSRF 防御。

CSRF 的防御可以从服务端和客户端两方面着手，从防御效果来看，从服务端着手效果会更好，所以一般的 CSRF 防御也都在服务端进行。服务端的预防 CSRF 攻击的方式方法有多种，但思路主要有以下两个方面：正确使用 GET、POST 请求和 cookie；在非 GET 请求中增加 token。

3) SQL 注入攻击

SQL 注入攻击(SQL Injection)是 Web 开发中最常见的一种安全漏洞，可以用它来从数据库获取敏感信息，或者利用数据库的特性执行添加用户、导出文件等一系列恶意操作，甚至有可能获取数据库乃至系统用户最高权限。

2. 数据库服务器安全防范

下面介绍几种常见的数据库服务器安全配置需要注意的防范措施。

1) MySQL 服务器安全配置

MySQL 数据库的安全性防范措施主要包括消除授权表的通配符、使用安全密码、检查配置文件的许可、对客户端服务器传输进行加密、禁用远程访问功能和积极监控 MySQL 的访问日志。

MySQL 访问控制系统是通过一系列授权表进行，授权表在数据库、表和列定义每一位用户的访问级别，同时定义某用户普适许可或使用通配符的权限，确保用户获得的访问权限满足他们完成任务即可。为 MySQL 根账户设置密码，并且每一个用户账户都设置密码，确保密码设置的复杂度，避免诸如生日、用户姓名字母等容易猜测和破解的密码。用户账号密码以纯文本形式存储在 MySQL 的 per-user 文件中，很容易被读取，因此应该把这些文件存储在非公共区域，或者存储在用户账户的私人主目录下，权限设置为仅限根用户读写。

除上述之外，配置时还应注意以下要点：由于客户端服务器事务是以明文信息方式传输的，攻击者容易发现这些数据包并从中获取敏感信息，因此需要激活 MySQL 设置中的 SSL 或 OpenSSH 的安全外壳实用程序，为传输数据创造一个安全加密通道，未经授权用户就很难读取传输数据；如果用户不需要远程访问服务器，强制所有 MySQL 连接都以 socket 文件通信，可以大大降低受到网络攻击的风险；设置服务器--skip-networking 选项启动，屏蔽 MySQL 的 TCP/IP 网络连接，确保没有用户能够远程连接到系统；MySQL 日志文件记录客户端连接、查询和服务器错误，通用查询日志以时间戳记录了每一个客户端连接和断开连接信息，以及客户端执行每一次查询的情况；监控 MySQL 日志，发现网络入侵攻击的源头。

2) SQL Server 服务器安全配置

SQL Server 数据库的安全配置需要综合多方面的因素，包括服务器身份验证、修改数据库弱密码、修改默认的 1433 端口、数据库备份、对网络连接进行 IP 限制以及加强数据库日志的记录等。

(1) 服务器身份验证。SQL Server 的身份验证模式有两种：一种是 Windows 身份验证模式，另一种是 SQL Server 和 Windows 身份验证模式(即混合模式)。对大多数数据库服务器来说，有 SQL Server 身份验证就足够了，但目前的服务器身份验证模式里没有这个选项，所以大多数只能选择同时带有 SQL Server 和 Windows 身份验证的模式，但这样会带来两个问题：混合模式里包含了 Windows 身份验证这个不需要的模式，即设置上的冗余性，程序的安全性与冗余性是成反比的；Windows 身份验证实际上就是通过当前 Windows 管理员账户(通常为 Administrator)的登录凭据来登录 SQL Server，这样会增加 Administrator 密码被盗的风险。为解决以上两个问题，需要对混合模式里的 Windows 身份验证进行限制设置。

(2) 修改数据库弱密码。SQL Server 的“SA”账户在默认状态下密码是空的，需要给其设定一个足够复杂并且足够长度的密码来加强其安全性。

(3) 修改默认的 1433 端口。默认情况下，SQL Server 使用 1433 端口监听，修改 1433 端口有利于 SQL Server 的隐藏但该项修改完成需要重启数据库才能生效。

(4) 加强数据库日志的记录。在实例属性中选择“安全性”，将其中的审核级别选定为全部，这样在数据库系统和操作系统日志里详细记录了所有账号的登录事件。定期查看 SQL Server 日志检查是否有可疑的登录事件发生。

(5) 数据库备份。SQL Server 中数据库的备份是一个很重要的环节，方便实现数据共享，并且方便数据恢复。

(6) 对网络连接进行 IP 限制。SQL Server 2000 数据库系统本身没有提供网络连接的安全解决方法，但 Windows 操作系统的 IPsec 提供了这样的安全机制。使用操作系统自身的 IPSec 能够实现 IP 数据包的安全性，对网络连接进行 IP 限制，确保只有安全的 IP 允许访问，拒绝其他 IP 进行连接，有效控制来自网络上的安全威胁。

3) Oracle 服务器安全配置

Oracle 数据库的安全配置需要综合考虑多方面的因素，包括共享账号检查、删除或锁定无关账号、登录失败锁定策略、更改默认账号的密码、口令生存期策略、启用密码管理策略、断开超时的空闲远程连接、数据字典保护、限制 IP 连接监听器、修订监听端口、限制 SYSDBA 远程登录、制定审计策略、数据库监听器(LISTENER)的关闭和启动设置密码以及版本升级等。

共享账号检查：数据库应按照用户分配账号，避免不同用户间共享账号。共享账号带来管理和操作记录无法对应到各个用户，以造成审计和记录不便，存在安全风险。

删除或锁定无关账号：应删除或锁定与数据库运行、维护等工作无关的账号。与工作无关的账号会存在安全风险，如若被不适当授权，存在安全隐患。

登录失败锁定策略：Oracle 的所有口令控制中，失败的登录尝试项是最重要的，应设置当用户连续认证失败次数超过 6 次(不含 6 次)，锁定该用户使用的账号。建议在设置锁定次数的同时设置一个口令锁定时间值，超过此值则自动解除账号锁定。

更改默认账号的密码：Oracle 数据库中的默认大多数账户使用用户名来设置口令，更改数据库默认账号的密码，不能以用户名作为密码或使用默认密码的账户登录到数据库。

口令生存期策略：账户口令的生存期不长于 90 天。周期性地改变口令是一种很好的安全措施，这可以保持攻击者的猜测状态，或者可以从偷窃口令的人那里夺取访问权利。

启用密码管理策略：Oracle 通过用户资源文件对口令进行管理。可以用 CREATE PROFILE 语句创建用户资源文件，定义口令的生命期，还可以使用 PL/SQL 脚本定义口令复杂性验证模型。

断开超时的空闲远程连接：在某些应用环境下可设置数据库连接超时，比如数据库将自动断开超过 10 分钟的空闲远程连接，以防止在长时间远程连接过程中被其他人窃听到敏感信息，或者远程人员在离开时未采取锁屏等有效保护，他人借助时间空闲进行违规操作带来不必要的安全风险。

数据字典保护：启用数据字典保护，只有 SYSDBA 用户才能访问数据字典基础表。

数据字典可能包含的信息，例如：数据库设计资料、储存的 SQL 程序、用户权限、用户统计、数据库运行过程中的信息。

限制 IP 连接监听器：只允许应用 IP 访问数据库，实行访问控制。

修订监听端口：Oracle 默认端口为 1521，较易被人猜解。

限制 SYSDBA 远程登录：限制具备数据库超级管理员(SYSDBA)权限的用户远程登录。SYSDBA 身份是数据库登录认证时的身份标识，并不是 Oracle 实例中存在的对象角色，这与 DBA 角色不同。SYSDBA 用户身份的用户通过 sqlplus/as sysdba 拥有直接启动/关闭整个数据库系统的权限，如该身份用户具备直接远程登录权限，会给数据库安全带来巨大风险。

制定审计策略：根据业务要求制定数据库审计策略。通过对 db_extended 设置 audit_trail 参数，标准的 Oracle 审计将捕获精确的 SQL 执行文本。

数据库监听器的关闭和启动设置密码：为数据库监听器的关闭和启动设置密码。Listener.ora 这个配置文件可以识别监听器和正在监听的数据库。对监听器配置的更改可以通过对 Listener.ora 直接编辑或者使用 ksnrctl 运行命令来执行。Listener.ora 是一个需要保护的关键文件，尤其是写操作时。

版本升级：及时对系统版本进行更新。

6.3 数据安全

数据安全面临的威胁主要来自黑客攻击或计算机操作员失误、硬件故障、网络故障或灾难。黑客攻击的目的是窃取或破坏数据，计算机操作员也存在误删误改的操作行为，这些人为的因素对数据的安全性构成了很大的威胁。然而，除了人为造成的问题之外，硬件故障和网络故障也将破坏数据的安全性，严重的甚至造成数据的丢失。为此，针对数据的安全威胁采取相应的技术措施，提高数据的完整性、保密性和可用性是非常有必要的。

6.3.1 数据安全概述

数据安全有两方面的含义：一是数据本身的安全，主要是指采用现代密码算法对数据进行主动保护，如数据保密、数据完整性、双向强身份认证等，前面章节已经阐述；二是数据防护的安全，主要是采用现代信息存储手段对数据进行主动防护，如通过磁盘阵列、数据备份、容灾备份等技术手段保证数据的安全，这是本节阐述的重点。

威胁数据安全的因素有很多，主要有以下几个比较常见的因素：

(1) 硬盘驱动器损坏：一个硬盘驱动器的物理损坏意味着数据丢失。设备的运行损耗、存储介质失效、运行环境以及人为的破坏等，都能对硬盘驱动器设备造成影响。

(2) 人为错误：由于操作失误，使用者可能会误删除系统的重要文件，或者修改影响系统运行的参数，以及没有按照规定要求或操作不当导致的系统宕机。

(3) 黑客：入侵者借助系统漏洞、监管不力等通过网络远程入侵系统。

(4) 病毒：计算机感染病毒而导致破坏，甚至造成重大经济损失。计算机病毒的复制能力强、感染性强，尤其是在网络环境下，传播速度更快。

(5) 信息窃取：从计算机上复制、删除信息或干脆将计算机或存储设备窃走。

(6) 自然灾害：由于地震、水灾、火灾、飓风、雷电等人类不可抗拒的力量导致信息本身或者访问通道遭到破坏。

(7) 电源故障：电源供给系统故障，一个瞬间过载电功率会损坏在硬盘或存储设备上的数据。

(8) 电磁干扰：电磁干扰会造成重要的数据泄漏、损坏等。

6.3.2 磁盘阵列

独立冗余磁盘阵列(Redundant Arrays of Independent Disks，RAID)是一种把多块独立的硬盘(物理硬盘)按不同的方式组合起来形成一个硬盘组(逻辑硬盘)，从而提供比单个硬盘更高的存储性能和提供数据备份技术。在用户看来，组成的磁盘组就像是一个硬盘，用户可以对它进行分区、格式化等操作。总之，对磁盘阵列的操作与单个硬盘是基本一样的，不同的是，磁盘阵列的存储速度要比单个硬盘高很多，而且可以提供自动数据备份。数据备份的功能使得用户数据一旦发生损坏，可以恢复损坏数据，从而保障了用户数据的安全性。

经过不断的发展，RAID 技术可分为几种不同的等级，目前已拥有了从 RAID 0 到 RAID 7 八种基本的 RAID 级别。另外，还有一些基本 RAID 级别的组合形式，如 RAID 10(RAID 0 与 RAID 1 的组合)，RAID 53(RAID 3 与 RAID 5 的组合)等。

RAID 0 连续以位或字节为单位分割数据，并行读写于多个磁盘上，因此具有很高的数据传输率，但它没有数据冗余，没有数据校验，因此并不能算是真正的 RAID 结构。RAID 0 只是单纯地提高性能，并没有为数据的可靠性提供保证，而且其中的一个磁盘失效将影响到所有数据。因此，RAID 0 特别适用于对性能要求较高，而对数据安全不太在乎的领域，如图形工作站等。对于个人用户，RAID 0 也是提高硬盘存储性能的最佳选择。

RAID 1 是通过磁盘数据镜像实现数据冗余，在成对的独立磁盘上产生互为备份的数据。当原始数据繁忙时，可直接从镜像拷贝中读取数据，因此 RAID 1 可以提高读取性能。RAID 1 是磁盘阵列中单位成本最高的，但提供了很高的数据安全性和可用性。当一个磁盘失效时，系统可以自动切换到镜像磁盘上读写，而不需要重组失效的数据。RAID 1 主要用在数据安全性很高，而且要求能够快速恢复被破坏的数据的场合。

RAID 0+1 称为 RAID 10，实际是将 RAID 0 和 RAID 1 相结合的产物，在连续地以位或字节为单位分割数据并且并行读/写多个磁盘的同时，为每一块磁盘作磁盘镜像进行冗余。它的优点是同时拥有 RAID 0 的速度和 RAID 1 的数据高可靠性，但是 CPU 占用率很高，而且磁盘的利用率比较低。RAID 10 适用于既有大量数据需要存取，同时又对数据安全性要求严格的领域，如银行、金融、商业超市、仓储库房、各种档案管理等。

RAID 2 将数据条块化地分布于不同的硬盘上，条块单位为位或者字节，并使用“加重平均纠错码”的编码技术来提供错误检查及恢复，这种纠错码也被称为“海明码”。海明码需要多个磁盘存放检查及恢复信息，使得 RAID 2 技术实施起来更复杂，因此在商业环境中很少使用。

RAID 3 同 RAID 2 类似，都是将数据条块化分布于不同的硬盘上，区别在于 RAID 3 使用简单的奇偶校验，并用单块磁盘存放奇偶校验信息。如果一块磁盘失效，奇偶盘及其他数据盘可以重新产生数据，不影响数据正常使用。RAID 3 对于大量的连续数据可提供很好的传输率，但对于随机数据来说，奇偶盘会成为写操作的瓶颈，比较适合大文件类型且安全性要求较高的应用，如视频编辑、大型数据库等。

RAID 4 同样也将数据条块化分布于不同的磁盘上，但条块单位为块或记录。RAID 4 使用一块磁盘作为奇偶盘，每次写操作都需要访问奇偶盘，因此奇偶校验盘会成为写操作的瓶颈，RAID 4 在商业环境中很少使用。

RAID 5 不单独指定奇偶盘，而是在所有磁盘上交叉地存取数据及奇偶校验信息。在 RAID 5 上，读/写指针可同时对阵列设备进行操作，提供了更高的数据流量。与 RAID 3 的区别在于 RAID 3 每进行一次数据传输就需涉及所有的阵列盘，而对于 RAID 5 来说，大部分数据传输只对一块磁盘操作，并可进行并行操作。由于 RAID 5 具有和 RAID 0 相近似的数据读取速度，而且磁盘空间利用率要比 RAID 1 高，存储成本相对较低，适合小数据块和随机读写的数据，所以是运用较多的一种解决方案。

RAID 6 与 RAID 5 相比，RAID 6 增加了第二个独立的奇偶校验信息块。两个独立的奇偶系统使用不同的算法，数据的可靠性非常高，即使两块磁盘同时失效也不会影响数据的使用。但 RAID 6 需要分配给奇偶校验信息更大的磁盘空间，相对于 RAID 5 有更大的“写损失”，因此“写性能”非常差。较差的性能和复杂的实施方式使得 RAID 6 很少得到实际应用。

RAID 7 是一种新的 RAID 标准，其自身带有智能化实时操作系统和用于存储管理的软件工具，可完全独立于主机运行，不占用主机 CPU 资源。RAID 7 本质上是一种存储计算机(Storage Computer)，与其他 RAID 标准有明显区别。

除了以上的各种等级，还有如 RAID 10 那样结合多种 RAID 规范来构建所需的 RAID。例如 RAID 5+3(RAID 53)就是一种应用较为广泛的阵列形式。在实际应用中，用户可以综合衡量可用性、性能和成本等因素，灵活配置磁盘阵列来获得性价比高的存储系统。

6.3.3 数据备份

1. 数据备份概述

数据备份是容灾的基础，是指为防止系统出现操作失误或系统故障导致数据丢失，而将全部或部分数据从应用主机的硬盘或阵列复制到其他的存储介质的过程。传统的数据备份主要是采用内置或外置的磁带机进行备份，但是这种方式只能防止操作失误等人为故障，而且恢复时间很长。随着技术的不断发展、数据量的不断增加，许多单位开始采用网络备份，它一般通过专业的数据存储管理软件结合相应的硬件和存储设备来实现。

(1) 按备份的数据量来划分，备份有完全备份、增量备份和差异备份三种。完全备份对整个系统进行全部备份，包括系统和数据，其特点是备份所需的时间最长，备份数据中有大量数据是重复的，占用了大量的磁盘空间，但恢复时间最短，操作最方便，也最可靠。增量备份是指在一次完全备份或上一次增量备份后，备份与前一次相比增加或者被修改的文件。其优点是没有重复的备份数据，因此备份的数据量不大，备份所需的时间很短，但增量备份的数据恢复比较麻烦。差异备份是指在一次完全备份后对增加或者修改的文件进行备份。在进行恢复时，只需对第一次完全备份和最后一次差异备份进行恢复。差异备份在避免了前两种备份方式缺点的同时，又具备了它们各自的优点。其具有增量备份需要时间短、节省磁盘空间的优势，又具有完全备份恢复时间短的特点。值得注意的是，差异备份只以完全备份为基础备份变更数据；增量备份以上一次备份为基础备份变更数据；差异备份只与完全备份有依存关系，与上一次备份没有关系；增量备份与上一次备份有依存关系，并一直关系到完全备份。

(2) 按备份状态来划分，备份有物理备份和逻辑备份两种。物理备份是指将实际物理数据库文件从一处拷贝到另一处的备份，冷备份和热备份都属于物理备份。冷备份也称脱机(offline)备份，是指以正常方式关闭数据库，并对数据库的所有文件进行备份。其缺点是需要一定的时间来完成，在备份期间用户无法访问数据库，而且这种方法不易做到实时的备份。所谓热备份也称联机(online)备份，是指在数据库打开和用户对数据库进行操作的情况下进行的备份。具体是通过使用数据库系统的复制服务器，连接正在运行的主数据库服务器和热备份服务器，当主数据库的数据修改时，变化的数据通过复制服务器可以传递到备份数据库服务器中，从而保证两个服务器中的数据一致。逻辑备份是指使用软件技术从数据库中导出数据并写入一个输出文件，该文件的格式一般与原数据库的文件格式不同，只是原数据库中数据内容的一个映像。因此，逻辑备份文件只能用来对数据库进行逻辑恢复，即数据导入，而不能按数据库原来的存储特征进行物理恢复。逻辑备份一般用于增量备份。SQL Server 和 Oracle 等都提供 Export/Import 工具来用于数据库的逻辑备份。

(3) 按备份的层次划分，备份有硬件冗余和软件备份两种。硬件冗余有双机容错、磁盘双工、磁盘阵列与磁盘镜像等多种形式。硬件冗余有它的不足，一是不能解决因病毒或人为误操作引起的数据丢失以及系统瘫痪等灾难；其次是如果错误数据也写入备份磁盘，硬件冗余也无能为力。软件备份是指通过软件来复制和归档计算机数据，以便在数据丢失事件后可用于恢复原始数据，完全备份、增量备份、差异备份都是软件备份。理想的备份系统应使用硬件容错来防止硬件故障，使用软件备份和硬件容错相结合的方式来解决软件故障或人为误操作造成的数据损失。

(4) 按从备份地点来划分，备份有本地备份和异地备份两种。本地备份的数据仅在本地进行备份恢复，没有数据送往异地。这种方式是最为低成本的备份方案，数据的恢复也仅仅是利用本地的记录。异地备份将数据在另外的地方实时产生一份可用的副本，此副本不需要做数据恢复就可以立即投入使用。

2. 数据备份的系统架构

按系统架构不同，最常见的网络数据备份系统可以分为四种：基于主机(Host-Base)的备份，基于局域网(LAN-Base)的备份，基于存储区域网络(Storage Area Network，SAN)的 LAN-Free 备份和基于存储区域网络的 Server-Free 备份。

1) 基于主机的备份

基于主机的备份是传统的数据备份架构，并不是真正意义上的网络备份系统，也称为基于直连式存储(Direct-Attached Storage，DAS)的存储备份系统。在 DAS 系统中，内置或外置数据存储设备直接连接到需要备份的主机的扩展端口上，如图 6-6 所示。

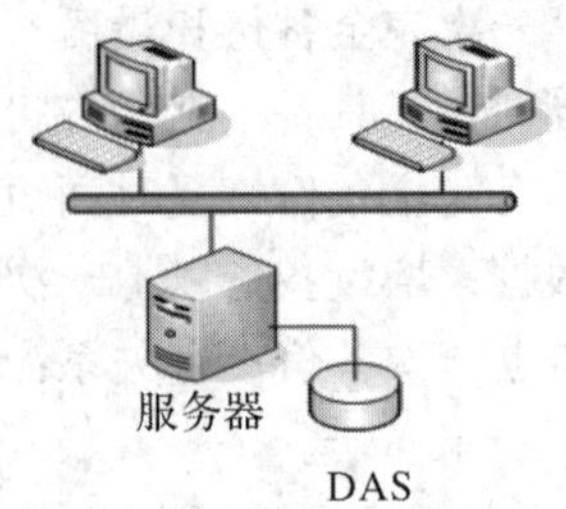

图 6-6　基于 DAS 的备份系统

在这种备份架构下，每台需要备份的主机都配备专用的存储设备，主机中的数据必须备份到本地的存储设备中。即使一台存储设备处于空闲状态，另一台主机也不能使用它进行备份工作，存储设备利用率低。另外，当网络中业务主机较多，并且需要实施备份操作的系统平台和数据库版本不同时，备份工作变得更加复杂。

基于主机的备份系统适用于小型企业用户进行简单的文档备份。它的优点是维护简单，数据传输速度快；缺点是可管理的存储设备少，不利于备份系统的共享，不适合于大型的数据备份要求，而且不能提供实时的备份需求。

2) 基于局域网的备份

为了解决在基于主机的备份系统中，存储设备利用率低、备份系统不易共享的缺点，可以采用基于局域网(Local Area Network，LAN)的备份架构。

要实现基于 LAN 的备份，需要在 LAN 中部署一台服务器作为备份服务器，然后将应用服务器和工作站配置为备份服务器的客户端。备份服务器接受运行在客户机上的备份代理程序的请求，将数据通过 LAN 传递到它所管理的、与其连接的存储设备上，如图 6-7 所示。

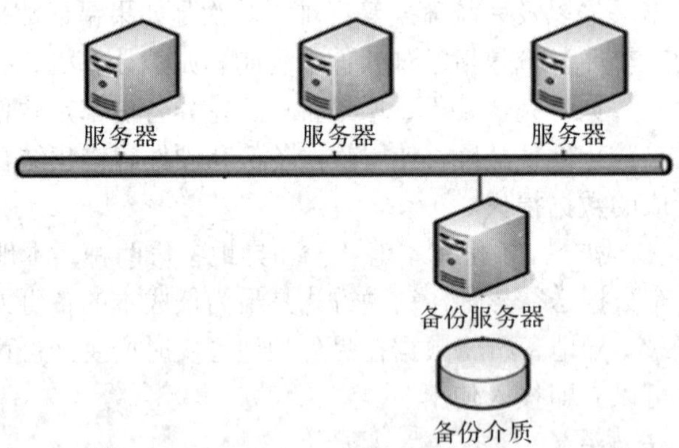

图 6-7　基于 LAN 的备份系统

基于 LAN 的备份系统适合网络中需要备份数据的主机较多，但需要备份的数据量不是很大的情况。其优点是投资经济、存储共享、集中备份管理；缺点是对网络传输压力大，当备份数据量大或备份频率高时，局域网的性能下降快，不适合重载荷的网络应用环境。

3) 基于存储区域网络的 LAN-Free 备份

为解决基于 LAN 结构的备份方式占用局域网带宽问题，可以使用基于 SAN 的备份方案。基于 SAN 的 LAN-Free 备份系统主要指快速随机存储设备(磁盘阵列或服务器硬盘)

向备份存储设备(磁带库或磁带机)复制数据，SAN 技术中的 LAN-Free 功能用在数据备份上就是 LAN-Free 备份，如图 6-8 所示。

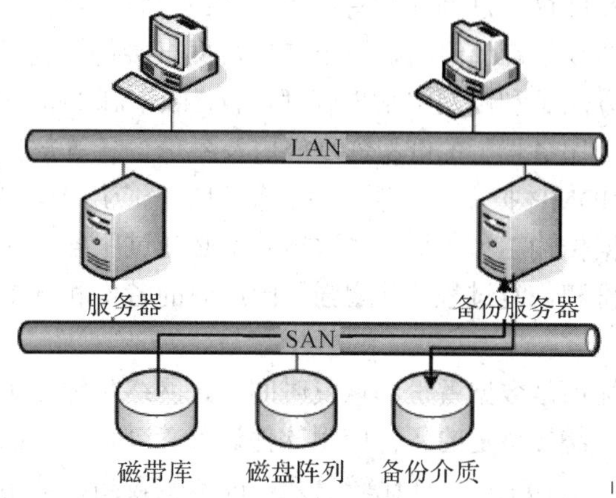

图 6-8　基于 SAN 的 LAN-Free 备份系统

LAN-Free 备份系统在服务器之间，以及服务器和存储设备之间建立了高速的数据传输链路。在 SAN 内进行大量数据的传输、复制、备份时不再占用宝贵的 LAN 资源，从而使 LAN 的带宽得到极大的释放，服务器能以更高的效率为前端网络客户机提供服务。

LAN-Free 备份与 LAN 备份一样，需要有备份服务器，但 SAN 中的备份服务器不再是简单地通过网络得到数据，直接完成备份作业，而是管理 SAN 中被共享的备份设备，接受其他服务器或客户机的备份请求，按优先级将所有的备份作业进行排队管理，控制备份数据在 SAN 中的传输。

LAN-Free 备份的优点是数据备份统一管理、备份速度快、网络传输压力小、磁带库资源共享；其缺点是少量文件恢复操作烦琐、服务器压力大、技术实施复杂、投资较高。

4) 基于存储区域网络的 Server-Free 结构

基于 SAN 的 Server-Free 备份系统是 LAN-free 的一种延伸，可使数据能够在 SAN 结构中的两个存储设备之间直接传输，通常是在磁盘阵列和磁带库之间，如图 6-9 所示。

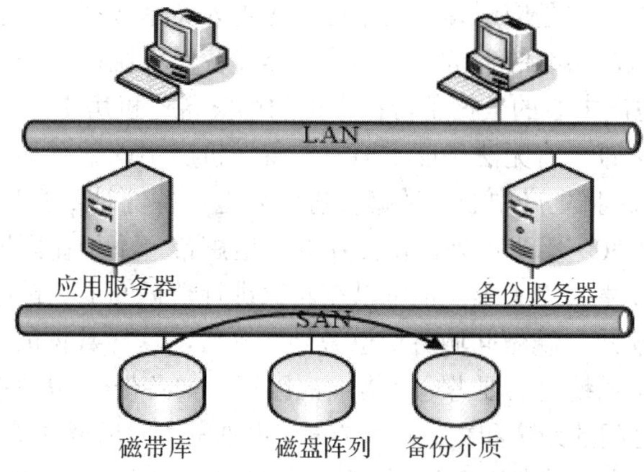

图 6-9　基于 SAN 的 Server-Free 备份系统

Server-Free 备份系统在备份数据时，实际上是通过数据移动器把数据从一个存储设备传输到另一个存储设备上，该设备可能是光纤通道交换机、存储路由器、智能磁带或磁盘设备或者是服务器等。实施这一过程通常有两种方式：一种方法是借助于 SCSI-3 的扩展拷贝命令使服务器发送命令给存储设备，命令其把数据直接传输到另一个设备，而不必通过服务器内存；另一种方法是利用网络数据管理协议(Network Data Management Protocol，NDMP)，该协议实际上为服务器、备份和恢复应用及备份设备等部件之间的通信充当一种接口。在实施过程中，NDMP 把命令从服务器传输到备份应用中，而与 NDMP 兼容的备份软件会开始实际的数据传输工作，且传输数据并不必通过服务器内存。NDMP 的目的在于方便异构环境下的备份和恢复过程，并增强不同厂商的备份和恢复管理软件以及存储硬件之间的兼容性。

Server-Free 备份的优点是数据备份和恢复时间短，网络传输压力小，便于统一管理和备份资源共享；其缺点是需要特定的备份应用软件进行管理，厂商的类型兼容性问题需要统一，并且实施起来与 LAN-Free 一样比较复杂，成本也较高，适用于大中型企业进行海量数据备份管理。

6.3.4 容灾备份

1. 容灾备份系统概述

容灾备份系统是指在相隔较远的异地，建立两套或多套功能相同的信息系统，互相之间可以进行状态监视和功能切换，当一处系统因意外(如火灾、地震等)停止工作时，整个应用系统可以切换到另一处，使得该系统可以继续正常工作。

从对系统的保护程度来划分，容灾备份系统可以分为数据容灾和应用容灾。数据容灾是指建立一个异地的数据系统，该系统是本地关键应用数据的一个复制。在本地数据及整个应用系统出现灾难时，系统至少在异地保存有一份可用的关键业务的数据，该数据可以是本地数据的完全实时复制，也可以比本地数据稍微落后，但必须是可用的。数据容灾采用的主要技术是数据备份和数据复制技术。应用容灾是在数据容灾的基础上，在异地建立一套完整的与本地系统相当的备份应用系统，在灾难发生情况下，远程容灾系统以迅速接管业务继续运行。数据容灾是应用容灾的基础，应用容灾是数据容灾的目标，应用容灾比数据容灾层次更高。从对系统的备份地来划分，容灾备份系统可以分为同城备份和异地备份。同城备份是指将生产中心的数据备份在本地的容灾备份机房中，优点是速度相对较快，缺点是一旦发生大灾大难，将无法保证本地容灾备份机房中的数据和系统仍可用。异地备份是通过 TCP/IP 协议，将生产中心的数据备份到异地。备份时要注意“一个三””和“三个不原则”，即备份到 300 千米以外，不处在同一地震带，不处在同地电网，不处在同一江河流域。这样即使发生大灾大难，也可以在异地进行数据回退。最好的方案应该是建立起“两地三中心”的模式，既做同城备份也做异地备份，这样数据的安全性会高得多。

设计一个容灾备份系统，需要考虑多方面的因素，如备份/恢复数据量大小、应用数据中心和备援数据中心之间的距离和数据传输方式、灾难发生时所要求的恢复速度、备援中心的管理及投入资金等。根据这些因素和不同的应用场合，通常可将容灾备份分为四个等级。

第 0 级(没有备援中心)：这一级容灾备份实际上没有灾难恢复能力，仅在本地进行数据备份，并且被备份的数据只能保存在本地，没有送往异地。

第 1 级(本地磁带备份，异地保存)：将关键数据在本地备份，然后送到异地保存。灾难发生后，按预定数据恢复程序、系统和数据。这种方案成本低、易于配置，但当数据量增大时，存在存储介质难管理的问题，并且当灾难发生时存在大量数据难以及时恢复的问题。为了解决此问题，灾难发生时，一般先恢复关键数据，后恢复非关键数据。

第 2 级(热备份站点备份)：在异地建立一个热备份点，通过网络进行数据备份。也就是通过网络以同步或异步方式，把主站点的数据备份到备份站点，备份站点一般只备份数据，不承担业务。当出现灾难时，备份站点接替主站点的业务，从而维护业务运行的连续性。

第 3 级(活动备援中心)：在相隔较远的地方分别建立两个数据中心，它们都处于工作状态，并进行相互数据备份。当某个数据中心发生灾难时，另一个数据中心接替其工作任务。这种级别的备份根据实际要求和投入资金的多少，又可分为两种：两个数据中心之间只限于关键数据的相互备份；两个数据中心之间互为镜像，即零数据丢失等。零数据丢失是要求最高的一种容灾备份方式，它要求不管发生什么灾难，系统都能保证数据的安全。所以，它需要配置复杂的管理软件和专用的硬件设备，需要投资相对而言是最大的，但恢复速度也是最快的。

2. 容灾备份的关键技术

在建立容灾备份系统时会涉及多种技术，如：远程镜像技术、快照技术、基于 IP 的 SAN 的互连技术等。

1) 远程镜像技术

远程镜像技术用于在主数据中心和备援中心之间的数据备份。镜像是在两个或多个磁盘或磁盘子系统上产生同一个数据的镜像视图的信息存储过程，一个叫主镜像系统，另一个叫从镜像系统。按主、从镜像存储系统所处的位置可分为本地镜像和远程镜像。远程镜像又叫远程复制，是容灾备份的核心技术，同时也是保持远程数据同步和实现灾难恢复的基础。远程镜像按请求镜像的主机是否需要远程镜像站点的确认信息，又可分为同步远程镜像和异步远程镜像。同步远程镜像，也称同步复制技术，是指通过远程镜像软件，将本地数据以完全同步的方式复制到异地，每一本地的 I/O 事务均需等待远程复制完成确认信息，方予以释放。同步镜像使拷贝总能与本地机要求复制的内容相匹配。当主站点出现故障时，用户的应用程序切换到备份的替代站点后，被镜像的远程副本可以保证业务继续执行而没有数据的丢失。但它存在往返传播造成较长延时的缺点，只限于在相对较近的距离上应用。异步远程镜像也称异步复制技术，保证在更新远程存储视图前完成向本地存储系统的基本操作，而由本地存储系统提供给请求镜像主机的 I/O 操作完成确认信息。远程的数据复制是以后台同步的方式进行的，这使本地系统性能受到的影响很小，传输距离长，通常可达 1000 千米以上，对网络带宽要求小。但是，由于许多远程的从属存储子系统的写没有得到确认，当某种因素造成数据传输失败时可能出现数据一致性问题。为了解决这个问题，大多采用延迟复制的技术，即在确保本地数据完好无损后进行远程数据更新。

2) 快照技术

快照技术往往同远程镜像技术结合起来实现远程备份，即通过镜像把数据备份到远程存储系统中，再用快照技术把远程存储系统中的信息备份到远程的备份存储中。快照是通过软件对要备份的磁盘子系统的数据快速扫描，建立一个要备份数据的快照逻辑单元号 LUN 和快照 cache。在快速扫描时，把备份过程中即将要修改的数据块同时快速拷贝到快照 cache 中。快照 LUN 是一组指针，在备份过程中指向快照 cache 和磁盘子系统中不变的数据块。在正常业务进行的同时，利用快照 LUN 对原数据执行一个完全的备份。它可使用户在正常业务不受影响的情况下，实时提取当前在线业务数据。其"备份窗口"接近于零，可大大增加系统业务的连续性，为实现系统真正的 7×24 小时运转提供了保证。由于快照 cache 是通过内存作为缓冲区，由快照软件提供系统磁盘存储的即时数据映像时，存在缓冲区调度的问题。

3) 基于 IP 的 SAN 的互连技术

早期的主数据中心和备援数据中心之间的数据备份，主要是基于 SAN 的远程镜像，即通过光纤通道 FC，把两个 SAN 连接起来进行远程镜像。当灾难发生时，由备援数据中心替代主数据中心保证系统工作的连续性。这种远程容灾备份方式存在诸如实现成本高、设备的互操作性差、跨越的地理距离短等问题，所以阻碍了它的推广和应用。后来出现了许多基于 IP 的 SAN 的远程数据容灾备份技术。它们是利用基于 IP 的 SAN 的互连协议，如 FCIP(Entire Fibre Channel Frame Over IP)、Internet 光纤信道协议(Internet Fibre Channel Protocol，iFCP)、无限带宽技术(Infiniband)、Internet 小型计算机系统接口(Internet Small Computer System Interface，iSCSI)等，将主数据中心 SAN 中的信息通过现有的 TCP/IP 网络，远程复制到备援中心 SAN 中。当备援中心存储的数据量太大时，可利用快照技术将其备份到备份存储中。这种基于 IP 的 SAN 远程容灾备份，可以跨越 LAN、城域网(Metropolitan Area Network，MAN)和广域网(Wide Area Network，WAN)，成本低和可扩展性好，具有广阔的发展前景。

3. 容灾备份的技术指标

数据恢复点目标(Recovery Point Objective，RPO)指的是业务系统所能容忍的数据丢失量。恢复时间目标(Recovery Time Objective，RTO)指的是所能容忍的业务停止服务的最长时间，也就是从灾难发生到业务系统恢复服务功能所需要的最短时间周期。RPO 针对的是数据丢失，而 RTO 针对的是服务丢失。RTO 和 RPO 的确定必须在进行风险分析和业务影响分析后根据不同的业务需求确定。对于不同企业的同一种业务，RTO 和 RPO 的需求也会有所不同。

实训一　Windows 操作系统安全管理

1. 实训目的

(1) 掌握系统安全配置的方法。

(2) 掌握服务安全配置的方法。

2. 实训内容

(1) 开启审核策略。

(2) 关闭默认共享资源。

(3) 关闭不必要的服务。

(4) 关闭不必要的端口。

3. 实训条件

Windows Server 2008 操作系统。

4. 实训步骤

1) 开启审核策略

步骤 1：在“本地安全策略”对话框中，选择“本地策略”→“审核策略”选项，在右侧窗格中列出了审核策略列表，这些审核策略在默认情况下都是无审核的，如图 6-10 所示。

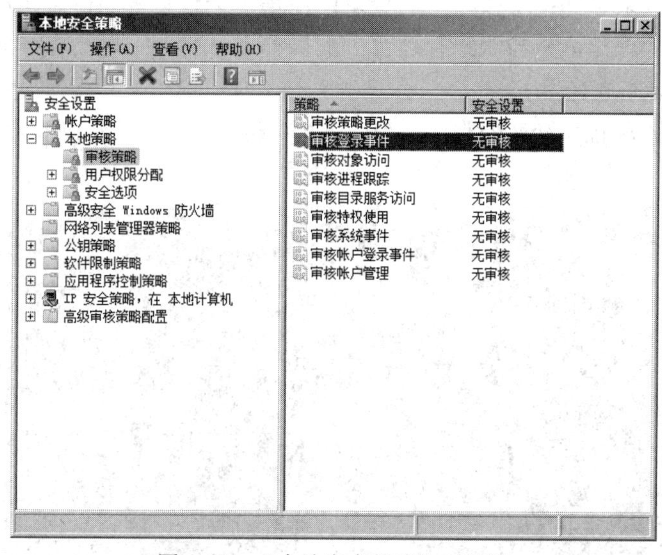

图 6-10 “本地安全策略”对话框

步骤 2：双击右侧窗格中的“审核登录事件”策略选项，打开“审核登录事件 属性”对话框，在“本地安全设置”选项卡中，选中“成功”和“失败”复选框，如图 6-11 所示，单击“确定”按钮。

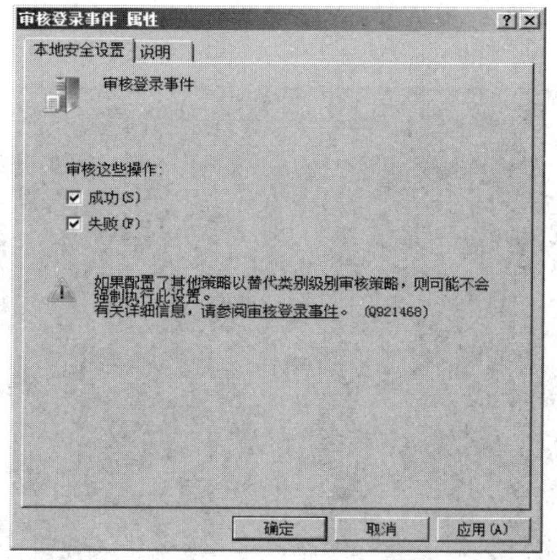

图 6-11 “审核登录事件 属性”对话框

步骤 3：根据需要设置其他审核策略。下面列出各种安全策略的作用。

① 审核策略更改：改变审核策略的操作。

② 审核登录事件：审核账户的登录或注销操作。

③ 审核对象访问：审核对文件或文件夹等对象的操作。

④ 审核过程跟踪：审核应用程序的启动和关闭。

⑤ 审核目录服务访问：审核对活动目录的各种访问。

⑥ 审核特权使用：审核用户执行用户权限的操作，如更改系统时间等。

⑦ 审核系统事件：审核与系统相关的事件，如重新启动或关闭计算机等。

⑧ 审核账户登录事件：审核账户的登录或注销另一台计算机(用于验证账户)的操作。

⑨ 审核账户管理：审核与账户管理有关的操作。

2) 关闭默认共享资源

步骤 1：在“命令提示符”窗口中，输入“net share”命令，查看共享资源，如图 6-12 所示。

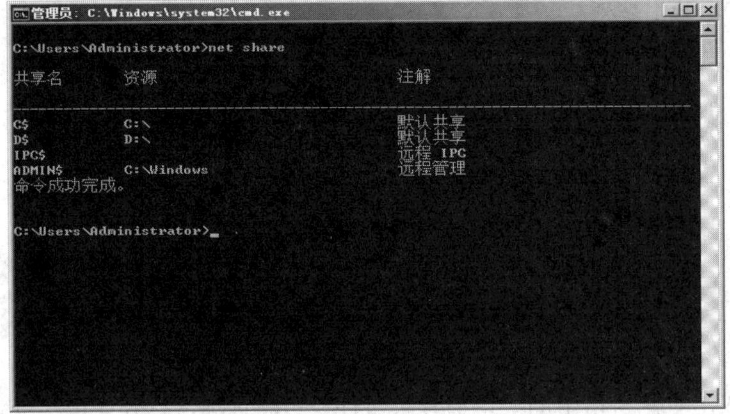

图 6-12　查看共享资源结果

步骤 2：输入“net share ADMIN$ /delete”命令，删除 ADMIN$共享资源，再输入“net share”命令，验证是否已删除 ADMIN$共享资源，如图 6-13 所示。采用类似的命令可删除 C$、D$等共享资源。

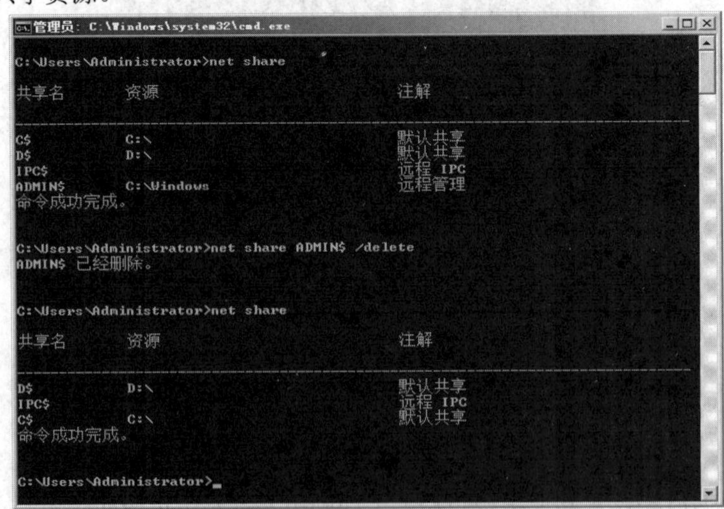

图 6-13　删除特殊共享资源并验证

步骤 3："net share"命令无法删除 IPC$共享资源，需要编辑注册表对它限制使用。选择"开始"→"运行"命令，打开"运行"对话框，在对话框的"打开"文本框中输入"regedit"命令，然后单击"确定"按钮，打开注册表编辑器，如图 6-14 所示。

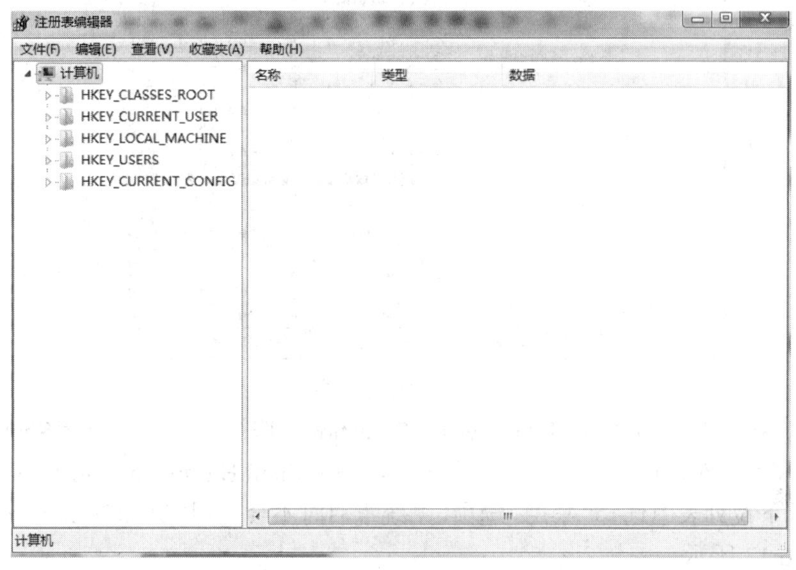

图 6-14　注册表编辑器

步骤 4：若找到组键 HKEY_LOCAL_MACHINE\SYSTEM\CurrentControlSet\Control\Lsa 中的 restrictanonymous 子键，将其值改为 1，若不存在则新建它。如图 6-15 所示，该键值修改后，一个匿名用户仍可空连接到 IPC$共享，但无法通过连接枚举攻击 SAM 账号和共享信息。

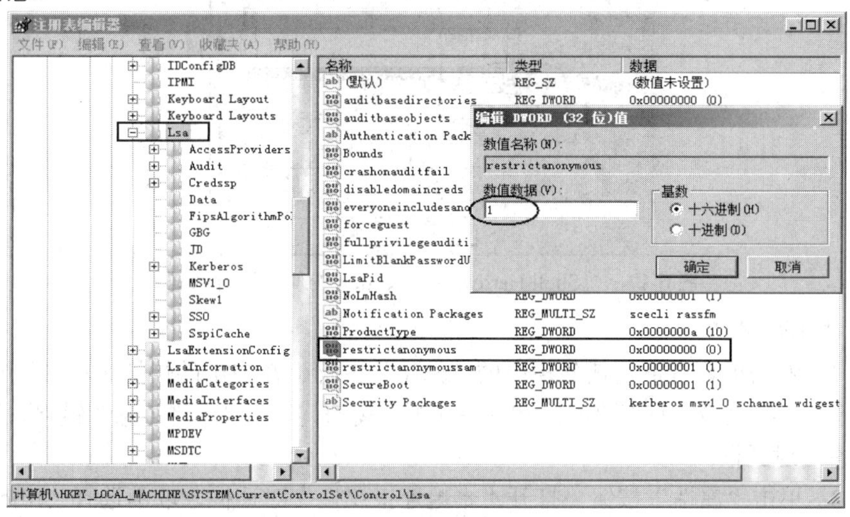

图 6-15　编辑注册表禁用 IPC$共享

3) 关闭不必要的服务

步骤 1：选择"开始"→"所有程序"→"管理工具"→"服务"命令，打开"服务"窗口，如图 6-16 所示，查看系统开放的服务。

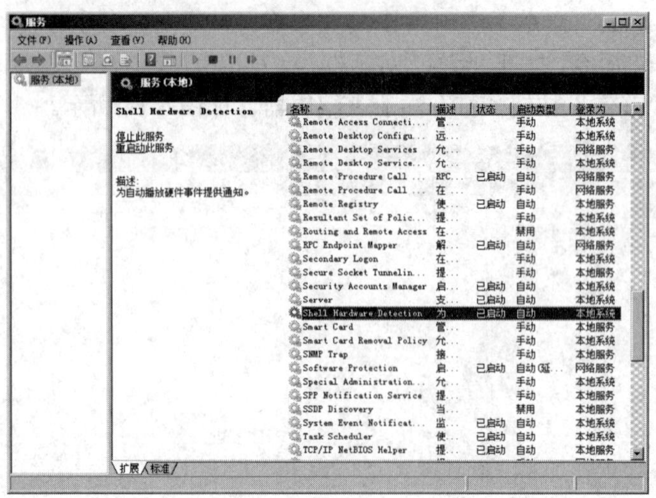

图 6-16　“服务”窗口

步骤 2：找到并双击“Shell Hardware Detection”服务选项，打开“Shell Hardware Detection 的属性”对话框。单击“停止”按钮，停用 Shell Hardware Detection 服务，再在“启动类型”下拉列表中选择“禁用”选项，系统重启时不会启用“Shell Hardware Detection”服务，如图 6-17 所示。

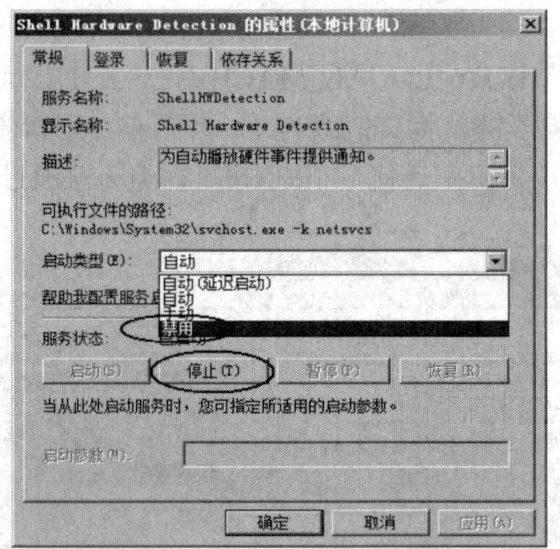

图 6-17　“Shell Hardware Detection 的属性”对话框

4) 关闭 139 端口

步骤 1：右击屏幕右下角任务栏中的“网络”图标，在弹出的快捷菜单中选择“打开网络和共享中心”命令，打开“网络和共享中心”窗口，单击“本地连接”链接，打开“本地连接状态”对话框。

步骤 2：单击“属性”按钮，打开“本地连接属性”对话框，取消选择“Microsoft 网络的文件和打印机共享”复选框。

步骤 3：选中“Internet 协议版本 4(TCP/IPv4)”选项，单击“属性”按钮，打开“Internet 协议版本 4(TCP/IPv4) 属性”对话框。

步骤 4：单击“高级”按钮，打开“高级 TCP/IP 设置”对话框，在“WINS”选项卡中，选中“禁用 TCP/IP 上的 NetBIOS”单选按钮。

步骤 5：单击“确定”按钮，返回“Internet 协议版本 4(TCP/IPv4) 属性”对话框，再单击“确定”按钮，返回“本地连接 属性”对话框，单击“关闭”按钮。

5) 关闭 135 端口

步骤 1：选择“开始”→“所有程序”→“管理工具”→“本地安全策略”命令，打开“本地安全策略”窗口，在左侧窗格中，选择“IP 安全策略，在本地计算机”选项，在右侧窗格的空白位置右击，在弹出的快捷菜单中选择“创建 IP 安全策略”命令，如图 6-18 所示。

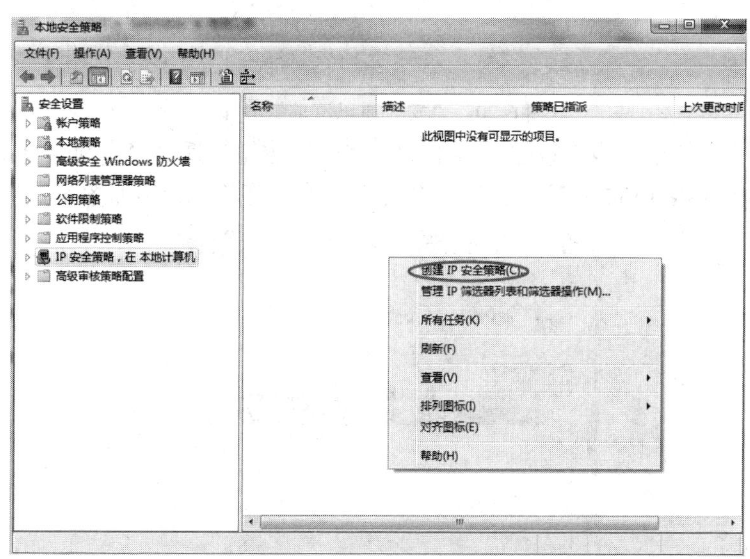

图 6-18　“本地安全策略”窗口

步骤 2：在打开的向导中单击“下一步”按钮，出现“IP 安全策略向导”界面，在“名称”文本框输入“关闭 TCP 135 端口的策略”，如图 6-19 所示。

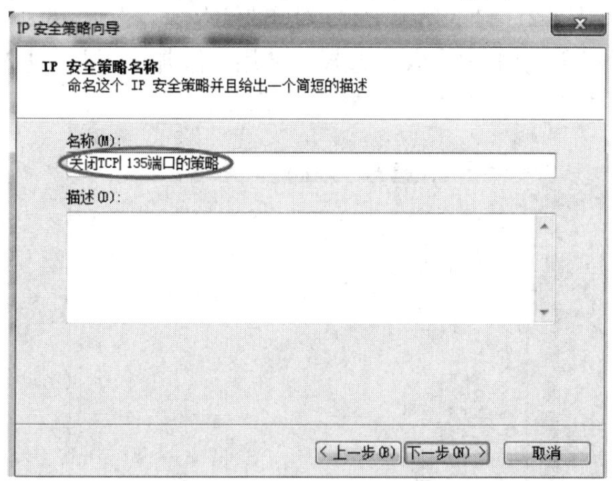

图 6-19　“IP 安全策略名称”界面

步骤 3：单击“下一步”按钮，出现“安全通讯请求”界面，取消选择“激活默认响应规则(仅限于 Windows 的早期版本)”复选框，如图 6-20 所示。

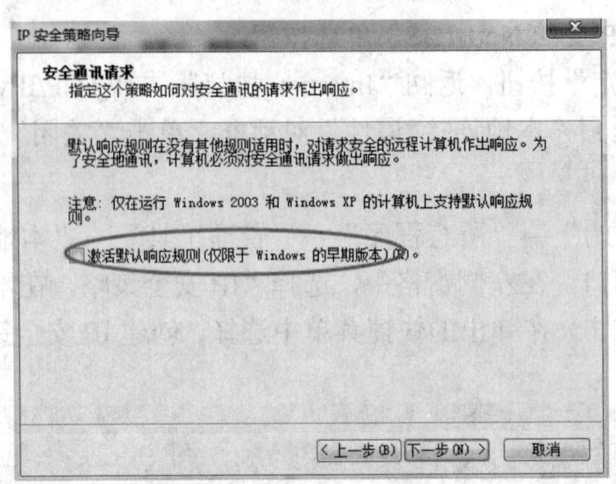

图 6-20　“安全通讯请求”界面

步骤 4：单击“下一步”按钮，再单击“完成”按钮。返回“本地安全策略”窗口，右键单击“关闭 TCP 135 端口的策略”，单击“属性”菜单，弹出如图 6-21 所示对话框。

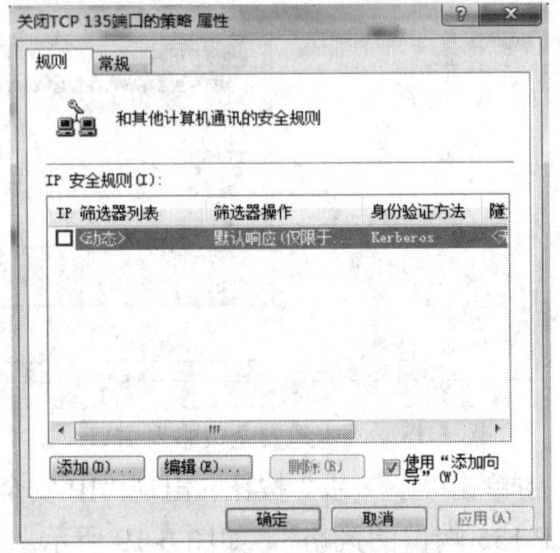

图 6-21　“关闭 TCP 135 端口的策略 属性”对话框

步骤 5：在“规则”选项卡中，取消选择“使用‘添加向导’”复选框，再单击“添加”按钮，打开“新规则 属性”对话框，如图 6-22 所示。

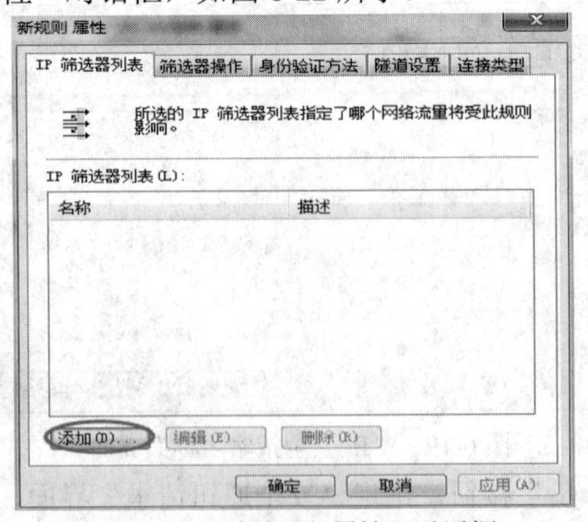

图 6-22　“新规则 属性”对话框

步骤 6：单击“添加”按钮，打开“IP 筛选器列表”对话框，在“名称”文本框中输入“关闭 135 端口”，取消选择“使用‘添加向导’”复选框，如图 6-23 所示。

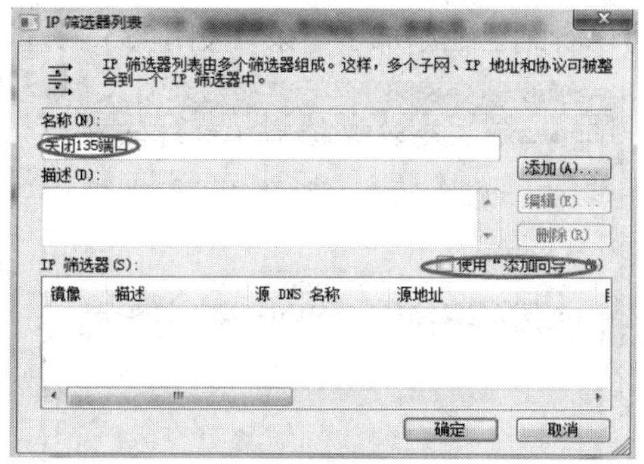

图 6-23　“IP 筛选器列表”对话框

步骤 7：单击“添加”按钮，打开“IP 筛选器 属性”对话框，在“地址”选项卡中，在“源地址”下拉列表框中选择“任何 IP 地址”选项，在“目标地址”下拉列表框中选择“我的 IP 地址”选项，如图 6-24 所示。

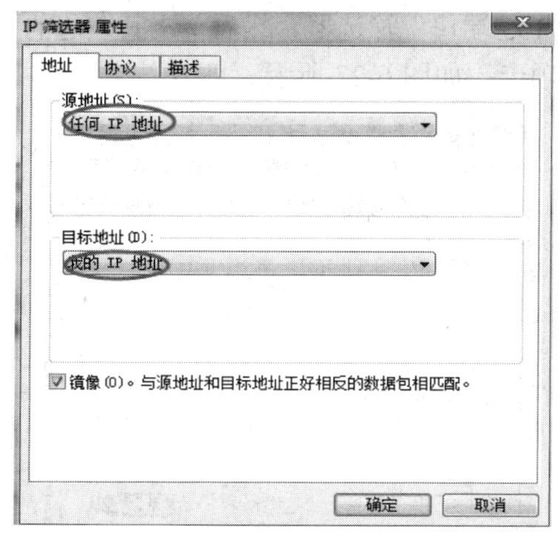

图 6-24　“IP 筛选器 属性(‘地址’选项卡)”对话框

步骤 8：在“协议”选项卡中，选择协议类型为 TCP，选中“从任意端口”和“到此端口”单选按钮，并在其下方的文本框中输入端口号 135，如图 6-25 所示。

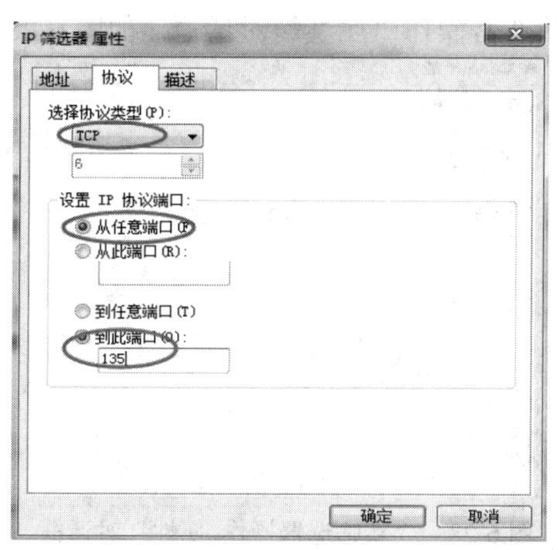

图 6-25　“IP 筛选器 属性(‘协议’选项卡)”对话框

步骤 9：单击“确定”按钮，返回“IP 筛选器列表”对话框，再单击“确定”按钮，返回“新规则 属性”对话框，可以看到已经添加了一条“关闭 135 端口”筛选器，如图 6-26 所示。

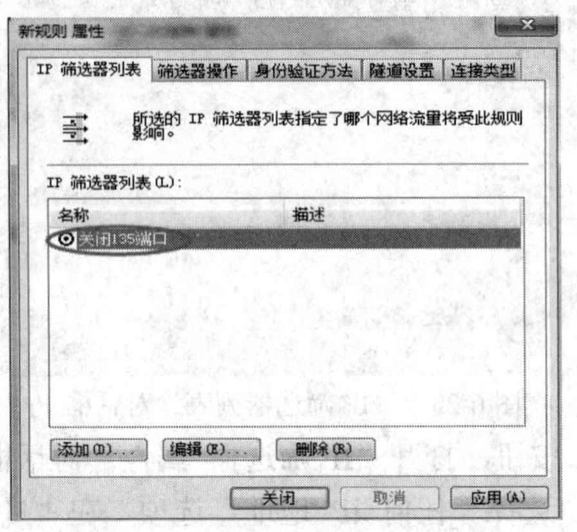

图 6-26　“新规则 属性”对话框

步骤 10：选择“关闭 135 端口”筛选器，然后单击其左边的圆圈，表示已经激活，然后选择“筛选器操作”选项卡，如图 6-27 所示。

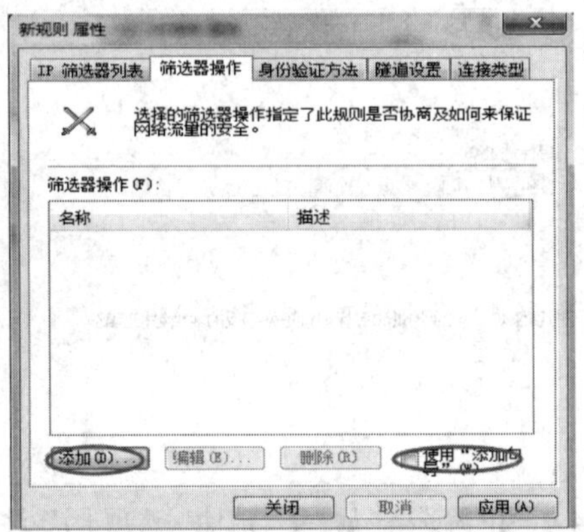

图 6-27　“新规则 属性(‘筛选器操’选项卡)”对话框

步骤 11：在“筛选器操作”选项卡中，取消选择“使用‘添加向导’”复选框，单击“添加”按钮，打开“新筛选器操作“属性”对话框，如图 6-28 所示。

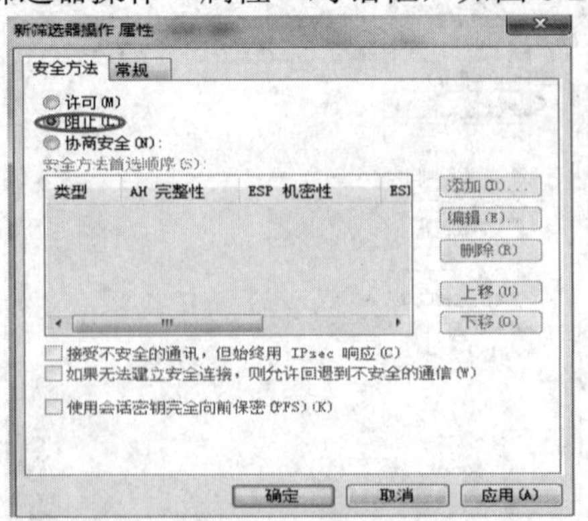

图 6-28　“新筛选器操作 属性”对话框

步骤 12：选中“阻止”单选按钮，然后单击“确定”按钮，返回“筛选器操作”选项卡。在“筛选器操作”选项卡中，可以看到已经添加了一个新的筛选器操作，选择“新筛选器操作”选项，然后单击其左边的圆圈，表示已经激活，如图 6-29 所示。

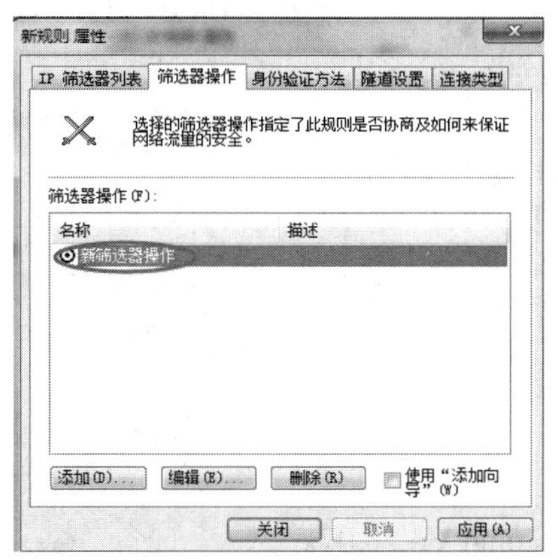

图 6-29　“新规则 属性(‘筛选器操作’选项卡)”对话框

步骤 13：单击“关闭”按钮，返回到“关闭 TCP 135 端口的策略 属性”对话框，选中“关闭 135 端口”复选框，如图 6-30 所示，单击“确定”按钮关闭对话框。

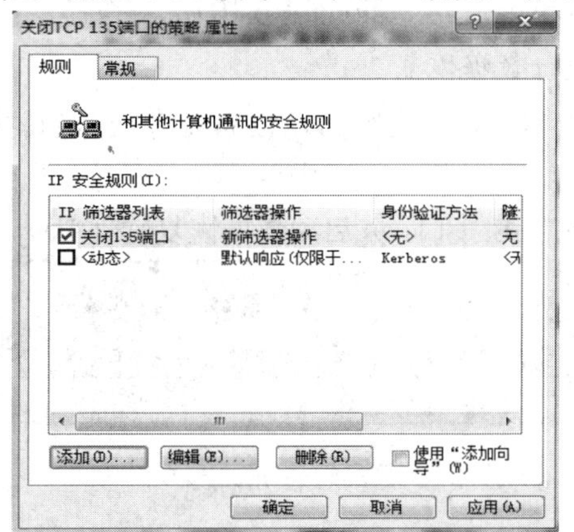

图 6-30　“关闭 TCP 135 端口的策略 属性”对话框

步骤 14：在“本地安全策略”窗口中，右键单击新添加的“关闭 TCP 135 端口的策略”选项，在弹出的快捷菜单中选择“分配”命令，如图 6-31 所示。

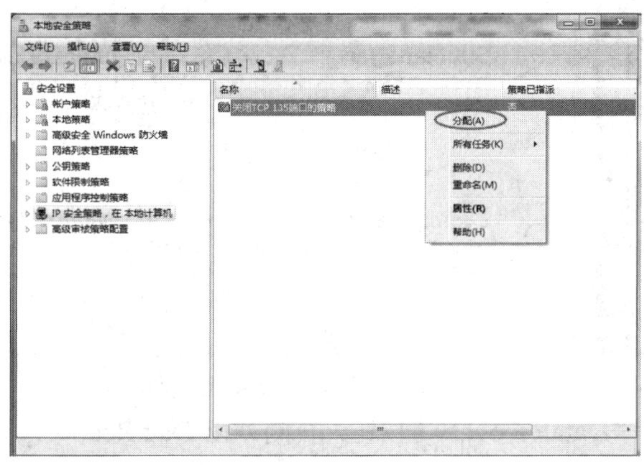

图 6-31　“本地安全策略”窗口

实训二　EasyRecovery 数据备份与恢复

1. 实训目的

(1) 熟悉常用数据备份方法。

(2) 理解数据恢复原理。

(3) 熟悉 EasyRecovery 工具的使用。

2. 实训内容

(1) 安装 EasyRecovery。

(2) 用 EasyRecovery 进行数据恢复。

3. 实训条件

(1) Windows 7 操作系统。

(2) EasyRecovery Professional V6.10.07。

4. 实训步骤

1) 安装 EasyRecovery

解压缩并安装 EasyRecovery Professional V6.10.07。

2) 用 EasyRecovery 进行数据恢复

步骤 1：创建文件“密码.txt”，内容为“123456”，并将其拷贝到 U 盘，然后删除该文件。

步骤 2：将 U 盘插入到 USB 接口，并启动数据恢复软件 EasyRecovery，如图 6-32 所示。

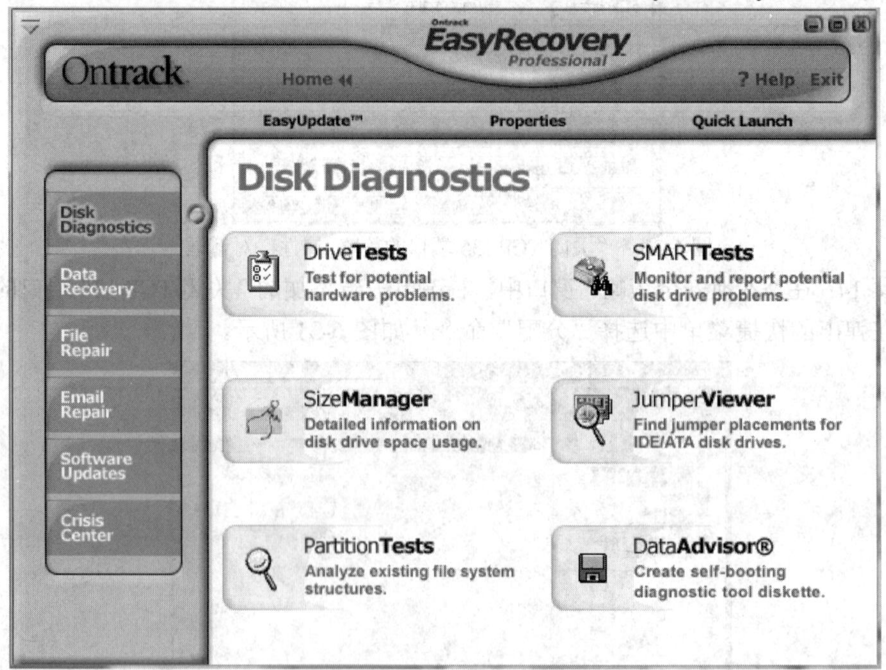

图 6-32　EasyRecovery 软件界面

步骤 3：单击左侧“DataRecovery”按钮，右侧列出 DataRecovery 功能模块，如图 6-33 所示。

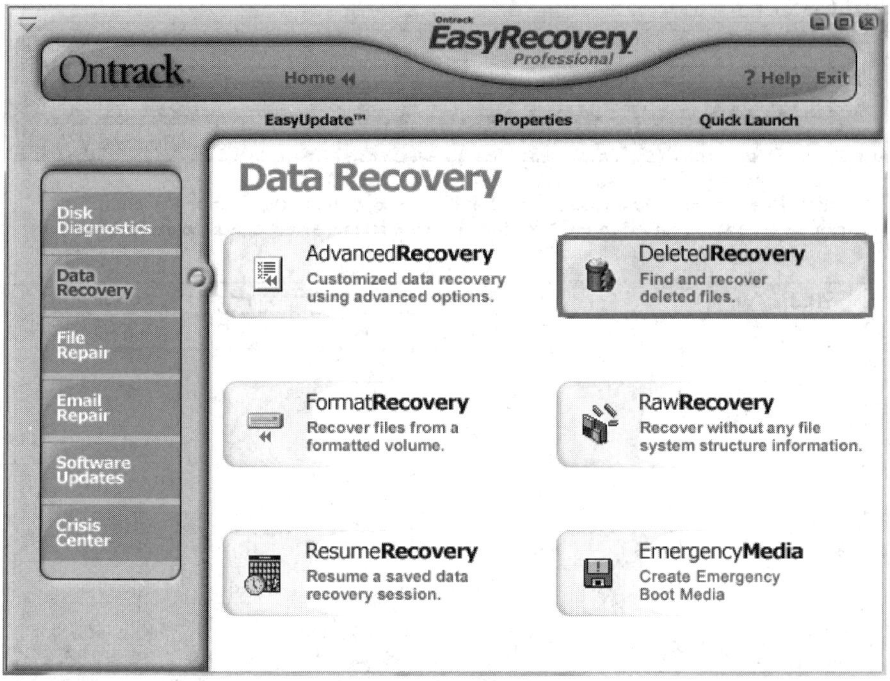

图 6-33　DataRecovery 模块界面

步骤 4：单击“Deleted Recovery”，弹出“盘符选择和文件过滤”对话框，选择 U 盘的盘符，并在“File Filter”编辑框中输入“*.txt”，如图 6-34 所示。

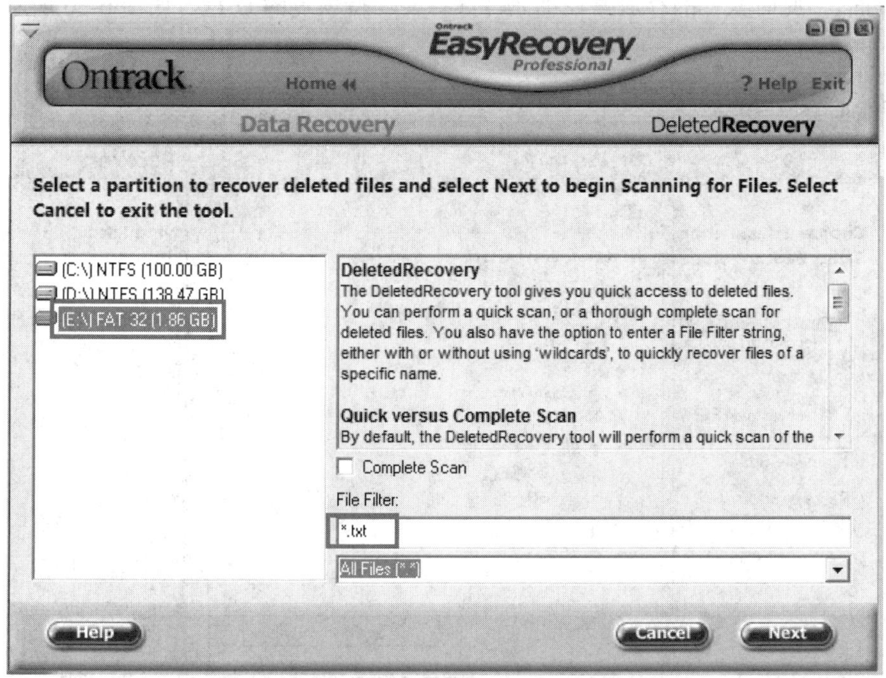

图 6-34　“盘符选择和文件过滤”对话框

步骤 5：单击“Next”按钮，弹出“选择需要恢复的文件”对话框，勾选需要恢复的文件，如图 6-35 所示。

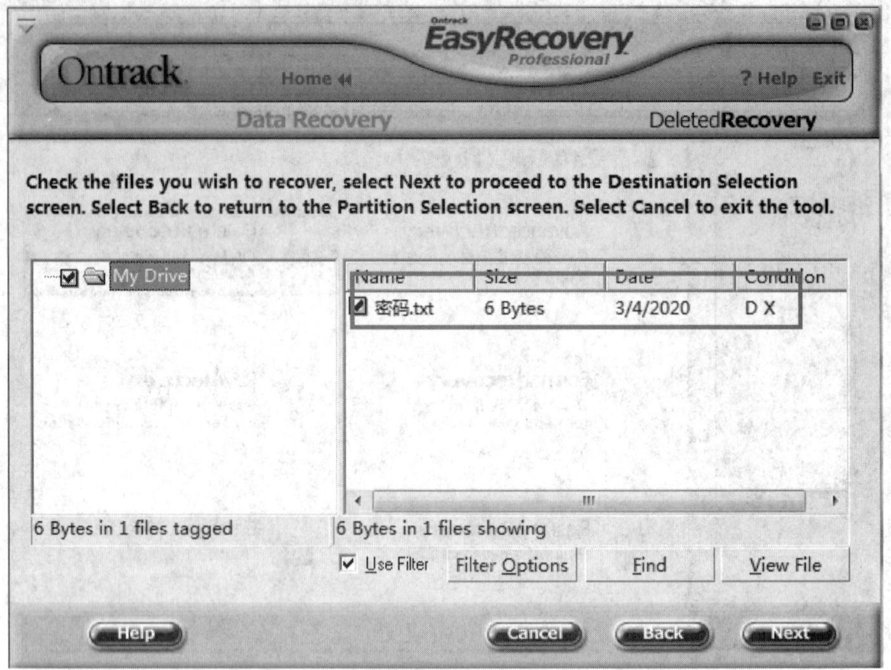

图 6-35　“选择需要恢复的文件”对话框

步骤 6：单击“Next”按钮，弹出“恢复的文件存放路径”对话框，在“Recovery Destination Options”中选择“Recovery to Local Driver”，并点击“Browse”选择恢复文件保存的文件夹为“桌面”，此时文件的存放路径不允许选择文件待恢复的 U 盘，如图 6-36 所示。

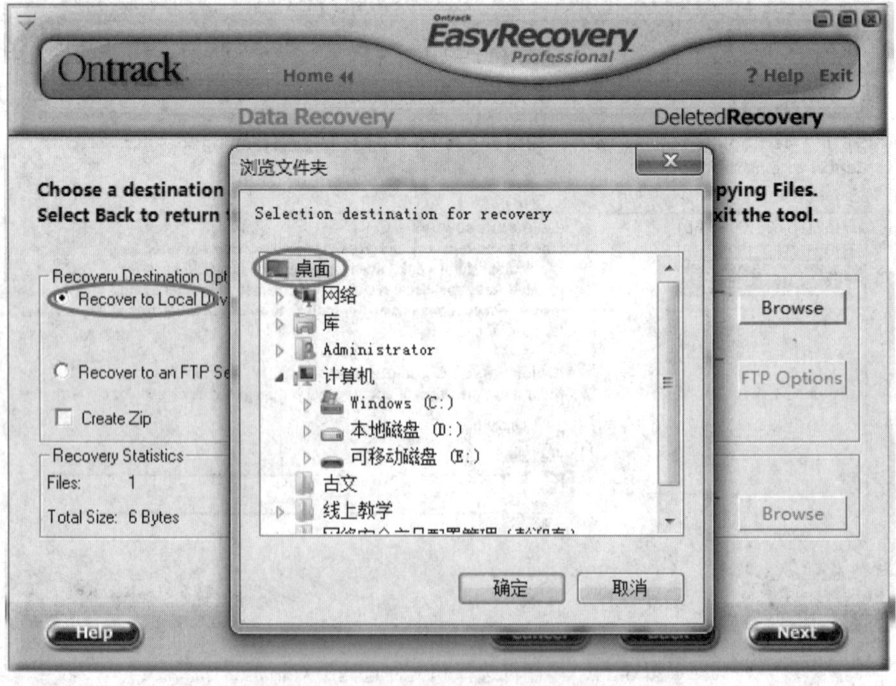

图 6-36　“恢复的文件存放路径”对话框

步骤 7：单击“确定”按钮，然后单击“Next”按钮，进入恢复完成界面，单击“Done”按钮，完成文件恢复。

步骤 8：打开“桌面”文件夹，找到文件“密码.txt”，打开后发现文件内容，如图 6-37 所示。

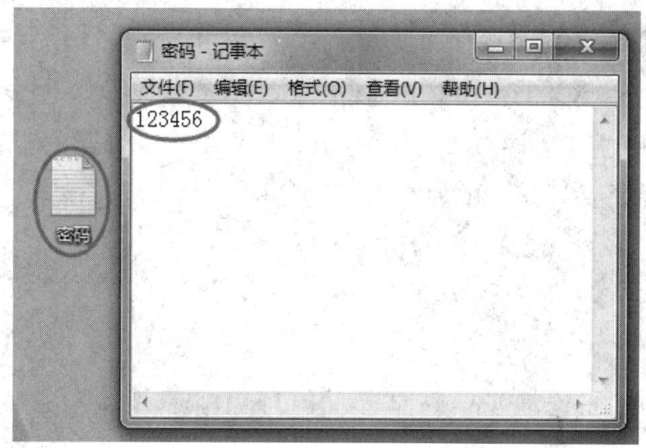

图 6-37　恢复后的文件及文件内容

实训三　Ghost 软件的功能及使用方法

1. 实训目的

(1) 掌握 Ghost 软件的功能。

(2) 熟悉 Ghost 软件的使用方法。

2. 实训内容

(1) 用 Ghost 进行硬盘的克隆。

(2) 用 Ghost 备份分区。

(3) 用 Ghost 恢复系统。

3. 实训条件

(1) Windows 7 操作系统和 DOS 系统。

(2) Ghost 11。

4. 实训步骤

1) 用 Ghost 进行硬盘的克隆

步骤 1：启动盘启动计算机到 DOS 模式下，并且不加载任何应用程序，执行 Ghost.exe 文件。

步骤 2：弹出 Ghost 主界面后，选择菜单“Local”→“Disk”→“To Disk”，如图 6-38 所示。

步骤 3：在弹出的窗口中选择源硬盘(第一个硬盘)，然后选择要复制到的目标硬盘(第二个硬盘)。注意：可以设置目标硬盘各个分区的大小，Ghost 可以自动对目标硬盘按设定的分区数值进行分区和格式化。选择“Yes”开始执行。Ghost 能将目标硬盘复制得与源硬盘几乎完全一样，并实现分区、格式化、复制系统和文件一步完成。只是要注意目标硬盘不能太小，必须能将源硬盘的数据内容装下。

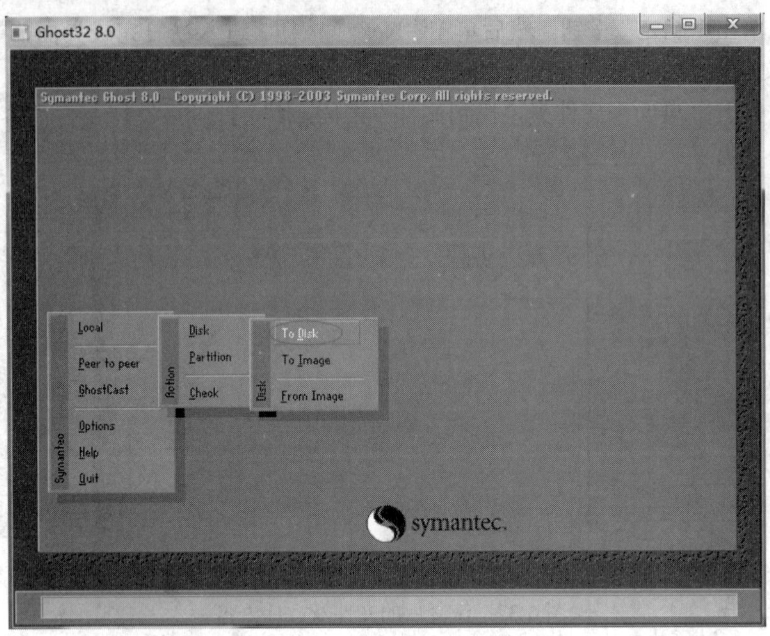

图 6-38　Ghost 主界面

Ghost 还可将整个硬盘的数据备份成一个文件保存在另一个硬盘上。此时需选择菜单“Local”→“Disk”→“To Image”。

2) 用 Ghost 备份分区

步骤 1：依次选择“Local”→“Partition”→“To Image”，然后按回车键，显示如图 6-39 所示的对话框。

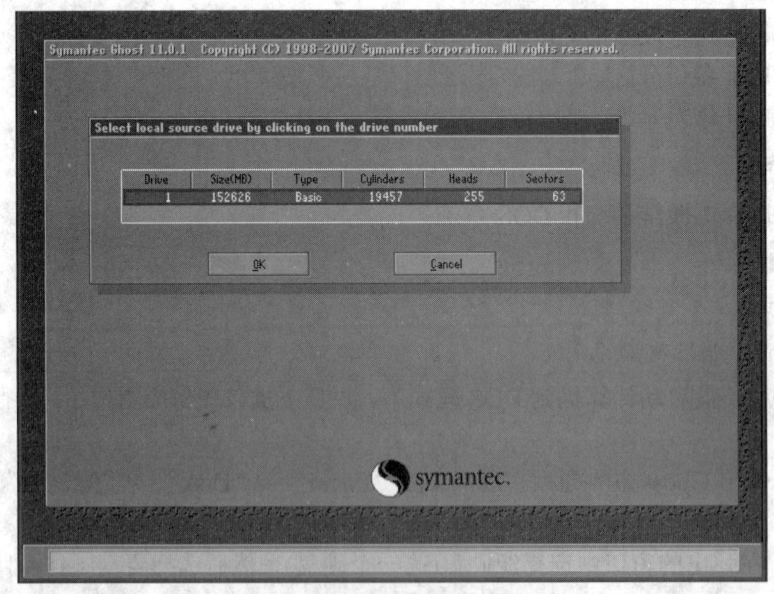

图 6-39　“选择本地硬盘“对话框

步骤 2：因为本系统只有一块硬盘，所以不用选择硬盘了，直接按回车键后显示如图 6-40 所示的对话框。

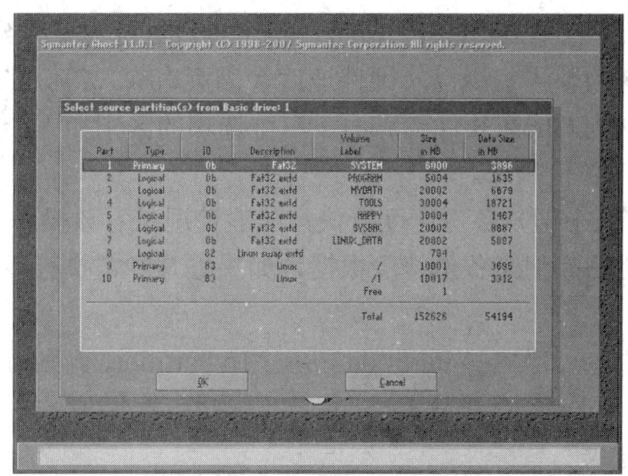

图 6-40　“选择要备份的分区“对话框

步骤 3：选择要备份的分区，在此选择第一个主分区，即系统分区(C：盘)，然后单击“OK”按钮，显示如图 6-41 所示的对话框。

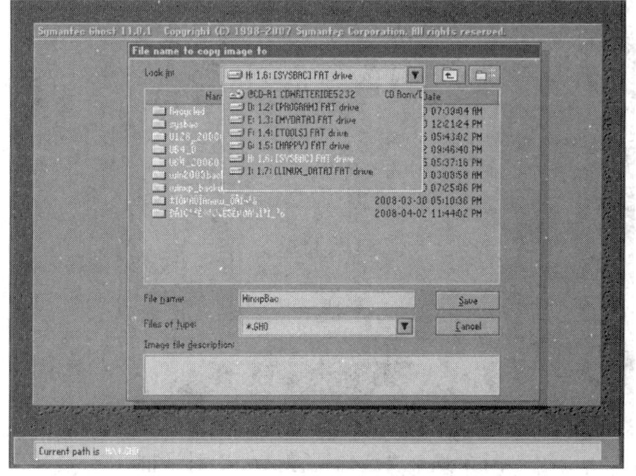

图 6-41　“镜像文件存储“对话框

步骤 4：选择镜像文件存放的位置并输入镜像文件名“winxpbac”，然后单击“Save”按钮，显示如图 6-42 所示的对话框。

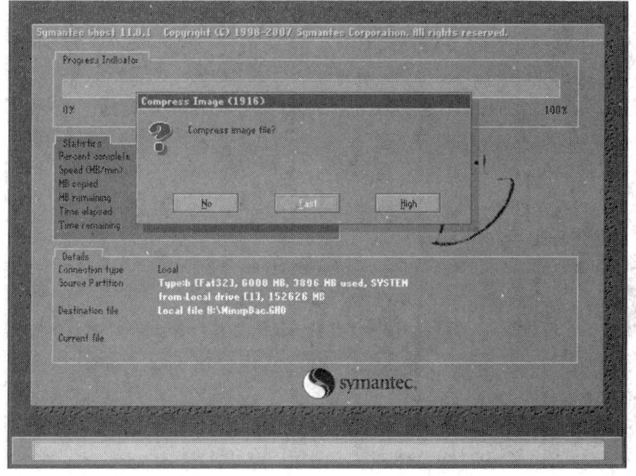

图 6-42　“压缩备份选项“对话框

步骤 5：一般情况下，单击“Fast”按钮，整个备份过程需要几分钟到十几分钟不等，具体时间与要备份分区的数据多少以及硬件速度等因素有关，备份完成后将提示操作已经完成，按回车键后返回到 Ghost 软件主界面。三个选项的区别如下：

No：表示终止压缩备份操作。

Fast：表示压缩比例小但是备份速度较快，一般情况推荐该操作。

High：表示压缩比例高但是备份速度很慢，如果不是经常执行备份与恢复操作，可选该操作。

若在步骤 1 选择“Local”→“Partition”→“To Partition”，则可将备份数据备份到另一个分区。

3) 用 Ghost 恢复还原

步骤 1：在图 6-38 中，依次选择“Local”→“Partition”→“From Image”，然后按回车键，显示如图 6-43 所示的对话框。

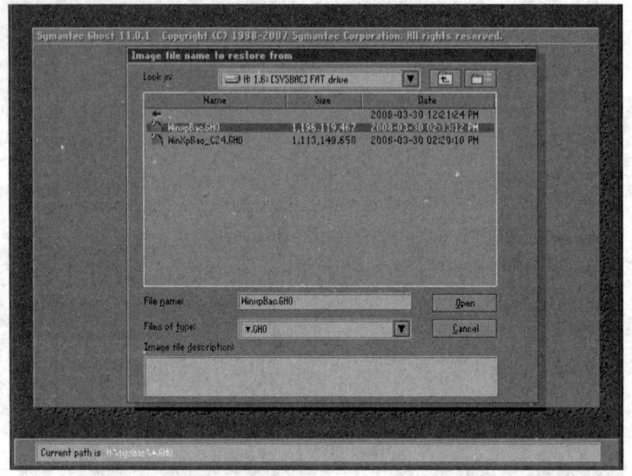

图 6-43　“选择镜像文件“对话框

步骤 2：选择系统镜像文件(WinxpBac.GHO)，然后单击“Open”按钮，在随后显示的画面中单击“OK”按钮，显示如图 6-44 所示的对话框。

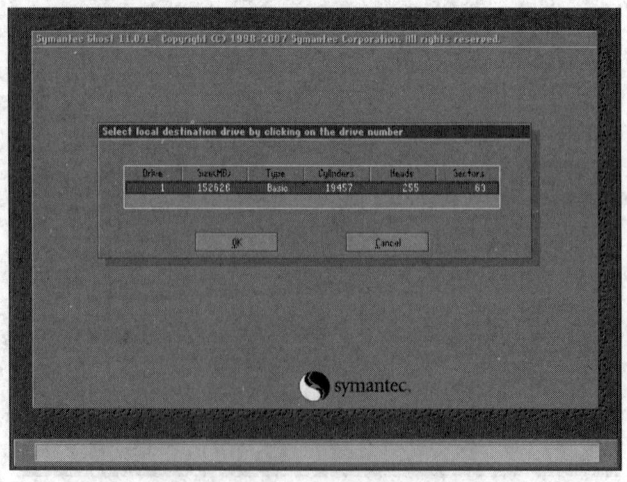

图 6-44　“选择目的硬盘”对话框

步骤 3：因为本系统只有一块硬盘，所以不用选择硬盘了，直接按回车键后，显示如图 6-45 所示的对话框。

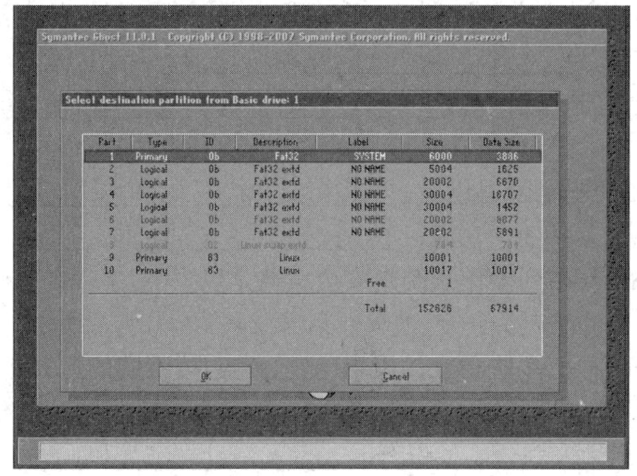

图 6-45　“选择目的硬盘中的分区“对话框

步骤 4：选择要恢复到的分区(这一步要特别小心)，在此要将镜像文件(winxpbac.GHO)恢复到 C 盘，按“Enter“键，显示如图 6-46 所示的对话框。

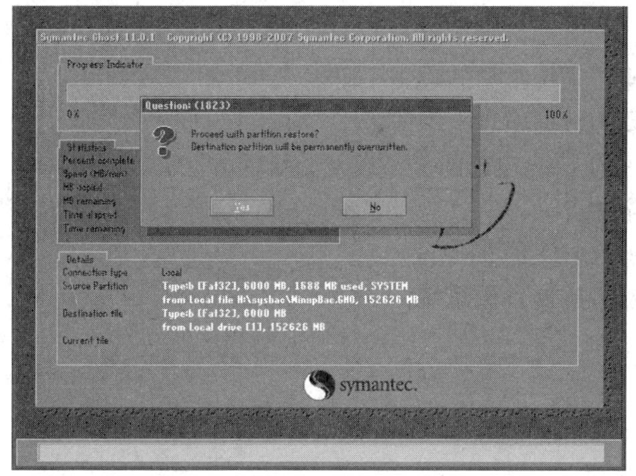

图 6-46　“是否恢复分区“对话框

步骤 5：单击“Yes”按钮，开始恢复分区。恢复完成后，重新启动计算机即可。

习　题

一、填空题

1. WWW 服务的端口号是________，SMTP 服务的端口号是________，FTP 服务的端口号是________，Telnet 服务的端口号是________，DNS 服务的端口号是________。

2. ________是介于控制面板和注册表之间的一种修改系统与设置程序的工具，利用它可以修改 Windows 的桌面、开始菜单、登录方式、组件、网络及 IE 浏览器等许多设置。

3. ________是指某个程序(包括操作系统)在设计时未考虑周全，当程序遇到一个看似合理，但实际无法处理的问题时，引发的不可预见的错误。

4. ________是指绕过安全性控制而获取对程序或系统访问权的方法。

5. Windows 用户分为________、________和________。

6. 操作系统安全机制包括________、________、________、________、________和________等。

7. Windows 系统的安全管理包括________、________和________。

8. NTFS 文件系统具备 3 个功能：________、________和 ________。

9. 在 Windows Sever 系列操作系统中安全策略是以________和________两种形式出现的。

10. ________是一种把多块独立的硬盘(物理硬盘)按不同的方式组合起来形成一个硬盘组(逻辑硬盘)。

11. 按备份的数据量来划分，备份有________、________和________三种。

12. 从对系统的保护程度来划分，容灾备份系统可以分为________和________。

13. ________指的是业务系统所能容忍的数据丢失量。

二、简答题

1. 列举几种对操作系统常见的攻击手段。
2. 列举几种主要的数据库攻击手段。
3. 列举几种常见的 Web 攻击的类型以及防御的方法。
4. 简述数据安全的含义。
5. 简述磁盘阵列 RAID 10 的原理。
6. 列举常见的网络数据备份系统。

第 7 章　云计算安全技术

云计算是一种通过 Internet 以服务的方式提供动态可伸缩的虚拟化资源的计算模式。云计算是一种按使用量付费的模式，这种模式提供可用的、便捷的、按需的网络访问，进入可配置的计算资源共享池(资源包括网络、服务器、存储、应用软件、服务)，这些资源能够被快速提供，只需投入很少的管理工作，或与服务供应商进行很少的交互。然而，采用云计算服务也给敏感数据和重要业务的安全带来了安全挑战。本章介绍云计算概念和发展历程、云计算服务和技术、云计算安全与应用。通过本章的学习，读者应该达到以下目标：

(1) 理解云计算的概念，了解云计算的发展历程；

(2) 理解云计算关键技术，掌握云计算服务和云计算技术；

(3) 掌握云计算安全与应用。

7.1 云计算概述

云计算这个概念首次在 2006 年 8 月的搜索引擎会议上提出，成为了互联网的第三次革命。近几年来，云计算也正在成为信息技术产业发展的战略重点，全球的信息技术企业都在纷纷向云计算转型。云计算的出现，社会的工作方式和商业模式也在发生巨大的改变。

7.1.1 云计算概念

在 19 世纪末期，如果你告诉那些自备发电设备的厂家以后可以不用自己发电，大型集中供电的公用电厂通过无所不在的电网就可以充分满足各种厂家的用电需求，人们一定会以为你在痴人说梦。然而到 20 世纪初，绝大多数单位就改用由公共电网发出的电来驱动自家的机器设备，与此同时，电力还开始走进那些置办不起发电设备或买不起小型中央电厂昂贵电力的家庭，从而为家用电器的蓬勃兴起提供了舞台。大约从十多年前开始，在电力领域发生过的故事开始在信息技术领域重演。由单个公司生产和运营的私人计算机系统，将被中央数据处理工厂通过互联网提供的云计算服务所代替，计算机应用将变成一项公共事业。将来越来越多的单位不再花大钱购买电脑和软件，而选择通过网络来进行信息处理和数据存储，正如当年厂家们放弃购买和维护自有发电设备一样。

云计算(cloud computing)是分布式计算的一种，指的是通过网络“云”将巨大的数据计算处理程序分解成无数个小程序，然后通过多个服务器组成的系统处理和分析这些小程序得到结果并返回给用户。早期的云计算就是简单的分布式计算，解决任务分发并进行计算结果的合并，因此云计算又称为网络计算。现阶段的云计算不再是一种简单的分布式计算，而是分布式计算、效用计算、负载均衡、并行计算、网络存储、热备份冗杂和虚拟化等技术的综合运用。通过这项技术，使用者可以在很短的时间内完成对数以万计的数据处理，从而达到强大的网络服务目的。

“云”实质上就是一个网络。从狭义上讲，云计算就是一种提供资源的网络，并且具有很强的扩展性和需要性。使用者可以随时获取“云”上的资源，不受时间和空间的限制，按需求量使用，只要按使用量付费就可以。“云”就像电力公司一样，用户可以随时用电，并且不限量，用户按照用电量付费给电力公司即可。从广义上讲，云计算是与信息技术、软件、互联网相关的一种服务，这种计算资源共享池叫作“云”。云计算将很多的计算机资源协调在一起，通过软件实现自动化管理。计算能力作为一种商品，可以在互联网上流通，如同水、电、煤气一样，买卖方便且性价比高。总之，云计算不是一种全新的网络技术，而是一种全新的网络应用概念。云计算的核心概念就是以互联网为中心，在网络上提供快速且安全的云计算服务与数据存储，让每个互联网用户都可使用网络上的庞大计算资源与数据中心。云计算是信息时代的一个飞跃，未来的时代可能是云计算的时代。

云计算的可贵之处在于高灵活性、可扩展性和高性价比等，与传统的网络应用模式相比，其具有如下优势与特点。

1. 虚拟化技术

虚拟化突破了时间、空间的界限，是云计算最为显著的特点，虚拟化技术包括应用虚拟和资源虚拟两种。众所周知，物理平台与应用部署的环境在空间上是没有任何联系的，正是通过虚拟平台对相应终端操作完成数据备份、迁移和扩展等。

2. 动态可扩展

云计算具有高效的运算能力，在原有服务器基础上增加云计算功能能够使计算速度迅速提高，最终实现动态扩展虚拟化的层次，达到对应用进行扩展的目的。

3. 按需部署

计算机包含许多应用系统、程序软件等，不同的应用系统对应的数据资源库不同，所以用户运行不同的应用系统需要较强的计算能力对资源进行部署，而云计算平台能够根据用户的需求快速配备计算能力及资源。

4. 兼容性

目前市场上大多数信息资源、软硬件都支持虚拟化，比如存储网络、操作系统和开发软硬件等。虚拟化将它们统一放在云系统资源虚拟池中进行管理，可见，云计算的兼容性非常强，不仅可以兼容低配置机器、不同厂商的硬件产品，而且可获得更高性能的计算。

5. 高可靠性

服务器故障不会影响计算与应用的正常运行。当单点服务器出现故障时，可以通过虚拟化技术将分布在不同物理服务器上面的应用进行恢复或利用动态扩展功能部署新的服务器进行计算。

6. 高性价比

将资源放在虚拟资源池中统一管理在一定程度上优化了物理资源，用户不再需要昂贵、存储空间大的主机，可以选择相对廉价的 PC 组成云，一方面减少费用，另一方面计算性能并不比大型主机差。

7. 可扩展性

若云计算系统中出现设备故障，对于用户来说，无论是在计算机层面上，还是在具体运用上均不会受到阻碍，可以利用云计算具有的动态扩展功能来对其他服务器开展有效扩展。在对虚拟化资源进行动态扩展的情况下，云计算系统能够高效扩展应用，提高云计算的操作水平。

7.1.2　云计算发展历程

从云计算概念的提出到现在，云计算取得了飞速的发展与翻天覆地的变化。现如今云计算被认为是计算机网络领域的一次革命，将来社会的工作方式和商业模式将会因为它而发生巨大的改变。

追溯云计算的起源，它的产生和发展与虚拟化技术、并行计算、分布式计算等技术密切相关。1956 年，Christopher Strachey 发表了一篇有关于虚拟化的论文，正式提出虚拟化。虚拟化是今天云计算基础架构的核心，是云计算发展的基础。而后随着网络技术的发展，逐渐孕育了云计算的萌芽。

20 世纪 90 年代，计算机网络出现了大爆炸。随着 2004 年 Web 2.0 会议的举行，互联网泡沫宣告破灭，计算机网络发展进入了一个新的阶段。在这一阶段，让更多的用户方便快捷地使用网络服务成为互联网发展亟待解决的问题。与此同时，一些大型公司也开始致力于开发大型计算能力的技术，为用户提供了更加强大的计算处理服务。

2006 年 8 月 9 日，Google 首席执行官埃里克 •施密特(Eric Schmidt)在搜索引擎大会上首次提出“云计算”的概念。这也是云计算概念第一次被正式提出，有着巨大的历史意义。

2007 年 10 月，Google 与 IBM 开始在美国大学校园，包括卡内基梅隆大学、麻省理工学院、斯坦福大学、加州大学伯克利分校及马里兰大学等推广云计算的计划。这项计划希望能降低分布式计算技术在学术研究方面的成本，并为这些大学提供相关的软硬件设备及技术支持(包括数百台个人电脑及 BladeCenter 与 System x 服务器，这些计算平台将提供 1600 个处理器，支持包括 Linux、Xen、Hadoop 等开放源代码平台)。而学生则可以通过网络开发各项以大规模计算为基础的研究计划。

2008 年，微软发布其公共云计算平台(Windows Azure Platform)，由此拉开了微软的云计算大幕。同样，云计算在国内也掀起一场风波，许多大型网络公司纷纷加入云计算的阵列。2009 年 1 月，阿里软件在江苏南京建立首个“电子商务云计算中心”。同年 11 月，中国移动云计算平台“大云”计划启动。到现阶段，云计算已经发展到较为成熟的阶段。

云计算的发展经历了四个阶段，分别是电厂模式、效用计算、网格计算和云计算。

(1) 电厂模式阶段：电厂模式就好比是利用电厂的规模效应来降低电力的价格，并让用户使用起来更方便，且无需维护和购买任何发电设备。

(2) 效用计算阶段：1960 年前后，计算设备的价格是非常高昂的，远非普通企业、学校和机构所能承受，所以很多人产生了共享计算资源的想法。1961 年，人工智能之父麦肯锡在一次会议上提出了“效用计算”这个概念，其核心借鉴了电厂模式，具体目标是整合分散在各地的服务器、存储系统以及应用程序来共享给多个用户，让用户能够像把灯泡插入灯座一样来使用计算机资源，并且根据其所使用的量来付费。但由于当时整个信息技术产业还处于发展初期，诸如互联网这样强大的技术还未诞生，所以无法实现。

(3) 网格计算阶段：网格计算研究如何把一个需要非常巨大的计算能力才能解决的问题分成许多小的部分，然后把这些部分分配给许多低性能的计算机来处理，最后把这些计算结果综合起来攻克大问题。可惜的是，由于网格计算在商业模式、技术和安全性方面的不足，使得其并没有取得预期的效果。

(4) 云计算阶段：云计算的核心与效用计算和网格计算非常类似，也是希望信息技术能像使用电力那样方便，并且成本低廉。但与效用计算和网格计算不同的是，现在在需求方面已经有了一定的规模，同时在技术方面也已经基本成熟了。云计算的概念模型如图 7-1 所示。

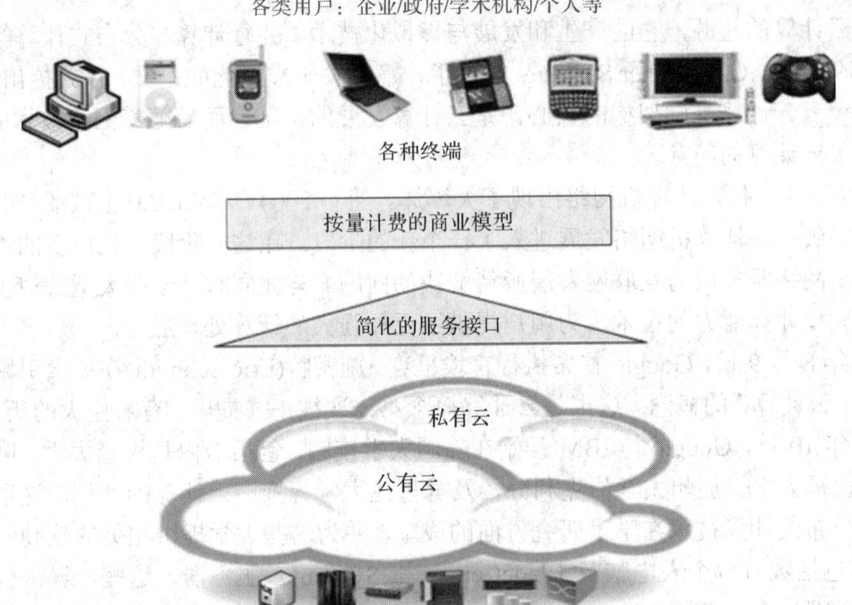

图 7-1　云计算的概念模型

7.2　云计算关键技术

云计算是一种以数据和处理能力为中心的密集型计算模式，它融合了多项信息与通信技术(Information and Communications Technology，ICT)，是传统技术“平滑演进”的产物。云计算服务包括云主机、云空间、云开发、云测试和综合类产品等。云计算核心技术以虚拟化技术、分布式海量数据存储、海量数据管理技术、编程方式和云计算平台管理技术最为关键。

7.2.1　云计算服务

云计算服务是指将大量用网络连接的计算资源统一管理和调度，构成一个计算资源池向用户按需服务。用户通过网络以按需、易扩展的方式获得所需资源和服务。对于云计算的服务类型来说，一般可分为三个层面，分别是基础设施即服务(Infrastructure as a Service,

IaaS)、平台即服务(Platform as a Service，PaaS)和软件即服务(Software as a Service，SaaS)。这三个层次组成了云计算技术层面的整体架构，其中可能包含了一些虚拟化、自动化的部署以及分布式计算等技术。这种架构的优势就是可以对外提供优秀的并行计算能力以及大规模的伸缩性和灵活性。这三个层次是分层体系架构意义上的“层次”，IaaS、PaaS 和 SaaS 分别在基础设施层、软件开放运行平台层和应用软件层实现，如图 7-2 所示。

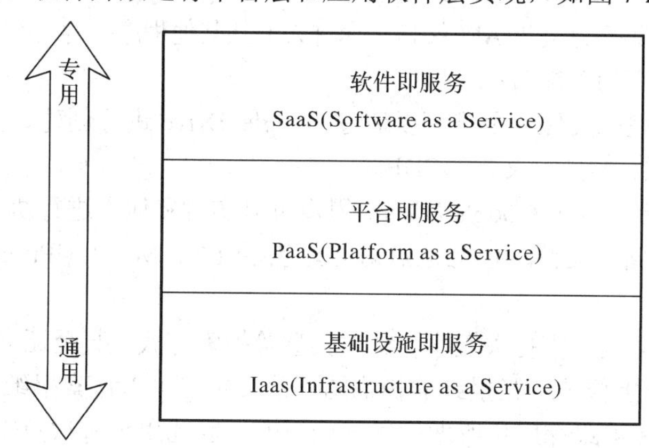

图 7-2　云计算服务层次

IaaS 是指消费者可以通过 Internet 从完善的计算机基础设施获得服务。IaaS 是把数据中心、基础设施等硬件资源通过 Web 分配给用户的商业模式。

PaaS 是指将软件研发的平台作为一种服务，以 SaaS 的模式提交给用户。因此 PaaS 也是 SaaS 模式的一种应用。但是，PaaS 可以加快 SaaS 的发展，尤其是加快 SaaS 应用的开发速度。PaaS 服务使得软件开发人员可以在不购买服务器等设备环境的情况下开发新的应用程序。

SaaS 是指一种通过 Internet 提供软件的模式，用户无需购买软件，而是向提供商租用基于 Web 的软件，来管理企业经营活动。SaaS 模式大大降低了软件的使用成本和客户的管理维护成本。由于软件是托管在服务商的服务器上，所以可靠性也更高。

亚马逊 AWS(Amazon Web Services，AWS)是亚马逊提供的专业云计算服务，于 2006 年推出，以 Web 服务的形式向企业提供 IT 基础设施服务，通常称为云计算。其主要优势是能够以根据业务发展来扩展的较低可变成本来替代前期资本基础设施费用。亚马逊 AWS 所提供的服务包括亚马逊弹性计算云(Amazon EC2)、亚马逊简单存储服务(Amazon S3)、亚马逊简单数据库(Amazon SimpleDB)、亚马逊简单队列服务(Amazon SQS)以及亚马逊 CloudFront 等。EC2 向客户提供虚拟执行环境租赁服务，供企业开发、测试或执行应用程序使用，客户可以根据所需选择内存空间、运算单位及存储空间等环境。S3 是一个公开的服务，Web 应用程序开发人员可以使用它存储数字资产，包括图片、视频、音乐和文档，S3 提供一个 RESTful API 以编程方式实现与该服务的交互。SimpleDB 提供简单的 Web 服务接口，可以创建和存储多个数据集，轻松查询数据并返回结果，用户的数据将会自动索引，方便用户快速找到所需的信息。如果稍后加入新的数据。无需预先定义架构或更改架构，而且扩展也像创建新域一样简单，不必构建新的服务器。SQS 是一种完全托管的消息队列服务，可让用户分离和扩展微服务、分布式系统和无服务器应用程序。SQS 消除了与管理和运营消息型中间件相关的复杂性和开销，并使开发人员能够专注于重要工作。CloudFront 是一个基于云的内容交付网络(CDN)，与 Amazon Web Services 套件集成，专为需要向亚马逊许多不同区域用户快速传送内容的 Web 发布公司和应用程序而设计。

Google Drive 是谷歌公司推出的一项在线云存储服务，通过这项服务，用户可以获得 15 GB 的免费存储空间。同时，如果用户有更大的需求，则可以通过付费的方式获得更大的存储空间。用户可以通过统一的谷歌账户进行登录。Google Drive 服务会有本地客户端版本、也有网络界面版本，后者与 Google Docs 界面相似，会针对 Google Apps 客户推出，配上特殊域名。另外，Google 还会向第三方提供 API 接口，允许人们从其他程序上存内容到 Google Drive。

Google Drive 具有的功能有：

(1) 支持各种类型的文件，用户可以通过 Google Drive 进行创建、分享、协作各种类型的文件，包括视频、照片、文档、PDF 等。

(2) Google Drive 内置了 Google Docs，用户可以实时和他人进行协同办公。

(3) 云端安全存储，支持从任意地点访问，包括 PC、MAC、iPhone、iPad、Android 等设备。

(4) 强大的搜索功能，支持关键字、文件类型等搜索方式，甚至还支持 OCR 扫描图像识别技术，例如用户上传了一张报纸的扫描图，那么用户可以搜索报纸中的文字信息。

(5) Google Drive 可跟踪用户所做的每一处更改，因此用户每次点击“保存”按钮时，系统都会保存一个新的修订版本。系统会自动显示 30 天之内的版本，用户可以选择永久保存某个修订版本。

(6) 用户可以与任何人共享文件或文件夹，并选择分享对象是否可以对用户的文件进行查看、编辑或发表评论。

(7) 整合了 Google 的多项服务，例如 Gmail、Google+等。

(8) 开放了 API 提供给其他程序使用，也就是说，任何程序只要内嵌了 Google Drive 的 API，就可以在这个程序内上传资料到 Google Drive 进行保存，而无需独立安装 Google Drive 的客户端。

在国内，云计算服务形成了三强争霸的市场格局。阿里云起步较早，市场份额最高，达到 40%左右，在国际市场也是直接与亚马逊的 AWS 对标竞争，在其具体的商业运营中，阿里云更多倾向于巩固和加强它的电商帝国；腾讯云则重视其起家的社交生态，在把握巨大流量入口的基础上，试图将 IaaS、PaaS、SaaS 全部收入囊中；百度云秉承了其与生俱来的技术基因，更多承担的是底层系统的建设，虽然商业回报的速度会慢一些，但其技术根基会更牢固一些，从而形成品牌标签。

7.2.2　云计算技术

1. 虚拟化技术

虚拟化技术是指计算元件在虚拟的平台上而不是真实的平台上运行，它可以扩大硬件的容量，简化软件的重新配置过程，减少软件虚拟机相关开销和支持更广泛的操作系统。虚拟化的目的在于集中 IT 管理任务，简化运维流程与降低成本，同时改善企业计算资源有效利用率和可用性，使得企业更能够快速响应商务需求以及提升竞争力。简单来说，虚拟化就是改善传统一台物理服务器上运行一个应用程序的模式，让物理服务器硬件及网络资源能够被充分地利用和配置，使得一台物理服务器上能够运行多个互相独立的虚拟机，并执行多个应用服务程序，如图 7-3 所示。

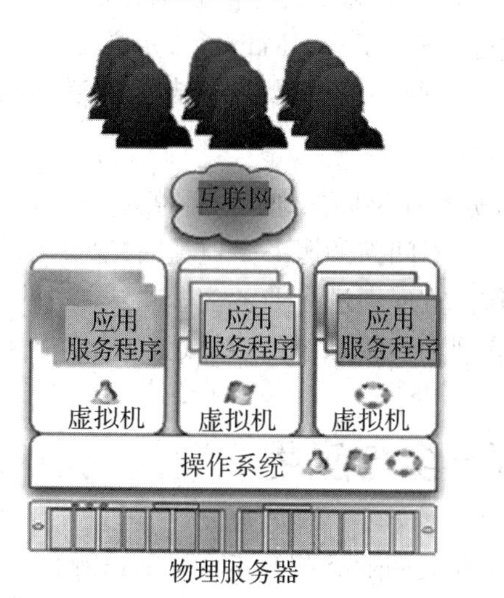

图 7-3　云计算模式

虚拟化可实现于私有云、混合云与公有云计算平台上，取决于企业服务形态与需求。通过虚拟化技术可实现软件应用与底层硬件相隔离，它包括将单个资源划分成多个虚拟资源的裂分模式，也包括将多个资源整合成一个虚拟资源的聚合模式。虚拟化技术根据对象可分成存储虚拟化、计算虚拟化和网络虚拟化等，计算虚拟化又分为系统级虚拟化、应用级虚拟化和桌面虚拟化等。在云计算实现中，计算系统虚拟化是一切建立在“云”上的服务与应用的基础。虚拟化技术主要应用在 CPU、操作系统和服务器等多个方面，是提高服务效率的最佳解决方案。

2. 分布式海量数据存储

云计算系统由大量服务器组成，同时为大量用户服务，因此云计算系统采用分布式存储的方式存储数据，用冗余存储的方式(集群计算、数据冗余和分布式存储)保证数据的可靠性。冗余的方式通过任务分解和集群，用低配机器替代超级计算机的性能来保证低成本，这种方式保证分布式数据的高可用、高可靠和经济性，即为同一份数据存储多个副本。云计算系统中广泛使用的数据存储系统是 Google 的 GFS 和 Hadoop 团队开发的 GFS 开源实现 HDFS。

3. 海量数据管理技术

云计算需要对分布的、海量的数据进行处理和分析，因此，数据管理技术必须能够高效地管理大量的数据。云计算系统中的数据管理技术主要是 Google 的 BigTable 数据管理技术和 Hadoop 团队开发的开源数据管理模块 HBase。由于云数据存储管理形式不同于传统的 RDBMS 数据管理方式，如何在规模巨大的分布式数据中找到特定的数据，是云计算数据管理技术所必须解决的问题；由于管理形式的不同造成传统的 SQL 数据库接口无法直接移植到云管理系统中来，为云数据管理提供 RDBMS 和 SQL 的接口也是亟待解决的问题；另外，在云数据管理方面，如何保证数据安全性和数据访问高效性也是重点关注的问题。

4. 编程方式

云计算采用分布式的并行计算模式，所以客观上要求必须有分布式的编程模式。云计算采用了一种思想简洁的分布式并行编程模型 Map-Reduce。Map-Reduce 是一种编程模型和任务调度模型，主要用于数据集的并行运算和并行任务的调度处理。在该模式下，用户只需要自行编写 Map 函数和 Reduce 函数即可进行并行计算。其中，Map 函数定义各节点上的分块数据的处理方法，而 Reduce 函数定义中间结果的保存方法以及最终结果的归纳方法。

5. 云计算平台管理技术

云计算资源规模庞大，服务器数量众多且分布在不同的地点，同时运行着数百种应用，如何有效地管理这些服务器，保证整个系统提供不间断的服务是巨大的挑战。云计算系统的平台管理技术能够使大量的服务器协同工作，方便地进行业务部署和开通，快速发现和恢复系统故障，通过自动化、智能化的手段实现大规模系统的可靠运行。

7.3 云计算安全与应用

转移业务流程和数据到云计算已经成为企业提高业务和技术能力的措施。利用云计算应用程序能够帮助企业节省成本，提高生产效率。然而，云安全面临的挑战却不容小觑，下面就云计算安全的概念、云安全解决方案和云计算应用作详细阐述。

7.3.1 云计算安全

1. 云计算安全概述

云计算因其节约成本、维护方便、配置灵活已经成为各国政府优先推进发展的一项服务。美、英、澳大利亚等国家纷纷出台了相关发展政策，有计划地促进了政府部门信息系统向云计算平台的迁移。但也应该看到，政府部门采用云计算服务也给其敏感数据和重要业务带来了安全挑战。美国作为云计算服务应用的倡导者，一方面推出“云优先战略”，要求大量联邦政府信息系统迁移到“云端”，另一方面为确保安全，要求为联邦政府提供的云计算服务必须通过安全审查。

云计算安全或云安全指一系列用于保护云计算数据、应用和相关结构的策略、技术和控制的集合，属于计算机安全、网络安全的子领域，或更广泛地说属于信息安全的子领域。它是我国企业创造的概念，在国际云计算领域独树一帜。云安全计划是网络时代信息安全的最新体现，它融合了并行处理、网格计算、未知病毒行为判断等新兴技术和概念，通过网络的大量客户端对网络中软件行为的异常监测，获取互联网中木马、恶意程序的最新信息，传送到服务器端进行自动分析和处理，再把病毒和木马的解决方案分发到每一个客户端。整个互联网变成了一个超级大的杀毒软件，这就是云安全计划的宏伟目标。

云安全技术是 P2P 技术、网格技术、云计算技术等分布式计算技术混合发展、自然演化的结果。云安全的核心思想与反垃圾邮件网格非常接近，垃圾邮件泛滥而无法用技术手段很好地自动过滤，是因为所依赖的人工智能方法不是很成熟的技术。垃圾邮件最大的特征是：它会将相同的内容发送给数以百万计的接收者。为此，可以建立一个分布式统计和学习平台，以大规模用户的协同计算来过滤垃圾邮件：首先，用户安装客户端，为收到的每一封邮件计算出一个唯一的“指纹”，通过比对“指纹”可以统计相似邮件的副本数，当副本数达到一定数量，就可以判定邮件是垃圾邮件；其次，由于互联网上多台计算机比一台计算机掌握的信息更多，因而可以采用分布式贝叶斯学习算法，在成百上千的客户端机器上实现协同学习过程，收集、分析并共享最新的信息。反垃圾邮件网格体现了真正的网格思想，每个加入系统的用户既是服务的对象，也是完成分布式统计功能的一个信息节点，随着系统规模的不断扩大，系统过滤垃圾邮件的准确性也会随之提高。用大规模统计方法来过滤垃圾邮件的做法比用人工智能的方法更成熟，不容易出现误判假阳性的情况，实用性很强。反垃圾邮件网格就是利用分布式互联网里的千百万台主机的协同工作，来构建一道拦截垃圾邮件的“天网”。

未来杀毒软件将无法有效地处理日益增多的恶意程序。来自互联网的主要威胁正在由电脑病毒转向恶意程序及木马，在这样的情况下，采用的特征库判别法显然已经过时。应用云安全技术后，识别和查杀病毒不再仅仅依靠本地硬盘中的病毒库，而是依靠庞大的网络服务，实时进行采集、分析以及处理。整个互联网就是一个巨大的“杀毒软件”，参与者越多，每个参与者就越安全，整个互联网就会更安全。如图 7-4 所示为云安全架构。

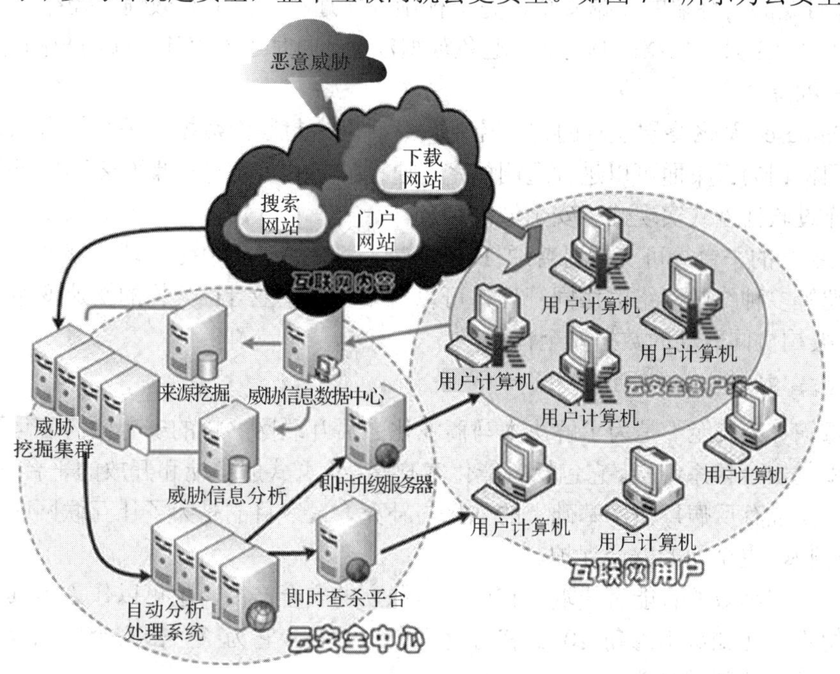

图 7-4　云安全架构

云安全的概念提出后，曾引起了广泛的争议，但随着瑞星、趋势、卡巴斯基、MCAFEE、SYMANTEC、江民科技、PANDA、金山、360 安全卫士等都推出了云安全解决方案后，云安全得到广泛的应用。据悉，云安全可以支持平均每天 55 亿条点击查询，每天收集分析 2.5 亿个样本，资料库第一次命中率就可以达到 99%。借助云安全，趋势科技现在每天阻断的病毒感染最高达 1000 万次。

基于云计算的杀毒软件打破了传统杀毒软件此前须将病毒特征库存放于本地，通过单纯升级累积的弊端，将病毒定义和特征库置于服务端，即云端，使得用户仅在本地调用引擎和特征库的情况下，随时访问和借助几千万的病毒特征库来识别对应威胁，并通过已被多次验证的，对病毒、木马样本高达 99%的检测率，证明了云杀毒技术的优势所在。基于云安全技术的专业杀毒软件，可以给用户提供更为全面的防御功能，它可以针对现有病毒不断产生且产生速度非常快的特点，推出云安全技术，并将此技术应用到了产品当中，给用户提供足够的安全保障。

2. 云安全方案

1) 明朝万达 Chinasec(安元)

明朝万达专注于数据安全、公共安全、云安全、大数据安全及加密应用技术解决方案等服务，其以数据安全为核心、以自主可控的国密算法应用技术为基础，研发的 Chinasec 数据安全系列产品及解决方案，覆盖数据产生、存储、交换和使用等全生命周期各重要环节，实现对服务器、数据库、PC 终端、移动终端以及网络通信的全 IT 架构下数据安全的协同联动管理，打造企业级的数据安全防护体系。其数据安全防护体系具有以下特点：

(1) 通过加密手段将统一存储的风险进行分摊。对用户虚拟磁盘空间或者后台真实数据存储空间进行加密，实现对非授权用户访问磁盘空间和管理员非法访问虚拟机存储空间的管控。

(2) 针对桌面云终端的数据安全，完全杜绝外发途径，能够有效地管控终端用户使用邮件、即时聊天工具等网络传播途径，避免数据泄漏。同时还能审计终端用户的外发数据，能做到事后溯源查询。

(3) Chinasec 从网络层进行的传输控制，针对网卡封装的数据包进行加密，使得同组内具有相同密钥的云桌面可以进行透明解密。通过该方式可以实现桌面云环境下的虚拟终端隔离，通过软件方式实现虚拟安全域的划分。

(4) 在统一的平台上可支持对普通 PC 终端、云桌面及虚拟化终端、移动智能终端和物联网终端等多种终端网络的协同管理，可以有效应对企业 IT 架构的快速变革与延伸，构建全 IT 架构协同联动的数据安全体系。

2) 金山毒霸“云安全”

金山毒霸“云安全”是为了解决木马商业化之后互联网严峻的安全形势应运而生的一种全网防御的安全体系结构。它包括智能化客户端、集群式服务端和开放的平台三个层次。“云安全”是现有反病毒技术基础上的强化与补充，最终目的是为了让互联网时代的用户都能得到更快、更全面的安全保护。

首先，稳定高效的智能客户端，它可以是独立的安全产品，也可以作为与其他产品集成的安全组件，比如金山毒霸 2012 和百度安全中心等，它为整个云安全体系提供了样本收集与威胁处理的基础功能。

其次，服务端的支持，它是包括分布式的海量数据存储中心、专业的安全分析服务以及安全趋势的智能分析挖掘技术，同时它和客户端协作，为用户提供云安全服务。

最后，云安全以一个开放性的安全服务平台作为基础，它为第三方安全合作伙伴提供了与病毒对抗的平台支持。金山毒霸云安全既为第三方安全合作伙伴用户提供安全服务，又靠和第三方安全合作伙伴合作来建立全网防御体系，使得每个用户都参与到全网防御体系中来，遇到病毒也将不再是孤军奋战。

3) 奇点“云安全”扫描器

奇点云安全综合漏洞探测系统是全球首款基于 APT 入侵检测模式的深度安全评估系统，致力于 Web 2.0 下的应用安全测试和网站安全漏洞的综合扫描分析，它高效准确的安全扫描策略，能让使用者轻松发现漏洞威胁，也为安全管理人员提供了详细专业的漏洞扫描报表。Web 服务器综合漏洞检测服务覆盖了 CVE、packetstorm、OWASP、WebAppSec 及国内外安全社区等国际权威安全组织定义的几乎所有应用程序漏洞，适用于国外的服务器漏洞检测。奇点云安全综合漏洞探测系统具有如下功能：

(1) 发现 Web 应用服务器安全漏洞，以及网站安全漏洞。

(2) 可支持海外 VPN 入侵检测服务器，能够解决国外或屏蔽网站无法扫描的问题。

(3) 支持常规的检测漏洞模型和智能渗透检测模型，支持简单模式(单个域名)、批量模式(多个域名)、快速扫描、深度扫描 4 种模式。

(4) 提供专业、清晰、准确的可视化报表。

(5) 支持超过 500 种检测策略、数十种逻辑渗透入侵检测行为，能够准确扫描网站存在的漏洞。

(6) 支持智能渗透检测模型，包括 0 day 更新检测、漏洞组合、Google hacking 爬虫等漏洞检测，具有超强的漏洞分析能力、独创的双通道智能检测模型，不仅支持常规漏洞的检测，而且有智能渗透检测模型。

(7) 首款单独针对国内外常见邮件系统、论坛、博客、Web 编辑器的专业检测模型。

(8) 支持 Cookies 登录状态深入检测功能，集成了 JavaScript 智能解析引擎，对恶意代码、DOM 类型的跨站脚本漏洞和任意页面的跳转漏洞检测更加准确。

4) *趋势科技 SecureCloud*

趋势科技云安全智能保护网络针对所有网络威胁类型提供实时的共同智能保护——从恶意文件、垃圾邮件、网络钓鱼和网络威胁到拒绝服务攻击、网络漏洞甚至是数据丢失。主要组件包括 Web 信誉服务、电子邮件信誉服务、文件信誉服务、行为关联信誉技术、自动反馈机制和威胁信息汇总，SecureCloud 体系架构如图 7-5 所示。

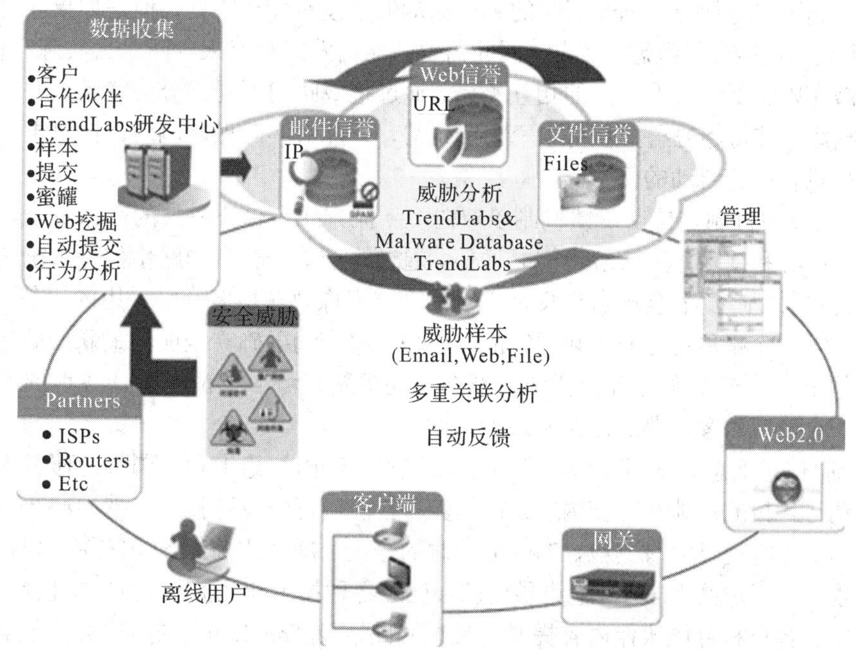

图 7-5　SecureCloud 体系架构

(1) Web 信誉服务。借助全球最大的域信誉数据库，Web 信誉服务按照恶意软件行为分析所发现的网站页面、历史位置变化和可疑活动迹象等因素来指定信誉分数，从而追踪网页的可信度。然后通过该技术继续扫描网站并防止用户访问被感染的网站。为了提高准确性、降低误报率，趋势科技 Web 信誉服务为网站的特定网页或链接指定了信誉分值，而不是对整个网站进行分类或拦截，因为通常合法网站只有一部分受到攻击，而信誉可以随时间而不断变化。

通过信誉分值的比对，就可以知道某个网站潜在的风险级别。当用户访问具有潜在风险的网站时，就可以及时获得系统提醒或阻止，从而帮助用户快速地确认目标网站的安全性。通过 Web 信誉服务，可以防范恶意程序源头。由于对 0 day 攻击的防范是基于网站的可信程度而不是真正的内容，因此能有效预防恶意软件的初始下载，用户进入网络前就能够获得防护能力。

(2) 电子邮件信誉服务。电子邮件信誉服务按照已知垃圾邮件来源的信誉数据库检查 IP 地址，同时利用可以实时评估电子邮件发送者信誉的动态服务对 IP 地址进行验证。信誉评估通过对 IP 地址的“行为”“活动范围”以及以前的历史进行不断的分析而加以细化。按照发送者的 IP 地址，恶意电子邮件在云中即被拦截，从而防止僵尸或僵尸网络等 Web 威胁到达网络或用户的计算机。

(3) 文件信誉服务。文件信誉服务可以检查位于端点、服务器或网关处的每个文件的信誉。检查的依据包括已知的良性文件清单和已知的恶性文件清单，即现在所谓的防病毒特征码。高性能的内容分发网络和本地缓冲服务器将确保在检查过程中使延迟时间降到最低。由于恶意信息被保存在云中，因此可以立即到达网络中的所有用户。而且和占用端点空间的传统防病毒特征码文件下载相比，这种方法降低了端点内存和系统消耗。

(4) 行为关联分析技术。利用行为分析的“相关性技术”把威胁活动综合联系起来，确定其是否属于恶意行为。Web 威胁的单一活动似乎没有什么害处，但是如果同时进行多项活动，那么就可能会导致恶意结果。因此需要按照启发式观点来判断是否实际存在威胁，可以检查潜在威胁不同组件之间的相互关系。通过把威胁的不同部分关联起来并不断更新其威胁数据库，使得趋势科技获得了突出的优势，即能够实时做出响应，针对电子邮件和 Web 威胁提供及时、自动的保护。

(5) 自动反馈机制。自动反馈机制以双向更新流方式在趋势科技的产品及公司的全天候威胁研究中心和技术之间实现不间断通信。通过检查单个客户的路由信誉来确定各种新型威胁，趋势科技广泛的全球自动反馈机制的功能很像现在很多社区采用的“邻里监督”方式，实现实时探测和及时的“共同智能”保护，将有助于确立全面的最新威胁指数。单个客户常规信誉检查发现的每种新威胁都会自动更新趋势科技位于全球各地的所有威胁数据库，防止以后的客户遇到已经发现的威胁。

(6) 威胁信息汇总。来自美国、菲律宾、日本、法国、德国和中国等地研究人员的研究将补充趋势科技的反馈和提交内容。在趋势科技防病毒研发暨技术支持中心 TrendLabs，各种语言的员工将提供实时响应，7×24 小时的全天候威胁监控和攻击防御，以探测、预防并清除攻击来保护网络安全。趋势科技综合应用各种技术和数据收集方式，包括“蜜罐”、网络爬行器、客户和合作伙伴内容提交、反馈回路以及 TrendLabs 威胁研究，能够获得关于最新威胁的各种情报。通过趋势科技云安全中的恶意软件数据库以及 TrendLabs 研究、服务和支持中心对威胁数据进行分析。

7.3.2　云计算应用

云计算已经普遍服务于现如今的互联网服务中，最为常见的就是网络搜索，通过云端共享了数据资源。在任何时刻，用户可以利用移动终端搜索到任何想要的资源。其实，云计算技术已经融入现今的社会生活，下面介绍比较常见的云计算应用。

1. 电子邮箱应用

作为最为流行的通信服务，电子邮箱的不断演变，为人们提供了更快、更可靠的交流方式。传统的电子邮箱使用物理内存来存储通信数据，而云计算使得电子邮箱可以使用云端的资源来检查和发送邮件，用户可以在任何地点、任何设备和任何时间访问自己的邮件，企业可以使用云技术让它们的邮箱服务系统变得更加稳固。

2. 云呼叫应用

云呼叫(Cloud Call)中心是基于云计算技术而搭建的呼叫中心系统，企业无需购买任何软硬件系统，只需具备人员、场地等基本条件，就可以快速拥有属于自己的呼叫中心，软硬件平台、通信资源、日常维护与服务由服务器供应商提供。云呼叫应用具有建设周期短、投入少、风险低、部署灵活、系统容量伸缩性强、运营维护成本低等众多特点；无论是电话营销中心还是客户服务中心，企业只需按需租用服务，便可建立一套功能全面、稳定、可靠，座席可分布全国各地，全国呼叫接入的呼叫中心系统。

3. 私有云应用

私有云(Private Cloud)将云基础设施与软硬件资源创建在防火墙内，供企业内各部门共享数据中心的资源。创建私有云，除了硬件资源外，一般还有云设备软件。商业软件有 VMware 的 vSphere 和 Platform Computing 的 ISF，开放源代码的云设备软件主要有 Eucalyptus 和 OpenStack。

云创大数据推出 minicloud 安全办公私有云，用最少的成本为企业部署云存储以及企业办公应用软件，为企业打造安全的办公环境。云创大数据在满足企业办公需求的基础上，大幅度降低了企业 IT 建设的门槛与风险，并全面保障了企业数据安全。

私有云计算同样包含云硬件、云平台和云服务三个层次。所不同的是，云硬件是用户自己的电脑或服务器，而非云计算厂商的数据中心。云计算厂商构建数据中心的目的是为千百万用户提供公有云服务，因此需要拥有几十甚至上百万台服务器。私有云计算对个人来说只服务于好友或同事，对企业来说只服务于本企业员工以及本企业的客户和供应商，因此个人或企业的电脑或服务器已经足够用来提供云服务。

4. 游戏云应用

游戏云是以云计算为基础的游戏方式。在游戏云的运行模式下，所有游戏都在服务器端运行，并将渲染完毕后的游戏画面压缩后通过网络传送给用户。在客户端，用户的游戏设备不需要任何高端处理器和显卡，只需要基本的视频解压能力就可以运行。现今游戏云还并没有成为联网模式，但这种构想能够成为现实是大概率事件，主机厂商将变成网络运营商，不需要不断投入巨额的新主机研发费用，只需投入资金升级服务器。同时用户可以省下购买主机的开支，但是得到的却是顶尖的游戏画面和流畅的运行速度。

5. 教育云应用

教育云的典型部署是流媒体平台采用分布式架构部署，分为 Web 服务器、数据库服务器、直播服务器和流服务器，如有必要可在信息中心架设采集工作站搭建网络电视或实况直播应用，在各个学校已经部署录播系统或直播系统的教室配置流媒体功能组件，这样录播实况可以实时传送到流媒体平台管理中心的全局直播服务器上，同时录播的学校也可以将录播的内容上传存储到信息中心的流存储服务器上，方便后续检索、点播、评估等各种应用。

6. 云会议应用

国内云会议主要是以 SaaS 模式为主体的服务内容，包括电话、网络、视频等服务形式。云会议是基于云计算技术的一种高效、便捷、低成本的视频会议形式。使用者只需要通过互联网界面进行简单易用的操作，便可快速高效地与全球各地团队及客户同步分享语音、数据文件及视频，而会议中数据的传输、处理等复杂技术由云会议服务商帮助使用者进行操作。及时语音移动云电话会议是云计算技术与移动互联网技术的完美融合，使用者只需通过移动终端进行简单的操作，即可随时随地、高效地召集和管理会议。

7. 云社交应用

云社交是一种物联网、云计算和移动互联网交互应用的虚拟社交应用模式，以建立著名的“资源分享关系图谱”为目的，进而开展网络社交。云社交的主要特征就是把大量的社会资源统一整合和评测，构成一个资源有效池，向用户按需提供服务。参与分享的用户越多，能够创造的利用价值就越大。

8. 医疗云应用

医疗云是指在云计算、移动技术、多媒体、4G 通信、大数据以及物联网等新技术基础上，结合医疗技术，使用“云计算”来创建医疗健康服务云平台，实现了医疗资源的共享和医疗范围的扩大。因为云计算技术的运用及其与医疗行业的结合，医疗云提高医疗机构的效率、方便居民就医。像现在医院的预约挂号、电子病历、医保查询等都是云计算与医疗领域结合的产物，医疗云还具有数据安全、信息共享、动态扩展、布局全国的优势。

9. 金融云应用

金融云是指利用云计算的模型，将信息、金融和服务等功能分散到庞大分支机构构成的互联网“云”中，旨在为银行、保险和基金等金融机构提供互联网处理和运行服务，同时共享互联网资源，从而解决现有问题并且达到高效、低成本的目标。2013 年 11 月 27 日，阿里云整合阿里巴巴旗下资源并推出了阿里金融云服务。就是现在基本普及了的快捷支付，因为金融与云计算的结合，现在只需要在手机上简单操作，就可以完成银行存款、购买保险和基金买卖。如今不仅仅阿里巴巴推出了金融云服务，像苏宁金融、腾讯等企业均推出了自己的金融云服务。

习　题

一、填空题

1. 从云计算的服务类型来分，云计算一般可分为三个层面，分别是________________、________________和________________。
2. 云计算的发展经历了________、________、________和________四个阶段。
3. IaaS、PaaS 和 SaaS 分别在________、________和________实现。
4. ________是亚马逊提供的专业云计算服务。
5. ________是谷歌公司推出的一项在线云存储服务。
6. 云安全的核心思想与________________非常接近。

二、简答题

1. 简述云计算的定义。
2. 简述 IaaS、PaaS 和 SaaS。
3. 简述虚拟化技术。
4. 简述亚马逊 AWS 所提供的服务。
5. 从商业运营角度阐述阿里云、腾讯云和百度云的区别。
6. 简述趋势科技 SecureCloud 的体系架构。

参 考 文 献

[1] 李拴保. 信息安全基础[M]. 北京：清华大学出版社，2014.
[2] 曹敏，刘艳. 信息安全基础[M]. 北京：中国水利水电出版社，2015.
[3] 黄林国. 网络信息安全基础[M]. 北京：清华大学出版社，2018.
[4] 赵洪彪. 信息安全策略[M]. 北京：清华大学出版社，2004.
[5] 赵泽茂，朱芳. 信息安全技术[M]. 西安：西安电子科技大学出版社，2009.
[6] 陈忠文. 信息安全标准与法律法规[M]. 武汉：武汉大学出版社，2009.
[7] 赵正群. 信息法概论[M]. 天津：南开大学出版社，2007.
[8] 徐云峰，郭正彪. 物理安全[M]. 武汉：武汉大学出版社，2010.
[9] 朱海波，辛海涛，刘湛清. 信息安全与技术[M]. 2 版. 北京：清华大学出版社，2019.
[10] 于旭，梅文. 物联网信息安全[M]. 西安：西安电子科技大学出版社，2014.
[11] 谷利泽，郑世慧，杨义先. 现代密码学教程[M]. 2 版. 北京：北京邮电大学出版社，2015.
[12] 唐四薪. 电子商务安全[M]. 北京：北京邮电大学出版社，2013.
[13] 尹淑玲. 网络安全技术教程[M]. 武汉：武汉大学出版社，2014.
[14] 杜晔，张大伟，范艳芳. 网络攻防技术教程[M]. 2 版. 武汉：武汉大学出版社，2012.
[15] 黄传河. 网络安全防御技术实践教程[M]. 北京：清华大学出版社，2010.
[16] 武春玲. 信息安全产品配置与应用[M]. 北京：高等教育出版社，2017.
[17] 王继龙. 局域网安全管理实践教程[M]. 北京：清华大学出版社，2009.
[18] 吴溥峰，张玉清. 数据库安全综述[J]. 计算机工程，2006，32(12)：85-88.
[19] 郎登何，李贺华. 云计算基础应用[M]. 北京：电子工业出版社，2019.
[20] 李伟超. 计算机信息安全技术[M]. 长沙：国防科技大学出版社，2010.
[21] http://baike.baidu.com.